听见钱的声音

策划之道

The Way of Planning

云杰 著

四川人民出版社

图书在版编目（CIP）数据

策划之道 / 云杰著.— 成都：四川人民出版社, 2023.12
ISBN 978-7-220-13049-6

Ⅰ. ①策… Ⅱ. ①云… Ⅲ. ①城市规划 – 案例 – 中国
Ⅳ. ①TU984.2

中国国家版本馆CIP数据核字（2023）第215577号

CEHUA ZHIDAO

策划之道

云杰　著

责任编辑	王其进
英文翻译	陈　勇　李　晗
封面设计	晏　灵
图片提供	健鹰策划 · 宽思堂
责任印制	祝　健
出版发行	四川人民出版社（成都三色路 238 号）
网　　址	http://www.scpph.com
电子邮箱	scrmcbs@sina.com
新浪微博	@四川人民出版社
微信公众号	四川人民出版社
发行部业务电话	（028）86361653 86361656
防盗版举报电话	（028）86361653
照　　排	四川最近文化传播有限公司
印　　刷	四川华龙印务有限公司
成品尺寸	170mm × 240mm
印　　张	19.75
字　　数	290 千
版　　次	2023 年 12 月第 1 版
印　　次	2023 年 12 月第 1 次印刷
书　　号	ISBN 978-7-220-13049-6
定　　价	88.00 元

2004年，第八届、九届全国人大常务委员会副委员长布赫在人民大会堂，为荣获首届“中国十大策划专家”称号的杨健鹰先生颁奖

Mr. Buhe, vice chairman of the 8th and 9th National People's Congress, giving the award to Mr. Yang Jianying, who won the title of one of the first “Top 10 Planning Experts in China”, at the Great Hall of the People in 2004

杨健鹰先生在2020中国品牌节(第十五届)年度人物峰会上被授予“中国城市策划行业品牌人物”，以表彰杨健鹰先生三十年来，在中国城市和产业发展中作出的杰出贡献。杨健鹰是该项殊荣的唯一获得者

At the Personality Summit of the Year of the 15th China Brand Festival held in 2020, Mr. Yang Jianying is awarded the title of “Chinese Brand Personality in Urban Planning”, which is meant to commend his outstanding contributions to the urban and industrial development in China. Yang Jianying is the only person who won this award

“5 · 12”汶川特大地震灾后重建时，担任总策划的杨健鹰先生在震中映秀

Mr. Yang Jianying in Yingxiu, the epicenter of the May 12 earthquake in 2008. He served as the chief planner for the post-quake reconstruction of the quake-hit areas

汶川特大地震灾后重建指挥长张通荣书记，为杨健鹰先生颁发“汶川县荣誉市民”证书

Secretary Zhang Tongrong, commander of the post-quake reconstruction in Wenchuan, giving the certificate of “An Honorary Citizen of Wenchuan” to Mr. Yang Jianying

成都名片工程“宽窄巷子”打造中，总策划杨健鹰先生在现场

Mr. Yang Jianying, the chief planner, at the site of the Wide and Narrow Alleys – an iconic project in the renovation of old streets in Chengdu

打造前，门可罗雀的成都宽窄巷子街区

A sparsely-visited street in the wide and narrow alleys in Chengdu before the renovation

如今名闻世界，人流如织的成都“宽窄巷子”

Now famous over the world, the Wide and Narrow Alleys of Chengdu are set in hustle and bustle

敦煌国际旅游名城总策划杨健鹰先生在敦煌项目现场

Mr. Yang Jianying, chief planner of the Dunhuang International Tourism City Project, working on site in Dunhuang

敦煌市委常务副书记王永宏，陪同杨健鹰先生在敦煌乡村调研

Mr. Yang Jianying on field investigation in a village in Dunhuang, accompanied by Mr. Wang Yonghong, executive deputy secretary of the CPC Dunhuang Municipal Committee, among others

敦煌市委书记詹顺舟代表市委、市政府，向杨健鹰先生授予“敦煌市荣誉市民”称号

Mr. Yang Jianying being given the title of “An Honorary Citizen of Dunhuang City” by Mr. Zhan Shunzhou, secretary of the CPC Dunhuang Municipal Committee, on behalf of the CPC Dunhuang Municipal Committee and the Dunhuang Municipal People’s Government

从“沙漠绿洲，塞上江南”到“艺术圣殿，人类敦煌”，敦煌完成从“门前冷落”到“人气爆棚”的蝶变

From “An Oasis in the Desert and A Heavenly Land in the Yellow River Basin” to “A Palace of Art and A Great Dunhuang for Humanity”, Dunhuang has taken on drastic changes from chilly desolation to burgeoning popularity

担任海南国际旅游岛总策划时，杨健鹰先生在海南调研中

Mr. Yang Jianying on a field survey in Hainan when he was serving as the chief planner for the project of Hainan International Tourism Island

杨健鹰先生在海南岛与黎族村民亲切交谈

Mr. Yang Jianying having a cordial talk with a villager of the Li ethnic group in Hainan Island

打造“深圳之根 · 中国海门”，杨健鹰先生在大鹏所城实地考察

Mr. Yang Jianying on a visit to the Dapeng Fortress for the project to revitalize “the Root of Shenzhen – China’s Gateway to the Ocean”

杨健鹰先生面对深圳媒体，讲解大鹏所城策划思路

Mr. Yang Jianying in an interview with Shenzhen TV crew to elaborate on his planning ideas for the revitalization of the Dapeng Fortress

杨健鹰先生在新疆调研

Mr. Yang Jianying on a field investigation in Xinjiang

杨健鹰先生与中国智慧工程研究会副会长王双全先生在山海关调研考察长城文化资源

Mr. Yang Jianying investigates the Great Wall cultural resources at the Shanhai Pass with Wang Shuangquan, Vice President of China Wisdom Engineering Association

惺惺相惜二十年，共同见证轰动全国的“万贯碧峰模式”和“万贯商业神话”。杨健鹰先生与万贯集团总裁陈清华先生在一起

Appreciating each other for two decades, we have witnessed the sensational “Wanguan Bifeng Model” and “Wanguan Business Myth”; Mr. Yang Jianying with Mr. Chen Qinghua, President of Wanguan Group

打通中国文旅战略的督脉，杨健鹰先生带队调研“大蜀道”文旅战略产业带

With a mission to open up the direction of China’s cultural tourism strategy, Mr. Yang Jianying leads a team to investigate the “Greater Shu Road” industrial belt of cultural tourism strategy

在《中国乡村振兴标准》制定中，健鹰先生带队在四川调研乡村文旅产业战略

In the formulation of *Standard on Rural Revitalization in China*, Mr. Yang Jianying leads a team on an investigative tour of the cultural tourism strategy in a rural area of Sichuan

序言

策划是开刃的思想

王双全

他是著名文旅产业策划专家、城市与产业战略策划创始人、我国全域旅游策划创始人。他是中国策划界的一柄重剑，当年的“策划七剑”之首，磨了三十多年。他就是中国智慧工程研究会策划专业委员会副主席杨健鹰先生。

他策划的城市品牌和文旅名片，在海内海外如雷贯耳，而他的行事，却低调出奇。因为对成都和四川发展的重要贡献，他与中国工程院院士、“歼-10之父”、两弹元勋等一道，高票当选“改革开放40年，影响四川40人”。对策划的每一个环节，他极其认真负责，即使是进行市场调研，都要亲自带队。他的策划足迹遍布全国二十多个省市和自治区。在项目研究、培养策划师人才和规划人才上，他竭诚尽力。他是著名的成都名片工程“宽窄巷子”的总策划、“海南国际旅游岛”总策划、“5·12”汶川特大地震“震中灾后重建”总策划、“敦煌国际旅游名城”总策划……他在中国策划了数以百计的商业神话和城市名片，是当之无愧的“城市名片智造者”。他受聘担任国家专家库的入库专家、多所大学的客座教授，被二十多个地方政府聘为城市与产业发展战略顾问、文化旅游发展高级专家。

杨健鹰是中国策划的“开山式”人物，在宏大的思想叙事、深厚的人文底蕴、强悍的商业落地力上，至今，在中国策划界难有人及。用于商业打造的《苹果理论》、运用在旅游商业策划中的《鱼骨定位法》、打造历史街区的《玻璃盒子理论》等，都是他的首创，至今在业界广泛运用，影响至深。

在1985年以前，中国还没有城市策划和旅游策划，而杨健鹰就是在当年，第一个提出并完成了城市策划和全域旅游策划，被绵竹市政府采用并且实施。他所做的城市策划和全域旅游策划的材料，在市档案馆永久珍藏。这个方案，被视为中国城市策划和旅游策划的“奠基石”。事实证明，他是我国城市策划的创始人、全域旅游策划的创始人。

《策划之道》这部书，还不能算是杨健鹰先生三十年策划生涯的全面总结，是因为这部书的成稿时间早在十年前，由已故的著名出版人吴鸿先生策划组稿的。而近十年来，杨健鹰先生在城市战略和旅游品牌上的大制作、大思考，本书未收录。但该书以“奇”“灵”“绝”“伟”“实”五个字，作为健鹰策划的核心思想，无疑是十分到位的。我曾经对杨健鹰先生的策划，也归纳过七句话：大智慧、大视野、大格局、大境界、大战略、大效益、大品牌，这与吴鸿先生的观点有太多的一致。作为中国策划行业的一员，我要感谢吴鸿先生对中国策划行业的关注和支持，以及对当代策划智慧的系统思考和总结。更要感谢四川人民出版社的朋友将这部书付梓出版，让我们得以一窥杨健鹰先生的智识与远见。《策划之道》这部书，无疑为政府决策者、高校师生、企业家、策划从业人才和策划爱好者提供了一部具有丰富策划理论和策划实战经验的、含金量巨大的智慧宝库。

健鹰先生，当年被称为中国策划界“野战派领袖”，也许是大家有意将其出入江湖的“杀气”与学院派的理论化“文气”，加以了情绪化的倾向和褒贬。我是不赞成策划以“实战派”和“学院派”来区分的。因为“江湖”中也有很多务虚的人，院校中也有很多老师在教书育人的同时也亲临一线进行务实的策划。我认为策划本身就是一所大学，这个大学里分为“表演系”和“格斗系”。而健鹰先生是理论和实战最佳结合的代表，他是唯一被国家建设部和中国社会科学院联合授予“中国西部策划先生”的人才，这是一种颇具野性的形象描述，符合他的名字。而当你与健鹰先生见面交流时，你就会发现他带有浓厚的传统人文气质，谦恭之极，甚至谦卑至极，让你感受不到他骨子里的商业杀气。

健鹰先生有多年的经商经历，历经了商业带来的苦痛和市场的成功，这样的艰辛和经验积累，让他从不信口开河，事事如履薄冰。他将商业的生存法则看得很重，事事追问结果。他指责一些策划人的方案自欺欺人，“无疑是一种语言诈骗”。他曾当众批评一位大学教授的方案陈述，他说：“你们连销售一瓶矿泉水的经历都没有，怎么如此拍着胸脯保证，政府数以百亿的投资能收回成本，且有巨大利润？”健鹰先生是自带锋芒的。

同时，健鹰先生也是作家和诗人，22岁就成为中国作协会员。他的抒情长诗《堵车的中国》在《诗刊》推出，轰动全国。《人民日报》《文艺报》刊发专版文章，称之为当年中国诗歌“里程碑式的收获”。健鹰先生还是一位画家，他的画作融合东西之法，有“诗意凡·高”的赞誉。也许正是诗人的神性穿越、作家的思想建构、画家的精彩展现和商人的生死搏杀，构筑了健鹰先生策划的智慧语境。

曾经，在策划上，健鹰先生极喜欢“刀客”这个名词。在“刀”的内涵上，我以为他有“青龙偃月刀”和“手术刀”两大特质。他可以在方圆数万平方公里的天地图谱中，描绘他心中腾起的大区域战略和国家战略。在思想纵横捭阖，时光荏苒千年中，去创造出一个国家、一个民族、一个地区的文化气场和产业发展大卷。他也能在几亩的土地上，创意和策划的项目能够产生“核爆炸”式的品牌影响力，为开发投资单位带来巨大的商业利益。

他是“大蜀道·川陕产业中轴”的提出者和推动者，他希望在中华的文化背景下，建构一个国家战略的中枢。他是中国“新丝绸之路文化”的首倡者和系统打造者。他的策划智慧，从“南方丝绸之路起点”成都，一直到达新疆的霍尔果斯。他的刀光中，既有大漠狂沙、天山雪气，又有南国海风。他的策划，总是能“天马行空，云走万里”，更能“马蹄落地、生根结果”。

在震中映秀的重建策划中，他将从援建单位收到的512万元策划费，捐给了灾区，只象征性收取了5元1角2分钱。30多年来为了支持贫困地区发展，仅策划费用就减免千万余元，体现了一位杰出的策划人博大的胸怀和爱心。

鉴于他的策划给汶川和敦煌市带来了巨大的效益，所以他分别被汶川和敦煌市授予“荣誉市民”。

《策划之道》这部书，分为上下两部，上部“策划之路”、下部“五字箴言”，既有逻辑展现，又有战术提炼。道与术并进，深入浅出。从文化根脉、思想构成、商业逻辑到灵性创意，可谓是为主政者造福一方，为商界精英创造财富，为策划谋士开悟迷津的，一步一层塔的修炼心法。

从这一部书，从健鹰先生的心路历程上，我们知道要成为一名“策划大师级人物”就需要德善为首、精进研学、使命担当、智慧超凡，更需要市场的千锤百炼。

这部《策划之道》，从健鹰先生的策划生涯中，为我们总结的“五字箴言”，每个字，都有爆炸式的能量，价值连城。《策划之道》也让我们对策划人的成果，有了清晰的鉴别。让我们明白了，一个真正的好的策划，既要让人看见天上的曙光，又要让人听见钱的声音，更能带来市场的繁荣和社会的进步。

这部书，让我们真正领略中国实战型策划，带着刀锋的思想。

王双全：

中国智慧工程研究会副会长，中国智慧工程研究会优秀和杰出人才发展委员会副主席兼秘书长

Planning is Cutting-edge Ideas

By Wang Shuangquan

He is a renowned designer and strategist within the cultural tourism industry, as well as an innovator and planner in urban and industrial strategic planning, and China's holistic area tourism planning. He was the first of the "seven swords of planning"[①] back then. After more than 30 years of honing his skills – or shall we say his sword – he remains humble and keeps a low profile. His name is Yang Jianying, and he is vice chairman of the Planning Committee of China Wisdom Engineering Association (CWEA).

He devised tourism brand identities for a number of cities, and created cultural tourism emblems, projects that enjoy a good reputation both at home and abroad, yet he maintains a surprisingly low profile. His important contributions to the development of Chengdu, and Sichuan more widely, led to his inclusion by a large number of votes in the "One of the top 40 people who have influenced Sichuan in the 40 years of reform and opening-up" – he ranked the 6th.

He takes his role seriously and carries out the tasks meticulously. Even for market

① A sword or swordsman in Chinese is metaphor who is adroit at some particular technique or skill;

research, he typically leads his team in a practical, hands-on approach. His handiwork has proliferated in more than 20 provinces and autonomous regions. He has fully dedicated himself to project research, and training of planners and designers alike.

He is the chief designer of The Wide and the Narrow Alleys, an iconic project in Chengdu; the Hainan International Tourism Island, and the Post-quake Reconstruction Project in the wake of the May 12th Wenchuan Earthquake; and the Dunhuang International Tourism City... He masterminded hundreds of business miracles and urban business emblems in China, thus he is worthy of the title of "urban business emblem creator".

He has been listed as an expert in the National Expert Database, and he serves more than twenty local governments in varied roles – as a visiting professor at quite a number of universities, a strategic consultant for urban and industrial development, and a senior expert on cultural tourism development.

Yang Jianying is a pioneer in China's planning industry. He has been eminent in China's planning circle in terms of his grand narratives of ideas, profound cultural heritage and powerful business executive force. *The Apple Theory* used in business creation, *The Fishbone Positioning Method* used in tourism business planning, and *The Glass Box Theory* used in building historical blocks are all his first ideas, which have been widely used and have deeply influenced the industry.

Before 1985, there was no urban planning or tourism planning in China, and it was in that year that Yang Jianying first proposed and completed the urban planning and holistic area tourism planning, which were adopted and implemented by Mianzhu City Government. The materials such as planning manuscripts, discussion notes, blueprints, and photographs of his city planning and tourism planning were placed in a permanent collection of the city's archives. That project is regarded as the "cornerstone" of urban planning and tourism planning in China, and established him as the founder of urban planning and the founder of holistic area tourism planning.

However, *The Way of Planning* can not be regarded as a comprehensive summary of Yang Jianying's three decades of planning career, as it was drafted ten years ago by Wu Hong, a famous publisher, and president of the Sichuan Literature and Arts Publishing House. During the past decade, Yang Jianying's grand ideas and creations on strategic urban design and tourism branding have not been truly manifested. His core concepts of planning can be likened to five Chinese characters – rare, inspirational, absolute, grand, and realistic – and I have summed up Yang Jianying's planning with seven epithets of greatness: wisdom, vision, pattern, realm, strategy, bestowment, and branding, which are much in line with Wu Hong's views.

As a member of China's planning industry, I would like to thank the famous publisher Wu Hong, for his support of this industry, as well as his strategic thinking and distillation of contemporary planning wisdom. No doubt, *The Way of Planning*, with its endless fount of wisdom, delivers advanced planning theory and practical planning guidance to decision-makers in the State, as well as college teachers and students, entrepreneurs, planning professionals, and planning enthusiasts.

Yang Jianying has become known as "the leader of field combat" in China's planning circle. Perhaps his combativeness in the "rivers and lakes"① and theoretical style as an academic planner has been given emotional weightiness. Personally, I am not in favor of making a distinction between "field planning" and "academic planning", because there are many people in the "rivers and lakes" who mainly dwell on concepts only, and also many teachers at colleges and universities who are engaged at the frontline of pragmatic planning while imparting knowledge and educating students at the same time.

I believe planning itself is a university, which is divided into "performance department" and "field combat department". And Yang Jianying is the best embodiment in the combination of theory and practice. He is the only talent to be awarded Mr. Planner

① Refers to all corners of the country in ancient China;

of Western China jointly by the Ministry of Construction and the Chinese Academy of Social Sciences. It's a rather wild image description that befits his name (as Jianying means vigorous eagle in the Chinese language). When you meet and communicate with Yang Jianying, you will find that he bears a strong traditional humanistic temperament – humble – so humble that you can hardly feel his innate business mindedness within his bones.

Yang Jianying has many years of experience in business, having experienced the bitterness of failed ventures and the triumph of successful endeavors. Such accumulation of hard knocks and experiences, and hard work, has instilled in him prudence. He attaches great importance to the ability to survive in business, and seeks tangible results.

He has also accused some planners of deluding themselves with a proposal that was "undoubtedly a form of linguistic fraud". And he once publicly criticized a university professor for his presentation, saying, "You don't even have the experience of selling a bottle of mineral water, how can you so proudly clap your chest to guarantee that tens of billions of RMB worth of investment by the government will be paid off for itself and will make a huge profit?"

Yang Jianying is also a writer and poet. He became a member of China Writers Association at the age of 22, and at one point caused a national sensation with his long lyric poem *China Stuck in Traffic*, which was published in *Poetry Magazine*. His special-column articles, when published in *People's Daily* and *Literature and Art Journal*, were called a "milestone achievement" of Chinese poetry in that year. He is also a painter, and he blends oriental and occidental techniques together in his paintings, enjoying a moniker of "poetic van Gogh". Perhaps it is the poet's divine traversing[①], the writer's build-up of thoughts, the painter's brilliant display and the businessman's fights between success and failure that have sharpened Yang Jianying's planning.

For a time during his planning, Yang Jianying was fond of the name "swordsman". In the connotation of "sword", I think he has two characteristics: those of the "green dragon

① A word-for-word translation of metaphor that describes someone who has gone through many dynasties like a deity;

crescent moon blade"[1] and the "scalpel". He can portray both the greater regional strategy and the national strategy over a land of thousands of square kilometers in his mapping of heaven and earth. In the maneuvers of thoughts, in the flight of time over thousands of years, he has created the cultural aura and grand chapters of industrial development of a region, of country, and of a nation. Over a few hectares of land he also planned and created projects that produced exhilarating brand influences like a "nuclear explosion", and brought about immense business interests for the investors and developers.

He is the initiator and promoter of the Great Shu Road – Sichuan-Shaanxi Industrial Axis. He hopes to construct a national strategic center in the background of Chinese culture. He is the leader and system builder of China's "New Silk Road Culture". His planning wisdom stretches from Chengdu – the starting point of the Southern Silk Road – all the way to Horgos, the gateway of Xinjiang. His sword shines with the gusting sand storm of the desert, the snow above the Tianshan Mountains and the sea wind from south China. His planning is like a heavenly steed[2] soaring across the skies and clouds floating thousands of kilometers, and hooves on the ground that take root and come to fruition.

In planning the reconstruction of Yingxiu, the epicenter of the earthquake on May 12th, 2008, he donated the 5.12 million yuan planning fee that he had received from donors to the quake-hit areas, only collecting a nominal 5 yuan and 12 cents. For more than three decades, in order to support the development of poverty-stricken areas, he gave away an equivalent of 10 million yuan in planning costs, and this is something that demonstrates the fortitude and virtue of such an outstanding planner.

In return for his planning that bestowed great benefits on Wenchuan and Dunhuang, he was awarded "an honorary citizen" by Wenchuan and Dunhuang City respectively.

---

① One of the swords in ancient China, weighing almost 40kg, used to practice warriors' arm strength;

② Refers to a person scintillating with wit, who is bold and unconstrained, not to be fettered by rigid thinking.

The Way of Planning consists of two volumes, the first being *The Path That the Master Has Taken*, the second being *The Method of Five Characters*, both of which are logically set and refined. The manner and the skillfulness go hand in hand. Starting from cultural roots, as well as ideological logic, business sense and spiritual creativity, it can be said that it is for the benefit of the government, for the business elite to create wealth, for the planners to grasp the enigma, and in the process cultivating the mind.

From this book and the journey of Yang Jianying's mind, we understand that to become a "mastermind of planning", one needs to have virtuousness, and possess a sense of mission and extraordinary wisdom. One also needs to be tempered by the market.

The Way of Planning summed up "five characters" as the maxim from Yang Jianying's planning career. Each of them has value and fervescence. The book also allows the reader to have a clear identification of the results by planners, which enable us understand that an exceptionally excellent plan does not only let the people see the dawn of the sky, but also let them hear the clinking sound of money. It can also bring market prosperity and social progress. *The Way of Planning* offers us a chance to really appreciate the actual combat planning in China, with cutting-edge thoughts.

Wang Shuangquan: Vice President of China Wisdom Engineering Association, Vice Chairman and Secretary General of Excellent and Outstanding Talents Development Committee of China Wisdom Engineering Association.

目　录

上部　策划之路

下部　健鹰策划五字箴言

上部 策划之路

一根玉米秆，营销了一座商城，
一只红辣椒，打开了中国的院落文化，
一把“大火”，烧出了一个千亿商圈，
一枚金印，让武警荷枪实弹，
一只翠鸟，让成都对世界拉开“河居时代”，
一个石磨，让宽窄巷子成就了成都，
一只凤凰，让汶川精神高竖成民族脊梁，
一顿农家菜，让敦煌成为国家战略的“亚欧客厅”。

他是疑难杂症的良医，
他是起死回生的高手，
他是商业搏杀的刀客，
他是城市品牌的军师。

他的思想可精微到如一场“眼科手术”，
他的智慧常纵横成数万平方公里的大卷，
他是作家，是诗人，是画家，是地地道道的文人情怀，
他的思想却总在倾听“钱”的声音，
他策划的项目都赚得盆满钵满，
救一座商城，客户借高利贷支付他的策划费，

重建汶川，他却将512万元策划费转赠给灾区，

他是大智慧、大视野、大格局、大境界、大战略、大效益、大品牌的策划象征。

他创造的名词“城市会客厅”“城市副中心”“城市名片”“城市指纹”“慢生活”等风靡全国，

他创造的金奖专利“动静脉双循环布局”，成为全国联排小区的不二选择，

他创造的商业打造《苹果理论》，被称为商业开发的“基因工程”，

他创造的文物保护与活化利用的《玻璃盒子理论》，成为当代历史保护区文旅开发的开锁钥匙，

他创造的《鱼骨定位法》，成为当今文旅产业和城市名片工程打造的定位守则。

他将策划智慧浓缩在“奇”“实”“灵”“绝”“伟”五字之中，成为策划的五字箴言；

他是著名的文旅产业策划专家，城市与产业战略策划创始人，我国全域旅游策划创始人。

第一章

大师之路：策划的四重境界

“中国十大策划专家”“中国西部策划先生”“中国品牌人物”“改革开放四十年，影响四川四十人”……当一个策划人的名字，与千亿级的企业家，与两弹元勋和歼20总设计师的名字，同时出现在人民大会堂的领奖台上，你也许会知道一个策划人对于国家的分量。

当影响世界的成都城市名片——宽窄巷子、“5·12”汶川特大地震震中映秀、海南国际旅游岛、敦煌国际旅游名城和大敦煌旅游圈、新疆东天山国际旅游走廊，这些数千乃至数万平方公里气势恢宏的国家级战略策划思想，与数以百计的，微小到几百亩、几十亩甚至几亩规模的房地产及商业项目：博客公社、海发商城、金殿商城、绿水康城、督院府邸、禾嘉利好、万贯商场、莲花小区、椒子公寓……形成思想辉映，我们将怎样惊叹，一个策划人是怎样的大道纵横，又刀法精致入微。

当我们漫步成都，或者某些更远的城市，看到这些犹如珍珠镶嵌的楼盘、商业街区，并一次次感动于它们背后的商业故事的时候，你会感叹，有的人就是一个智慧传说。当告诉你这些项目都是出自一个叫杨健鹰的策划人之手时，你一定会惊讶、会赞叹，进而想知道他究竟是怎样一个人？他的这些奇思妙想究竟来自哪里？

顺着杨健鹰的策划之路，一起感受他的人生理念，感知他的策划之道。

一只鹰从破壳到成长，到羽翼丰满，再到搏击长空，是以它不同的生命历程构筑着它飞翔的轨迹。杨健鹰的策划之路，也犹如雄鹰经历了四重境界：江湖野战——持印镇城——纵横西部——道敬天地。

（一）文人情怀 侠士精神

凡成大事者，都具有刚柔相济的中和性格，一方面有文人的才华和敏锐，同时也有一种侠士的开阔大气和刚毅果敢。杨健鹰无疑是一个典型。他最早是以文人形象出现，爱好读书、诗歌、散文、绘画，并且取得相当成就。同时他的身上也具有一种侠士的闯劲和无畏，孤身一人闯进陌生的城市和陌生的领域，并且站稳脚跟，获得飞跃，体现出了文人侠士的可贵品质。

人们常说：一个人的名字，隐藏着一个人生命的运势。不知当年杨健鹰的父母在给他写下这样一个名字时，是否有意将一种杀气注入了他的意识之中，是否有着“天行健，君子自强不息”的期望以及鹰击长空的祝愿。杨健鹰童年的记忆和青年的磨砺，为他的性格注入了武将的锋芒。那是一个崇尚英雄的年代，“岳家军”“杨家将”“三国演义”“水浒传”“上甘岭”……这些关键词构成了那一代人的成长背景。父亲在讲述《家谱》的几段话，有如灵魂附体一般，注入了杨健鹰的大脑之中。“麻城县、孝感乡，金刀令公之后……”，在最善幻想的童年，“杨家将的后人”这一身份，仿佛让杨健鹰感受到自己千年传下的军旅血液。对这样一种血液的敬仰，让杨健鹰的策划永远坚守着一种忠诚和搏杀的个性。家中的《春秋战国》《孙子兵法》，更是为这种血液注入智慧的色泽。

杨健鹰爱好广泛且成就骄人，模型、无线电玩、绘画、书法、文学……

多项发明还获得了国家专利，其诗作在《诗刊》《星星》《人民文学》这些最具影响的刊物上发表获奖无数。22岁便当选为“政协委员”“青年标兵”“全省拔尖人才”“三梯队干部培养对象”……春风得意的杨健鹰出乎所有人的意料，从公务员的队伍中毅然辞职，带着满满的自信投身商海。入水五年，披星戴月，其结果是办垮三个公司。负债数十万，让杨健鹰体味了“家破人散”的全部内涵。商场艰辛、人性悲凉，以最真实的伤痕，给自认才华横溢的杨健鹰上了漫长的一课。当时有一部电影叫《莫斯科不相信眼泪》，颇具影响。杨健鹰发现，真正不相信眼泪的，是商场。这之后，杨健鹰对每一个生意人心存敬意，对他们的悲喜感同身受。这为激情万丈、想象丰美的杨健鹰，在未来的思考行为中，注入了“冷”的视觉。

20世纪80年代开启的“改革开放”，既是中国打开的经济大门，更是思想大门、智慧大门。牟其中、何阳、王力、王志纲、叶茂中以及本书中的杨健鹰，都属于这个时代智慧产业的基石性代表人物。相对于其他策划人，杨健鹰的策划似乎更具野性和搏杀能力、落地能力，总是在解决疑难杂症中，妙招奇招迭出，与学院派专家形成鲜明对照，而被业界誉为“野战派策划”的领袖级人物。

他将一个成功诗人的想象力和一个失败商人的冷思维，融入每一个策划项目之中，创造了一个又一个别人不敢相信的商业奇迹。这一段时间里，游走于蜀中房地产项目之间的杨健鹰，毫无传统学术套式可寻。奇招、怪招、险招迭出，数十个死盘奇迹般生还，让杨健鹰成为解决房地产疑难杂症的代表人物。每每有陷入困境的开发商前来找他做策划，见面就是一句，“杨老师，我是以全部身家在赌你的方案喽”，颇有悲壮之感。杨健鹰也颇得意于这种救人于水火的江湖游侠形象。他将自己归属于策划界的野生派，实践着他“策划要出招精准”的理念。他说策划不是文学作品，不是政府工作报告，策划是战争谋略和格斗，都带有生死，必须“刀刀见血”。他将自己的策划团队，视为“收人钱财，与人消灾”的商业雇佣军。他要求团队在每一个策划中，都要“听得见钱的声音”。他说：策划人就像保镖。不允许失败，是这个行业的职业道德。这种“财富雇佣军”“商业保镖”的刀客形象，在他的“数码城”“金殿城”“五块石轻纺城”“西部饰材精品城”等商业策划中，表现得淋漓尽致，数十个烂尾项目不仅起死回生，而且赚得盆满钵满，开发商说他总有办法，政府为他颁发“治理烂尾楼的功臣”奖励。

一种对策划人职业品行的坚持，一种对诗人想象空间的开拓，一种对工作求真务实作风的实践，将策划的实战性、落地性、效益性得到最大的凸显，让杨健鹰的策划自出道以来，就形成耳目一新的力道。正是这种实战风格，让杨健鹰获得了全国唯一的“西部策划先生”的尊称。

（二）诚信是金 品质至上

随着一个接一个商业奇迹的诞生，杨健鹰迅速成为策划行业的传奇人物，许多打造失败的项目，慕名而来许以重金，甚至借高利贷获得重新启动的资金，希望借助他东山再起，杨健鹰最终也不负重托。一段时间，杨健鹰以成都为重心，不断延伸着他的策划故事，盐市口、春熙路、太升路、荷花池、五块石、红牌楼、金府路、川陕路、城北商圈……几乎每一个大型的商圈，都留下了他智慧的影子。他对大行业、大区域、大商圈的宏大思维，总是与一个个具体的项目巧妙结合，并在目标市场、产品设计、利益链创造中，生成连环精准的思考，让他可以连续不断地去创造一个接一个的商业热点。正是凭借多年来从一个个实战项目中发出的超常影响力，让杨健鹰打响了自己的品牌，并获得首届“中国十大策划专家”称号，成为中国策划界的代表性人物。

杨健鹰从一个崇尚搏杀的“商业保镖”，转变为一个商业战略的思想者，源于一个自己的亲身案例。曾经有一个烂尾的商业楼盘，濒临倒闭的开发商抱着最后一搏的心态，从典当行借得资金，并以重金亲自登门请杨健鹰为他重新策划、启动。这个楼盘的再次包装和营销非常成功，开发商不仅成功解套而且还赚了大钱。过去八千元一平方米都卖不掉的商铺，最终涨到了5万多以上。然而，有一个老大妈，在与杨健鹰沟通后，花了大价钱买下了四百多平方米的铺面。可是因为策划的成功，开发商的内心起了变化，将原来商场策划的战略系统全部取消，并在建筑的品质和配套上不断降低，这使得原来已经锁定的大品牌商纷纷离去。这个商场最终的经营做得很差，这个老大妈最后赔了钱。每次杨健鹰路过这座商城，总会想起这位老大妈。一种无法摆脱的愧疚，长期刺痛杨健鹰的内心。他发现：一个策划人如果只对开发商负责，最终无法兑现投资人的利益时，他的行为无异于行骗。如果一个商业地产，不能长期与它的投资者、经营者、消费者保持利益共赢关系，那么它的第一利益群——开发商也无法确保良性的发展。正是基于如此的思考，杨健鹰创立了他的“商业地产生态链”打造法则论，并以这种法则为指导，构建起他商业策划的思想王国。

杨健鹰说：商业财富就像果子，做商业的人，眼睛不能只看果子不看树。不会种果树的商人，是不会获得长期的果实的。他将商业地产、商业圈的开发、营销、运营、推广，与果树的栽种、果实的收成，进行对应解读、深入细分，将政府战略、行业机会、区域文化、商业口岸、建筑形态、企业背景、营销方法、运营模式、消费目标与气候、阳光、湿度、基因等，纳入现在商业的思考体系，创立了商业地产的“苹果理论”，在全国形成广泛影响。这一理论的完成，极大地丰富了商业地产的思想内涵。使商业地产的思考突破了狭隘的利己视点，在多维的利益创造中，寻找到了财富的放大空间。

杨健鹰说：永恒的利润，是阳光下的利润。阳光下的利润，是利益链上共赢的利润。只有创造了我们共有的利益链，才能将商业地产各个环节上的争利人，变成共赢的同盟军。这个利益链上，相互利益的赚取是可以公开的。杨健鹰所操作的商业地产，常常对外公布其开发项目的赚钱目标，并提醒投资人、经营商家各个将要出现的赚钱节点。由于这些节点的最终实现，

许多投资人、经营者成了杨健鹰的朋友，成了杨健鹰打造的系列项目的忠实买家和经营商。

多年的商业打造，让杨健鹰领悟到一个策划人的商业道德，在商业机遇创造中的价值所在。他说：真正的策划人，不是用自己的智慧去劫掠一群人的智慧，而是去引领一个更大的智慧群体，共同创造一个财富孵化场。对于真正的商人、真正的策划人，必须领悟“诚信是金”的价值。

（三）叩问心灵 探求真谛

21世纪初，杨健鹰以“西部策划先生”的美誉称雄西部。这一时期，杨健鹰已经把自己的思考范围从成都扩展到西部，乃至全国，并在业界形成了广泛的影响力。他的策划也从房地产策划、商圈策划，扩展到区域品牌策划、城市名片策划。他着手将房地产打造战略与城市发展战略纳入统筹思考，着手将文化保护战略与城市产业发展战略纳入统筹思考，从而拉开了城市战略与产业战略的全面互动助推的帷幕。

杨健鹰是一个相信灵魂、相信万物有灵的人。对房地产项目他心存虔敬，他说每一块土地都有自己的灵魂，所以，每接手一个项目，他都会到项目的土地上去捡回一块石头，供放在自己的案头。对于城市而言更是如此，他说：每一块土地，就是一个灵魂场，一个地区、一座城市，都有着自己的生命基因和个性。他希望未来的城市，不能成为被房地产肢解的尸块，他希望未来的房地产，是与商业、产业和文化高度融合的，与这座城市血脉与共的生命体。城市与房地产的结合，是一座城市文化与产业的共生场，而不是不断转换产权证的建筑体。在房地产构筑的城市空间中，应该是代表着这座城市历史、人文、情感、未来战略思考的经济反应堆和品牌能量场，是一座城市“精”“气”“神”的支撑体；它们，是一片土地的血型下的生命构成。

应该说，杨健鹰对城市内涵的思考，是一个长期深入叠加的过程。这来自他对历史的亲近和文化的积累。他似乎对自己与城市之间的血液关系有着先天的亲近和传承信仰。他总是留恋于每一座城市的历史留痕之中，为这座城市凝望未来的阳光，像是凝望一棵大树苍老的根茎，而思考它树梢的新叶和花苞一样。

正是这种对城市的反复认知，使杨健鹰与城市间有着天然的共知和依恋。杨健鹰早在1985年身为政协委员时，就利用休息时间，完成了以城市战略、城市品牌、全域旅游为方向的《绵竹的城市策划方案》和《德阳的城市策划方案》，并以政协提案的方式提交到绵竹县委县政府和德阳政府，并且双双获得实施。这两个策划，该是中国最早的城市策划了。当时不仅没有“城市策划”“旅游策划”，就连“策划”两字，都还没有。这份目前存放于绵竹城市档案馆的策划案，被誉为中国城市策划和旅游策划的“奠基石”。1998年，杨健鹰完成成都第一个区域策划案——《华阳副中心城市战略报告》，“成都副中心”“成都新中心”乃至“天府新区”战略体系，便在一步步的城市思考中走向了成熟。一座城市的房地产策划，也就真实地附身于城市战略之中。城市品牌、城市文化、城市产业与房地产战略之间的相互借力，成了杨健鹰的策划案中最重要的思想体系。这个体系的成功设计，使杨健鹰的策划既大气磅礴，又精致细腻。使政府战略、开发商需求、产业目标与消费者利益实现最大的圆满和落地。

此时杨健鹰的策划，仿佛已走过了三道大门，一道是文化大门，一道是产业大门，一道是城市大门。走过文化之门，让杨健鹰的策划有了灵魂的光芒；走过产业之门，让杨健鹰的策划的灵魂有了市场的依附体；走过城市之门，让杨健鹰策划有了宏大的战略场。正是这三道大门的开启，使杨健鹰经典的策划案中，又有了重庆的“缙—北—钓”战略，有了成都宽窄巷子和春熙路，有了海南国际旅游岛，有了“艺术圣殿，人类敦煌”的大敦煌国际旅游圈……有了一张接一张的城市名片。杨健鹰以一种飞翔的身影，掠过一座座城市，成为“中国智业新坐标”人物。

（四）天地大道 生命灵性

做成都名片工程“宽窄巷子”和全国商贸名片“万贯五金机电城”项目，杨健鹰用了近六年的时间。从“三十而立”到“四十不惑”，杨健鹰的职业思想发生了重大转变。他发现，人的一生是做不了多少事的。与其一种职业方式，对一切泛泛而作，不如放弃一些“业务”，将几件事做好。杨健鹰总结过去的职业生涯说：“过去我的策划是做生意，今后我的策划是做生命。”杨健鹰在年近五十的门前，默默感悟生命的意义。少年的豪情万丈的杨健鹰，在中年搏击长空之中，也在冷峻的思考最后栖落时的航线。他非常感谢过去的策划机缘，感谢那些为他提供策划机会的领导和开发商，感谢那些和他一起共事共同创造传奇的所有同事和合作者，他更加祈求着未来的机遇。他相信“缘分”这个词，更坚信所有的缘分都是修来的。作为一个房地产策划人和城市策划人，他经历了中国最好的房地产历程和城市发展历程。在这段历程中，他获得的许多机遇，都堪称历史机缘。对于许多后来者，当属可望而不可求。正是这些机缘，造就了一个策划人的精彩人生。当一个策划人用他的智慧，努力为一个个机缘标注出历史的高度时，这些高度，也为一个人的生命，标上了难以逾越的刻度。

杨健鹰将过去许多精彩的策划，都归为职业性策划。他说它们之所以还有些可取之处，是因为自己对职业的尊重，而绝非完全来自自己生命的本源。他说过去的许多策划，都属公司的业务发展之作。因为公司经营发展的属性，他不可能纯粹地站在策划的原点上，处理所有问题。他不得不接受必需的遗憾。杨健鹰是追求完美的人，过去策划是他的业务，现在策划是他的热爱，是生命的一部分。一个人的生命是有限的，杨健鹰将策划视角投向了产业战略、历史文化、城市名片与国家精神。他希望经他亲手打造的项目，也能像名片一样，镶嵌在他生命的刻度上。

也许正是因为杨健鹰对自己未来生命的尊重，对文化基因的寻找，对产业价值的认知，对国家精神的亲近，让他的智慧以生命为原点，在精神与天地的共化中，获得了冉冉升腾的创造力。也使他在汶川特大地震发生之时，有了天地同悲、生命与共的大义担当。他在震后的第一时间，赶赴灾区现场，带去了一个志愿者的情感，更带去了一个策划人的智慧。他在地震后三天，就提出了利用“5・12”特大地震，串联四川旅游资源，振兴灾区产业的设想，并不断丰富完善。这为他后来在龙门山灾后重建战略策划、“5・12”汶川特大地震灾后重建战略策划，以及震中映秀灾后重建及旅游产业战略策划，打下了坚实的基础。“5・12”汶川特大地震抗震救灾，是中华民族精神的伟大升华，是中国人“人生观、世界观、价值观”的全面重塑。“5・12”汶川特大地震灾后重建战略策划，是杨健鹰策划思想的全面升华，是杨健鹰从“职业型策划人”向着“生命型策划人”跨越的标志。完成《“5・12”震中映秀的策划报告》，杨健鹰仅仅用去了八天时间，报告调整并通过，不到二十天时间。这个策划所用时间之短，是他无法料及的。杨健鹰至今不相信这套精神横空、灵气逼人的策划，是来自自己的思考。当他和助手翻过崩塌的大山谷，面对谷底震源点下巨大的裂石，他仿佛看到了一颗大地撕开的心脏。他感受到天地间一种巨大无比的疼痛与跳动。在泥石流随时可能涌动下来的谷底，他感到一种从未有过的力量，隐隐来自地心。一个世界、一个民族、一个人类的“精、气、神”正注入他的躯体……

未来的映秀，是一只涅槃而出的金凤凰。一个策划人的智慧，和天地灵性与人类情感在交相辉映。能让自己的智慧，沐浴于天地之光和生命之光的策划人，是幸运的，杨健鹰是幸运的。他努力地用自己的智慧点化世界，而最终被更大的智慧点化。这种点化，将伴随杨健鹰一生，这是一个策划人生命的升华。

第二章

鹰过留痕：健鹰策划三十年

三十年的策划生涯，杨健鹰从一个诗人、一个年轻的策划人，成长为实至名归的策划大师。他始终坚持战略与战术并用的原则。他的策划案例，无不是道术并重，在宽窄之思与正和之法中，成就圆满。

（一）童年记忆：一个策划人的人生寓言

对任何一个人来说，童年记忆都是无法抹去的。某种意义上，一个人的童年记忆，就是他一生命运的寓言。不同的人，对童年记忆的理解千差万别。来自我们对命运的不同理解，包含着对命运的不同期待。杨健鹰的童年记忆，充满童年游戏的欢乐和挥之不去的淡淡忧伤。他的童年记忆，是川西坝子的族群记忆，是一代人、一个时代成长记忆的缩影。和另一位策划大师王志纲的童年记忆相比，杨健鹰的童年记忆有更多的温情，少一些命运遽变的惨痛。两人更多的是相似，都是从小喜欢读书，好奇心强，勤于动手。

20世纪80年代，杨健鹰是一名有相当影响力的青年诗人。他的诗歌作品获得无数荣誉，其长诗《堵车的中国》在国内形成巨大影响，《人民日报》载文称其为“中国诗歌里程碑式的收获”。诗歌创作之外，杨健鹰在绘画和美术方面也造诣颇深。杨健鹰在《抹不去的川西老巷子》中，生动地描述了他的童年家园。通过诗一般的语言，每一个读者的故乡记忆都会被唤醒。从这些文字中，可以解码出杨健鹰何以对产业文化情有独钟，何以对城市战略的文化经营念念于心。品味这些童年记忆，也给我们领悟杨健鹰的策划风格，有了一个似远实近的心灵呼应。

四十多年前，什邡老县城通向西面的老街上，沿着老城门外通向郊外的一段街道，他的家就在鱼刺一般分布着的大大小小的巷子中。记忆的开端，是灰色的主色调，灰色中点缀着几朵小花，一簇新绿的墙草、一片青青的苔藓、几处井水人家。

“我的童年是在一条巷子里度过的，那是在川西平原的一个叫什邡的县城。县城本来就不大，且是三十多年以前，两三条中心干道外，便只有东、西、南、北四条老街，是通往四门乡里的。这座城市，便借助着四条老街和这些老街上一个又一个分叉的道口，将十乡八里的喧嚣，汇聚成了一只深灰色的蜘蛛。在我的记忆里，这里的房屋都是灰色的；这里的街道是灰色的；这里的人流是灰色的；甚至天空也是灰蒙蒙的颜色。青砖、灰瓦、泥地、石阶、黑衣蓝衫，似乎连血液都在一种灰暗的底色中，慢慢地流过这狭小而弯曲的石子街道，一切都显得低矮而压抑。在这座县城里，唯一高大的只有街道旁那些用沥青浸泡过的木质的电线杆，黑而森然地站立着，一根接着一根，十字架一般，上面是定时播放着《东方红》的大广播和它连绵不绝的蛛网。

巷子里套着院落，院落里有着花园，花园里有着井台……巷子里的陈设一切都是老的，木的门、灰的砖、土的墙、斜的树……都在这巷与巷的串连中，现出了丰富和完整。花园多是颓废的，先前的砖雕鱼池已经破损不堪，一些古古怪怪的残砖烂瓦被简单地码放起来，重新填了土，种上了葱、蒜、藿香之类。偶然间的一株小小的含笑梅，也许是它最后的神韵。井台的石栏，早已被打水的人们磨出了一个深深的月牙，四周是青青的苔藓。井壁是茸茸的虎耳草，如睫毛一样，对着苍穹永远圆睁着它深不可测的眼。在这县城里，住在小巷里的孩子，都有着一份特别的快乐，仿佛拥有一种与生俱来的呵护，给他们带来无边的慈爱。小巷的‘手臂’，也如同老祖母一般捧着这些孩子，给他们送来一个又一个快乐的故事。”

杨健鹰是诗人，他诗歌的节奏应和着清晨到正午、午后到黄昏、黄昏到夜晚的律动，是时光的舞蹈，是三个乐章的交响。

“小巷里的时光，是分作三个段落的。每天早晨，最先响起的是倒马桶的叫声。每天晚上，最后离去的是收潲水的叫声。小巷的清晨，总是格外的忙碌。伴随着一家接一家洗刷马桶的声响的，是吆喝孩子们起床的声响、是搭炉生火的声响、是受了风凉呛了炉烟不停咳嗽的声响、是锅碗瓢盆磕着撞着的声响，以及时起时落的琅琅书声和渐起渐无的呵斥叫骂的声响。若是初春，就会多一些鸟鸣和着乡下孩子叫卖野菜的声响，湿漉漉的，带着油菜花的气息。而最终这些声音，都会随着最后一个孩子上学的脚步，被全部带走。这时的小巷，也就彻底的空了，好像没了什么痕迹。小巷的中午，多是一个极其简单的篇章。这里所有的情节，好像都是交给了厨房和饭桌。在孩子们将要放学回家和将要上学离家的这个时段里，留守的老人和下班的父母们，无不在井台、锅台、炉灶间转换着他们的身形，将这段时光拼凑在一起，成为桌上并不丰盛的碗碟。再经过一整下午时光的浸泡，小巷的夜晚便有了格外的祥和。所有被清晨和中午压缩的快乐，都随着暮色的临近而渐渐地释放出来。

“孩子们放学的时候，天色还不晚。清亮的太阳，此时总会照着后院的泥墙、井台或者是某个角落。这时的小巷里，除了晾晒着永远都晾不完的衣物之外，总会晾晒一些孩子们可以窃取的咸菜一类的食物。若运气好，还会遇见花生、大枣一类，概率虽是不高，兴奋却是永恒。对于这些食物，孩子们是不分自家邻家的。总会躲过老人如影随形的眼睛，分工协作，落肚为安。落下一串叫骂，随风随夜而去。夜晚的小巷会多了些丰盛，人们经过井台、厨房之后，小院里会放出几家的饭桌，饭桌上又放上几味拿手的好菜（当然也只能是一些价廉家常的小菜而已）。邻里们不分彼此，相邀品尝，相互赞美着对方的厨艺，整个小巷便现出一种无边的乐融。小巷的娱乐是很多的，拍三角、打铁片、打陀螺、跳房子……不过，夜晚大孩子们最爱的游戏，那还是捉迷藏。一群孩子，不分男女，不分冬夏，自由而忘情地穿行于巷内巷外、各家各户。越墙翻梁，感受着超家越界的包容。而年龄小的孩子们，总会守在老人身边，听着那永远无止境的谣曲和故事。而此刻，常是流萤如呓、月光无声了。

“小巷的记忆是一幅生活的全景图，掺杂了‘忆苦思甜’的煳米稀饭，过年的腊肉，职业尊卑的变迁，邻里间的磕磕碰碰，阶级斗争闹剧式的争吵与和解，蚀刻在时光的底片上。

“对于月光下的后院，孩子们是有几分恐惧的。据说那里，在很多年以前曾经吊死过一个女人。但是到了白天，这里就成了孩子们玩耍的中心地。后院，是小巷中最为宽大的地方。由两个院落构成一处，中间是一道残留的土墙，有一人多高。在风雨的侵蚀中，墙头如同山脊一样，上面全是狗尾草。若有风来，便会现出野马扬鬃、游龙入云的气象来，让人感受着这泥墙下隐藏的某种巨大的生命。土墙上有许许多多的小洞，有深有浅，像耳孔一般，那是蜂儿们的家。每到春天，土墙中会住满许许多多的墙蜂，或飞翔，或蛰伏，忙里忙外，嗡嗡的声音不绝于耳，整个土墙变成了一架盛典中的钢琴。孩子们找来竹签，伸入孔穴，将一只一只的蜜蜂拨出来，伸了舌头，在他们的屁股上舔食蜂蜜。为此，我和表弟的舌头，都付出过沉重的代价。后院里，常常是晾晒食物最多的地方，也就是雀鸟们光顾的天堂。捕鸟是孩子们的一大乐事，用麻绳系上木棍，用木棍支了竹筛，竹筛下撒一些剩饭……如同鲁迅笔下写过的一样。只是这里来的几乎都是麻雀，一只只机敏得难以捕捉，偶尔捕得一只，却是又气又烈，往往活不过当夜。在小巷里，捕鸟从来都不是孩子们容易办到的事情，比不得钓鱼。只需用别针弯了鱼钩，挂上蚯蚓，用长长的棉线系住，趁着没人的时候，投入井底，便总会多出几分惊喜。井里的鱼是大人们从河里钓回来，投放进去的，说是预防阶级敌人投毒所用。趴在井栏上的，孩子们蓬着几颗圆脑袋，从井口映到井底圆圆的水面上，像花瓣一样，这些花瓣中间，是大家目不转睛盯住的几条鱼儿，像梦一样，时隐时现，若即若离，如同这井水的灵性，将大家带到一种无边的虚空和幻想之中。直到老人们的竹竿，降临在他们的屁股之上，大家才惊呼着一溜烟跑了，只留下长长吆吆的骂声。在小巷里生活的孩子们是快乐的，自然乐极生悲的事也总有发生。玩弹弓的时候，谁打中了谁的额角；打游击的时候，谁挂掉了谁的龅牙。孩子们往往是眼泪未干，又嬉笑如常了，而做家长的却免不了有了争吵。”

孩子们有自己的探险乐园，有自己的军工厂，他们是那个自由世界的小小公民，杨健鹰的回忆是诗意而温情的。

“小巷的房舍是古旧的，如同老人褪了色又贴满补丁的青袄。在这些古旧而破损了的家园里，孩子们却享受了太多的自由与快乐。在小巷里，家与家的木门是不会也不可能对孩子们有所关拦的。孩子们灵性如猫鼠一般，穿越于小巷的廊道、阁楼与窗墙之间，并在不同的地方构筑起一个个小小的天地。贵贵家阁楼里，有一架据说是从原来地主家分来的古床。古床上，雕着石榴佛手一类的图案，上面都贴着金。孩子们对那架古床都有着莫名的恐惧，多数时间只敢贴着门缝，悄悄地往里面看，在昏暗中如同隐藏着一头怪兽，常常大气不敢出。到了夏天里，他家的那架凉床却是孩子们争抢的爱物。凉床的竹片已经发红，上面钉着铜钉。阁楼上还有一顶有着铁路路徽的大盖帽，据贵贵说是公安局的帽子。他叔叔留下的，这让人多了许多崇敬。还有几颗子弹算是对大盖帽身份的有力证明。虽然机会很少很少，为了能亲手摸一摸几颗长长的真正的子弹，孩子们会尽力地向贵贵示好。老五是孩子们中擅长制作鞭炮的，他的家便藏着孩子们小小的兵工厂。凭着从《地雷战》里得到的经验，孩子们从中药店里偷来硫黄和硝。将这些硫黄和硝再配以木炭粉，大家便造出了源源不断的火药。又用这些火药，造出了许许多多的鞭炮、礼花、钻地鼠和竹管火箭来。后来，大家又开始研制地雷，可惜在郊外的土坡上引爆了几次都没能成功，也只好作罢了。

“在临街的巷口，为孩子们打开了通往现实世界的门窗，那个世界热闹、喧嚣。

“对街的墙是木板做的。木板与木板之间，有着许多的缝隙，可以窥视街面的场景。于是孩子们聚在老五家还有两大乐事可做：一是将用马尾系着的一张纸币，放在街面上，等着路人来捡拾。当捡拾纸币的人做完各种掩饰动作而躬下腰来，大家便拉动一下马尾，再弓腰，再拉，如此几次，直到那个人涨红着脸匆匆离去，木板后便爆发出孩子们开怀的大笑来。纸币不是孩子们随时都能找得出的东西，所以在木板外投放的还有另外一种东西，那就是盐包，当然不是真正的盐，而是炉前烧过的炭灰。在逢场的日子，用废报纸和稻草仿着食品店里盐包式样包好，‘遗落’在街边，便会被赶场的农人们，用各种各样的方式，捡起放入他们的兜里、袋里，然后快快地离去。屋内的孩子们自然笑得前仰后合。每当散场之后，街的尽头也多了一堆一堆丢弃的炭灰包。

“每一个人的童年都有一个只属于他一个人的世界，他们是这里的唯一的国王。这里有通往长大后的那个世界的道路，是他们成年生活的一个微缩全景图。

“在我家阁楼里的生活，又是另一种情致。这是我相对独立的世界。阁楼上有许多的木箱和几个大箩筐，木箱里有许许多多的绘画、书籍和书信，那是我那文采飞扬的大舅留存的。我总能不露痕迹地退了木箱上那些生锈的螺钉，取得那些画稿、书籍和书信，如痴如醉地赏阅，然后又按着原来的样子将它们恢复进去，如同盗贼一般，一次又一次进入了无限丰美的殿堂。而那几只巨大的箩筐里，装着的竟是一个神奇无比的世界。那里有取之不尽的铜线，各种各样的磁铁，破损的不同型号的矿石收音机，一圈一圈的旧电线以及晶体管、小磁铁、破铁罐，或者装有各种不知名金属矿的小铁盒……，还有各种各样的工具、无线电和航模资料。这是爱好无线电的小舅和二哥留下的。这个阁楼，是我的画室和科研地。在这个阁楼上，我几乎临摹过大舅所有的画作。在这个阁楼上，我造出了自己的电动机和电动船。还在阁楼上架上天线，制作好了单管收音机。在一个夜里戴着耳机，反复地听着那根本听不懂的，不知是哪国电台里的声音，扬扬得意地睡去，那美美的心情是无法言说的。直到有一夜醒来，才发现那天线已被父亲拿下，代替耳机的是一个火辣的耳光。当然，父亲本是担心我会遭到雷击的，而那一个耳光，也从此让我告别了发明家的梦想。”

杨健鹰是相信灵魂的人，在他的童年世界里，万物有灵。那些月光下的颓敝而空旷的后院，阁楼上雕花的古床，上吊女人的灵魂，相扶相伴的老人和他们的逝去，慈爱而威严的叔公。他的描述朴实而温馨，在浪漫中夹着一丝神秘气息。这种对生命的尊重，对生活传统的重视，后来成了杨健鹰地产策划的一个重要风格。

“小巷的老人们一个接一个地老去了，小巷的年轻人渐渐地告别了年轻，在工作、婚嫁、生计的概念中，一个又一个地离开了小巷。随着新住户的搬入和新的城市建筑体不断嵌入，小巷早已是支离破碎、物异人非。偶尔带着孩子回去寻访，所得最多的是询问和陌生的眼光，才发现自己早已是小巷之外的客人。曾经流转在这里的时光，仿佛将我们凝固为另外的琥珀，彼此不离不弃；曾经流转在这里的时光，又仿佛已经将我们抛弃，如同隔世的遥远。那曾经的小巷，此时能留下的只有一块又一块记忆的残片。然而每一块残片上，又似乎有着我们全部的故事。小巷是无法寻找的，小巷也是无法失去的。在千百年的城市历史中，小巷如同我们身上密布的最为细小的血管，将一个个家庭命运和人生故事，刻录在它的廊道、它的庭院、它的瓦檐、它的门窗、它的残墙乃至于一块破砖、一株枯草上，成了这座城市最为真实、最为动情的血脉基因。在每条小巷之中，我们都能找到自己的前世或者今生；在每一个小巷里，我们都能显映出我们的情感与精神的背影。对于每一个在城市里长大的人们，小巷都是无法抹去的，它如同城市的底片、如同我们身后的长长的影子。”

（二）诗人之思：我可以做最好的策划人

一个年轻的诗人，一个醉心于梦想的文化人，这样的人适合从事策划吗？特别是在商业地产领域。多年以后，在成功完成成都文化地产的标志项目——宽窄巷子的策划，在健鹰策划的品牌为业界瞩目之后，回首往昔，杨健鹰认为，自己之所以能被选择参与这个项目，负责整体策划，一个重要的原因，就是他的策划公司比做商业策划的公司更有文化，比有文化的公司更懂商业。这个优势也是他日后决意坚持，要发扬光大的一个特色。

从一个颇具影响的青年诗人，向着一个文化商人和商业思想者的转型，由一个商业思想者向着城市思想者的转型，杨健鹰的成功之路是坎坷的，也是执着的。也许正是因为这种一步一艰辛的、由下而上的跋涉经历，让杨健鹰的策划，与那些自上而下高举高打的策划专家，有了本质上的区别。杨健鹰常说，在一个经济发达的地区，为一些实力强大的客户做好一个策划并不难，难的是在无数的先天不足，后天无依的条件下，去创造客户的成就，在天时、地利、人和的低谷中，去创造高度。他十分强调策划的抓地能力，强调生存和抗击打能力。他的思想和策划个性，更像在西部贫瘠的土地上生长出来的草木，在与风霜严寒、干旱的对抗中，创造生长的空间，只有这种艰难的生长意志和思想力，才能获得真正长远的未来。所以对于每一个策划，他都“如临深渊，如履薄冰”。也许正是因为这样，与别的大师相比，杨健鹰有着足够的谨慎和低调。除了做方案和跑市调，很难在媒体上看到他的身影。

今天，杨健鹰的出场身价高达千万甚至数千万，这是市场对他的思想价值的最大认可。面对成功后的杨健鹰，我们很难想象当年那个多次直面企业倒闭，被多家债主持刀逼债、家庭破碎、穷愁困窘的下海文人。只有在他那睿智的微笑背后，是一如从前的那种山一般的沉静，海一般的包容。杨健鹰说：“我非常感谢三座城市，一座是绵竹。这座城市深厚的文化和纯善的民风，使我获得了太多的灵气、想象力和良知。一座是什邡。这座城市给我太多痛苦和失败，使我获得了务实的思考方式、脚踏实地的行为方式以及强大的心理承受力。第三座是成都。这是一座在我最苦难之时给我以承接，并使我的无限的想象力和踏实的创业行为，得以真实实现的城市。”正是在这样一座城市里，一个充满奇思妙想的杨健鹰，与一个脚踏实地的杨健鹰，获得了奇妙的对接。

杨健鹰从1981年开始写诗，因为很喜欢《长江三日》的作家刘白羽这个名字，就对应着取了个笔名叫“金翅”。用“金翅”这个笔名发表了一些作品以后，沿用健鹰这个名字。“健鹰”这个名字成就了他的诗歌写作之路。用这个笔名，他发表了大量的诗歌和散文。20世纪80年代的诗人虽然享受着“精神贵族”的光环，但实际上，大多数诗人的物质生活却很艰难，日子并不好过，而杨健鹰却过得时光美好。杨健鹰在绵竹县工商局上班，他至今认为自己很幸运，因为当时的绵竹是一座崇尚文化的县城。这个县城给一位醉心于文学的年轻人很多人性的包容，很多生命的滋养。参加工作的最初几年，是杨健鹰的悠游时光。局长给杨健鹰安排的工作非常轻松，其他的时间就留给他去看书、创作。不菲的工资收入，加上时不时与工资相当的稿费，一个青年足够的富有。加之宽松的工作环境，就这样，杨健鹰在绵竹的8年，可以尽情地看书、写作，每年还能出去参加文学活动，开阔眼界，增长见闻，还报销差旅费。

虽然杨健鹰直到1994年才正式成立公司，成为职业策划人，但其早在1985年，就已经完成了生平第一份策划报告。这份报告以“2000年的绵竹”为构想，结合绵竹的历史文化、城市空间、产业资源、文旅资源和全域乡村、山水条件，对未来绵竹的城市品牌、文化脉络、城市改造和乡村发展、旅游发展和地方特色产业打造，进行了全方位的规划设计。受到县委、县政府高度重视，并最终全面实施。此后不久，杨健鹰又以政协委员的名义，完成了德阳城市及绵远河水域打造建议，并得到采用实施。这两个策划，应该是中国最早的城市策划了，而杨健鹰为绵竹食品厂提供的“蔬菜饮料”系统产品建议方案，最终被海南推出，并在纽约获得国际金奖。当杨健鹰收到朋友寄来的刊有这一喜讯的《参考消息》时，他仿佛看到了市场经济与智慧光芒的激情燃烧。商业策划和城市策划，似乎点燃了杨健鹰所有的知识积累和文化积累，他的策划一个接着一个，从工业产品、文化旅游、城市建设、食品、酒类、饮品、饲料、烟草、生态治理……哪一个行业都能激起他乐此不疲的思绪和热情。在绵竹的近十年时间里，工商干部和诗人的杨健鹰，几乎是不务正业地干着策划的工作，他交给政府和企业的建议提案一个接着一个，绵竹的各级领导也给予这个不务正业的政协委员，以最大的认可和支持。因为没有生存上的压力和收费上的需要，杨健鹰经历了他思想最自由，情绪最饱满也最没有私愿的智慧时光。

职业性策划工作的艰辛，是玩票性质的策划无法相比的，尤其是在早年策划还不为业界重视和接受的时期。最大的差别就在于，业余策划多少带点游戏意味，可以不计回报，不被采纳的时候，可以束之高阁，可以宽慰自己说，是别人没有完全懂得自己的创意，而不是自己的策划不成熟。可以抱残守缺，永远地自我褒奖。但职业策划人所要严格遵守的，完全是另外一套规则。最简单的一条，策划人为项目服务。策划人可以做导演，但绝对不能担任主角，更不能喧宾夺主。策划方案没有被采用和实施，策划案就失去了实际的意义，职业策划人就面临生存的压力。策划的基本要求之一，就是要有现实的可操作性。杨健鹰常说：策划是盐，策划是做裁缝。这里面暗含了策划的实用性原则。策划不是做花式糕点，盐是菜的灵魂，但没有任何一份菜端上来的时候，上面看得见白花花的盐巴。有特定需要的话，策划也可以做成时装的风格，但策划人更多的时候是做裁缝，量体裁衣，为顾客服务。杨健鹰的自我定位，从来都是一个文化人。与此同时，他从来就不认为文化和商业有矛盾冲突。他认为文化是商业的巅峰形式。他所要开创的道路，所阐发的策划之道，所要实施的方案，无一不是以文化为母、经济为父。

很多人觉得诗人太浪漫，不现实。杨健鹰是如何把一个诗人的跳跃思维和策划人的务实精神结合起来的呢？一个人没有经历足够的苦难，没有经历颠沛流离，他是无法到达自由王国的。杨健鹰作为诗人的超拔，和作为策划人的务实致用，两者的融合无间，注定了有一个卧冰淬火的痛苦过程。多年以后，回忆起早年的艰辛岁月，杨健鹰带着几分自嘲的口气说："其实做策划之前我办过公司，前后有三个，"最佳状态"是面前坐着8个人向我要债。这段经历让我体会到市场的凶险和对现实性的把握。有一部电影叫《莫斯科不相信眼泪》，说的就是这个道理。我开始会忧伤、愤懑，会有怨言，后来就发现这一切于事无补，作为商人就必须面对很现实的经营问题。因此现在我的策划绝不是乱想象。"

有一年，农历七月半鬼节的时候，那时夜幕低垂，秋风瑟瑟，祭奠亡灵的纸钱翻飞。杨健鹰穿过一条叫积英的街，走过一座石拱桥，从绵竹城里走到了城外。淡薄的月色下，一个老人在田间摆了一碗馒头，燃着蜡烛，烧着纸钱，香烟缭绕。杨健鹰看着老人，他知道，老人在怀念亲人，在祭鬼。于是，恐怖和亲情完美地融合在了《七月半》，“一不小心／又翻开了这一轮月／便有风声瑟瑟/吹过老桂树/故事如流萤／至枝头飘下／于是恐怖就一片片摇挂在竖起的毛发上／老人说／七月半了。”诗意在心中泛滥，脚步却没有停息。几年之后，杨健鹰手握一卷策划稿，大步流星地走在前往新都某啤酒厂的乡村公路上。此时，天空中挂着的已不再是那轮月亮，而是太阳，是冬日里红而冷的太阳。从长途汽车站出来，到这个啤酒厂还有很远的距离，他必须忍住胃痛，大步快行，以保证从啤酒厂返回后，还能搭上最后一班返程的汽车。他没有更多的钱坐三轮车过去，剩下的钱只够他从新都再坐车回什邡。冬日下午四点多的太阳，“像一个巨大的希望，挂在我的前面，我的身后拖着的长长的影子，就是我的疲惫和伤感”。

杨健鹰是一个相信灵魂的人，他有一种万物有灵的情怀。了解他早年的生活和写作，就很好理解日后他对每一个项目对每一个地块的情感投入。每一个项目完成后，杨健鹰都有带回一块石头供奉在案头的习惯。如果我告诉你，这是一位诗人、一位画家的行为，你丝毫不会觉得奇怪，而是会心一笑。那段与诗歌为伴的生活给杨健鹰带来了很多东西，最重要的是让他的思维方式不一样，杨健鹰把这个方式命名为“尊重生命，寻找灵魂”。用在策划里，认为每个项目都有它自己的灵魂，每个元素都有它自己的宿命。做任何项目一定要尊重它，去找到它的灵魂。所有苦难和酸楚的过往，只要以成功结尾，它们就会变成传奇。杨健鹰今日成功的高度和他早年艰辛酸楚的厚度是一致的。正是经历过那些早年岁月，他才能悟出“尊重生命，寻找灵魂”的策划之道，才能有今天宠辱不惊的淡定。

三十年前，策划业务还没有形成，甚至在政府和商业界都没有“策划”这个概念。在普通人看来，诗人、文化人并不适合做经济，尤其不适合做与商业有关的思考。何况，还要将这些大家还没有意识的思考，变成一门生意和职业。这个时候，是成都给了杨健鹰一个转身的空间，延续了他的策划梦。杨健鹰在《感谢成都》中写道："当十多年前，一个醉心于策划、不算潦倒但绝对属于穷愁的文化青年，怀揣仅有的2700元积蓄、太多的设想和茫然，来到这座城市的时候，我是无法想到这座陌生的城市，在将来竟然给予我如此之多的厚爱。"

进入策划行业之后，杨健鹰的道路是艰辛的。他怀揣着策划梦到成都之后，先在一家报社广告公司做策划。当时的成都并没有策划公司一类的机构，广告公司设立策划部门已属相当时髦。所谓策划的主要任务，多是写点文案、配合业务员拉广告业务而已。公司老总并不看好杨健鹰在商业方面的潜质，看了他的资料后，说了一句话："这个人应该到作家协会去。"能给他一份事做，已算几分开恩。杨健鹰跑项目现场，常常得不到开发商的重视和支持。遭遇白眼和冷遇是家常便饭，其中的辛酸，身处其中的杨健鹰感受深切。今日在职场打拼的年轻一代，当是感同身受。

公司交给杨健鹰的第一个任务，是为一个郊外的叫"桃花源"的别墅小区写专题报道。这对杨健鹰来说不算困难，只要与开发公司及相关人员做做交流，看看资料，应该非常轻松。然而到了桃花源，他才发现公司与客户之间并不和谐，开发商并不接受采访。他只能眼巴巴地远远地看着那位老总在院子里散步，却不能与之交流。其他的工作人员，也自然不便接待他。而公司提供的所有资料，早已在过去的文章中用尽。杨健鹰此时进退两难，时间已属黄昏。

杨健鹰打定主意要在这里住下来，以做一些思考。然而这里的人并不愿意接待他，附近又没有宾馆。见杨健鹰决心已定，而又实在为难，在这家公司实习的北京商学院的一位小伙子，便邀请杨健鹰去他寝室里住。他说正好有一位室友不在，可以睡他的床。到了晚饭的时候，这位小伙子去食堂给杨健鹰打了一大碗饭菜来，要给他办招待。菜无荤腥，是素炒青笋，这碗饭菜却让杨健鹰此生难忘。那样一位刚要走进社会的小青年，以他独有的清贫和清纯，给杨健鹰留下了策划人生中的一段底味。

那一夜，杨健鹰躺在薄而硬的床铺上，彻底不眠。一是心事太重，写不出文章，无法交差。二是天气太冷，正是农历二月春寒之夜。为了不影响对面的小伙子休息，他只好悄悄起床到野外散步。此时正是深夜，灯光暗淡，人影全无，园内是工地，园外是一座座大型的土丘和陵墓，这是他白天走过的地方。这个别墅区所在的地方叫十陵，是葬着明朝朱氏十余个藩王和王妃的地方。这些陵墓，有些已经打开，先前他也见到其中一些陵寝和墓道的图片。

在这冷而深的夜晚，杨健鹰感到自己的躯体在夜色的拥簇中，好像已经荡然无存。在这些陵墓之间游走，没有恐惧，只有灵魂冷静而清醒地穿行或小坐于墓道之间。他感到这些陵墓，此时有如一座接一座的房舍，而里面住着的主人，都是隔世的朋友。在这一夜，杨健鹰借着工地的余光，沿着山道，从一座陵墓走向另一座陵墓，像是在拜访老友一般，享受着一次又一次心灵的慰藉。而他们也像是在不停地对话，交换着人生与家园的思考。这些隔世又谋面的朋友，也在这样一个寒夜，用他们精深的思想对杨健鹰进行着某种点拨，让人茅塞顿开。回到寝室，杨健鹰将这些对话迅速记录下来，成为桃花源的文章。文章以两个整版刊载于报端，引发业界强烈反响，原来这个房地产项目，竟有如此的深度。

杨健鹰后来说："这算是我与成都这座城市的第一次灵魂交流，也是我得到的来自这片土地的第一次点化。从此让我坚信这座城市，有一种精神在为我注入，它来自泥土的深处。也许正是因为这种注入，我知道成都在它的精神深处，对我有了第一次的接纳。"

三十年不过是弹指一挥间，如今我们再来看策划界，猛然间发现，策划界哪一个大师级的策划人不是文化人呢？深厚广博的文化修养和文化底蕴，对文化传承和文化发展的重视，是这些策划人的共同品质。因此，回过头来看，杨健鹰成为成都、整个西部乃至全国地产及商业策划的领军者，成为文化旅游和城市名片战略的思想家，不是偶然，也不是转型，而是一种必然，一种宿命。

（三）磨难是一笔财富：鹰飞得比麻雀低的时候

如何看待失败，是检验一个男人的成色最可靠的试金石之一。一个人失败的次数、跌倒的惨痛程度，和他的财富和见识所能达到的宽度和深度成正比，是他财富的另一种指数。为赋新词强说愁，那是少年情怀；劫波历尽的杨健鹰事业更进层楼，心态却平静如秋水。杨健鹰总是坦然面对自己的失败，他早已超然其上，起于尘埃之中，而不着尘埃。他在接受24小时房产的电视专访《洪露有约》时说过，他最大的失败就是曾经开垮过两家公司和一段婚姻。在1992年，他负债40多万。最多的时候，面前坐了8个债主。其中一个债主在黑色皮包里装了一把带着寒光的菜刀，在把包扔在桌上的时候，有意无意地把皮包的口子敞着。

意志薄弱的人在痛苦之中往往放任自流，失去了对理想和操守的坚持。我们中的大多数，作为普通人，在面对生活的逆流，在长久的低潮期，难免斗志衰退，产生动摇和自我怀疑。在这个过程中，一方面需要调适我们和理想之间的方向和路径，另一方面，在怀疑中必须有坚持。杨健鹰是一个懂得调整自己方向的人，生活驱赶着他一步步走向现实目标。命运的沉重让他每一步走得更坚实，更深入现实的大地之中。大猩猩比人要强壮许多倍，但大猩猩在和狮子的搏斗中几乎没有幸存者，而弱小许多的人类，却偶尔创造逃生的奇迹。为什么呢？据说，大猩猩被狮子咬伤以后，被痛感控制，不再反抗；而人类有强大的意志力，在剧痛之中，反倒爆发出更大的力量。杨健鹰就是一位与狮子搏斗的人，在遭遇生意的滑铁卢之后，在面对人生失意的巨大伤悲时，他选择了迎头抗击，而不是意志消沉，坐以待毙。

更难能可贵的是，杨健鹰是一个有坚持、有原则的人，体现在对事业的追求上，也体现在他的道德操守和自我约束上。一件轶闻很好地印证了这一点。在当年的下海潮中，杨健鹰也曾有强烈的愿望南下海南创业。在城市的烈日下，他一边走，一边正在脑子里想：要是有三千元钱就好了。当时，加上他的积蓄，还缺三千元，这个数目是参加一个项目最低的门槛费，有了这笔钱，生意才能启动。正在这时，一辆自行车从杨健鹰的身边飞驰而过。“啪！”的一声，一个信封掉地上了。虽然没有打开看，但从信封的形状就知道，里面一定是钱。钱包掉在地上的那一瞬间，杨健鹰本能地喊了一声：“东西掉了！”很大声，骑车人没有反应，还在继续向前快速骑行。“东西掉了！”杨健鹰又叫了一声，仍然很大声。杨健鹰回忆说他记得很清楚，当他第一声大声喊“东西掉了”的时候，是一种本能，第二声大声叫“东西掉了”的时候是一种刻意了。肚子正饿的时候，天上掉馅饼，真是想什么来什么。对任何一个面对此时此景的人，信封里的钱都是一个巨大的诱惑，杨健鹰也不例外。不想捡起来，放自己兜里那是假的。如果这样的念头在脑子里一闪，只需要千分之一秒，杨健鹰在那千分之一秒的那一刻，选择了大声喊出来，再次提醒丢了信封的骑车人。也许杨健鹰有了这笔资金，他会有更大的可能性在那一次下海中寻找成功，他的人生之路就是完全不同的另一种风景。这种可能性有多大，我们永远无法证实。就像森林中有三条路，选择了其中一条的人，永远无法看到其他道路的风景。

杨健鹰对早年的生活和工作有惊人的记忆。每个人的记忆都是选择性的，偏爱那些刻骨铭心的伤痛和未实现的梦。诗人情怀的杨健鹰选择了那些光影斑斓的老电影般的梦幻记忆。而他商战文化人和文化产业策划人的自我定位，把记忆绳索的一头牵引着，指向早年经商屡战屡败的惨痛记忆，另一头扯动他作为策划人的神经，使他更专注于策划人的身份与思维方式。其实，苛刻一点来说，他的记忆仍然避免不了灯下黑的疏忽，这种疏忽不是遗忘，而是一种潜意识里本能的自我剪辑。记忆中忽略的部分，就是他在工商系统的工作经历对他日后道路和命运的影响，从今天来看，他近十年的工商系统工作经历，对他作为商战谋略的思想者，应该有着基石一般的价值。

在作为一名职业策划人的成长历程中，工商局的工作环境和工作经历还有一个很大的功能，就是把杨健鹰从诗歌王国引向商业竞争的残酷舞台，又把他遗弃在失败中，让他自己去背负绝望，逼迫他从绝望中杀出一条重生的路，战死沙场或凤凰涅槃。工商局的工作让他有更多机会接触商界，思考品牌，他敏锐的嗅觉必然把他吸引到投身商海的大潮中来。80年代的那一代青年，尤其是文化人，哪一位没有豪情壮志？“我本楚狂人，凤歌笑孔丘”。哪一位不是自认为文武全才，进可以为天下治太平，退可以为巨商富贾？下海做点小生意，不过是小菜一碟。杨健鹰有超强的自信，急于证明自己，又有现实的便利条件，投身下海潮试水就成了顺理成章的事情。事实证明，大浪淘沙，大多数人都葬身海底，或是逃回岸上了。几次破产也用事实证明，经商不是每个人天生的强项，哪怕他有着旷世之才。当他三次破产，负债累累之时，杨健鹰何尝没有一腔悲愤，也正因为如此。当他在商海沉浮，几乎被淹没的时候，他抽身上岸，却未曾远离，转身借策划之舟，又返回大海。有了海水灌出来谙熟的水性和坚韧的筋骨，有了合适的船只，从此得风送帆，击水拨浪，入大境界。

时过境迁，杨健鹰的合作范围已经涉及食品、医药、保健品、文化、旅游、餐饮娱乐等多个领域策划和城市区域策划领域，很多生意他完全可以轻松驾驭，但他已经志不在此。许多成功的策划人都不愿意转行做开发商，即使他们拥有这样的实力，具备这样的平台，面对这样的机会，他们却不为所动。要说更大的商业回报没有吸引力，那是谎言。何况，对于商人来说，利润是他存在价值大小的一个标杆。王志纲说过类似的话：中国的策划界需要一位一流的策划人王志纲，而不缺少一位二流地产商王志纲。以杨健鹰目前的身家和资源网络，他不做地产商，而矢志于文化地产策划，正是因为他是一流的策划人。

早年经商的惨痛经历，虽然言者已有平常心，闻者却感同身受不免耳热心跳。相比早年的惨败，开始策划之路的杨健鹰所要面对的辛苦实在算不了什么，毕竟他走到了一条正确的道路上，他的路越走越宽，路旁风景越来越美好，这一切极大地缓解了他的疲惫和辛劳。

到成都之后，杨健鹰的第一份工作是在报社的广告公司策划部上班。在当时，策划部在公司并不受重视，主要还是以业务部工作为中心。这是一段艰辛而不乏温暖的日子。

在成都，杨健鹰的第一个栖身之地，是一个叫李昊的同事提供的，在一个叫白果林的、需要转两次车才能到达的地方。那是他刚到成都应聘上班的第一天，当忙完一天的活，下班了，才发现自己身在异地，今夜还无家可归。几分凄凉，一个电话，是试着给这位同事打的，电话的那一端是极其细心的乘车路线讲解。转过两次车，在中医学院门口前张望，李昊已扶着一辆破旧的自行车，在细如发丝的雨中等他了。又穿过了几条破烂街巷，终于到了李昊的住所，由当地农民自建的楼房。说是楼房，其实它更像违章搭建的棚户。砖石、水泥、木板、纸板、塑料板、油毛毡，构筑着一个个昏暗而又密密分割的房室，是分租给外来谋生者的廉价居所。

李昊的居所在这楼房的入口处，显然是用木板从过道中隔出的，不到十平方米的一个空间。一个还没有钉好的新门扣，斜挂在层板做的门上，这显然是李昊刚刚实施又因为接杨健鹰而停止的形象工程。后来为了在这片太薄的层板门上，钉稳六颗木螺钉，两个人又费了很大的周折。这小屋中的照明，是通过隔板上的一个尺许的方洞完成的，一盏灯挂在其间，为走廊和房间提供着可以喘气的光亮。推开木门，一尺许的巨鼠身轻如燕地窜上了二楼。昏黄的灯光下，一张木床占据了几乎所有的室内空间。床上堆着被子和军大衣，那色泽让人感到皮肤隐隐地有了一些瘙痒。李昊敏捷地将几只干了的香蕉皮踢入床下。放下行李，要带杨健鹰去吃晚饭。两人到了一家面馆，这面馆，是当地农民在巷子中将一间寝室开墙破洞的产物。一盏用锅盖罩在过道墙角的电灯，灯下放着一个可以随时搬动的炉子，炉上一口被油烟和泛出物浇铸得黑而厚的大铝锅，铝锅内煮着面条，被一个中年妇人倒腾着。在面锅与电灯之间，是一团白而亮的烟雾，尤其在微雨之中，将这条巷子现出了独有的潮湿和泥泞的气息来。

李昊和老板打过招呼，熟练地将一只调了汤料的面碗递过来。接住那碗，感到手里滑滑的，再看那湿湿污污的案头，已是食欲全无。杨健鹰告诉李昊："我们去吃火锅。"这一是为了答谢，二是为了逃避。听这话的瞬间，李昊的脸上，有过一丝吃惊的表情。

在成都的第一个夜晚，杨健鹰几乎彻夜未眠，沉沉的心事、无边的落寞、浑身不适的瘙痒，伴着他游思于这个房间的每一个细节、每一个声响、每一个光亮，并在每时每刻告诫着自己第二天的离去。然而天明之后，面对李昊的盛情自己又难以相辞，于是又反复提醒自己，应该拥有直面这种生存环境的意志。于是夜里要走，白天要留的两重决心，便刻录下杨健鹰在成都最初日子的日月分界线。

在这个小屋里，杨健鹰常常能闻到浓而烈的酒味，那是来自同层楼的另一个房间，那里住着的是一位浓妆的女子和不停变换的男士。在这个小屋里，杨健鹰常常会在半夜里惊醒，有时是因为与床头一板相隔的公厕中，人们小解的声响和阵阵气味的来临；有时是因为晚归的人们登上楼梯时声如木鼓的撞击。在他和李昊房间的上层，居住的是一对年轻藏族男女，每次都是半夜回家，每次半夜回家，那男的都有迈步高原的气度。若是两人回来，还有几乎穿透旷野的放歌，还有急越如风的吵闹，还有翻云覆雨的春讯；若是一个人回来，则安静许多，只是那洗脚的声音，正对他仰面之头，随后是渗过木楼板缝隙的水滴，偶来阵雨，被裱糊在顶板上的废报纸，一一阻击下来，成为一圈又一圈新新旧旧的图案。

在这个小屋里，杨健鹰开始一处又一处去留意、去阅读那些写于壁面各个角落上"生当作人杰，死亦为鬼雄""天生我才必有用""天将降大任于斯人，必将苦其心志……"不同笔迹、数以百条的励志留言。在一次又一次的阅读中，杨健鹰感知着一个又一个满怀希望的群体，在走向这座城市时的心路历程，感知着一群群外来者的血液，在被这座城市融入之前，留下的最为闪光的印痕。每天在这种印痕的包围中，杨健鹰渐渐有了一种直面人生的底气和心静如初的平和，有了《菜根谭》中“食得菜根者，百事可为”的了悟。在这间屋子里短短十日的居住，成都用她的真情让杨健鹰沉淀，在生活的底部，为他加筑了心灵的厚度。

（四）坚毅韧劲：“绝地”才能争胜

风雨之后，才有最绚丽的彩虹。一路走来，杨健鹰在残酷的市场竞争中脱颖而出。杨健鹰策划方案的绝妙、实用、便于实施等特点，在实战中打出的一系列的漂亮仗，让他声名鹊起。

杨健鹰是从命运的“绝地”中一路拼杀、重生、脱胎换骨。他的策划的绝妙之处，在于往往用点睛之笔，妙手回春般把一些公认为是什么缺点都具有的楼盘和地块盘活，使“绝地”的致命缺陷，转换成为唯一性和独特性的优势。杨健鹰深知最好的策划是不见策划痕迹的策划，他的策划方案具有一种化腐朽为神奇的能力。这种力量不是大砍大杀，而是一种四两拨千斤的巧力，是一种便于实施的，精巧细微的系列操作动作。早期的杨健鹰之所以被尊为“野战派领袖”，因为他不仅是盘活“绝地”的高手，更是一个对“绝地”有偏好的策划人，对极限挑战上瘾的策划人，这大概就是他血液里流淌的嗜血本能驱使的作用吧。

有个典型的例子，曾经有个项目来找杨健鹰，开发商自己都说“那块地很尴尬”——50亩的地块，西面是高架桥，北面是高速路，东面是高压线和热电厂大烟囱，南面是一条铁路。该有的缺点都有，每一面都有重大问题。地块的基本条件的确很难进行好的开发。

高架桥、热电厂的大烟囱、高压线、机场高速公路、铁路，面对这么多缺点，能有什么办法把缺点变成特点呢？杨健鹰认为，问题的关键在于如何解读铁路这个符号。在很多人看来，铁路就等于噪声。但在杨健鹰看来，其实铁路不仅仅等于噪声，它还等于文化。人类一个永恒的话题就是人在旅途，这个旅途前面是理想、梦幻，来处是经历、回忆和依恋。对于我们工业文明的人而言，铁路就是旅途的意境。如果能够从这个角度来看，铁路就成了这块地最好的标志。完全可以这么说：政府为你配置了一条铁路，其他任何小区都不会有。

这就是被业界公认为可以编进教科书的一个经典案子——博客公社。其实博客公社不算一个大项目，从最终的效果来看，也只是部分实现了最初的策划意图，但为职业策划人所津津乐道的，为业界内外所称道的，是杨健鹰针对“绝地”的“绝对”策划。

每一块土地都有生命，都有个性，有如一群孩子，它们的历史不同，积淀不同，自然将来的发展方向也就不同。育人要因材施教，用地也要因地制宜。当我们面对一块土地时，我们不能单凭自己固有的概念，对其进行主观取舍和定性，而应该同时站在土地的角度，去点化它的个性，去发掘那些超乎常人思想的个性潜质，使其在市场的竞争中，占据别人无法取代的位置。对于房产开发商来讲，认知自己土地的个性和认知市场同样重要。

杨健鹰将人们回避都唯恐不及的铁路，放大为项目的最大个性。并以铁路文化为背景，创意酒吧一条街，这不仅消除了房地产客户自身对铁路的恐惧心态，而且为开发商创造出了大量高回报的商铺。这样的操作手法给人异峰突起又峰回路转的感受。这种点铁成金、化腐朽为神奇的招法，一直是健鹰策划的招牌动作。

为什么当时杨健鹰能产生这样大胆的想法？杨健鹰认为，这样的想法看似大胆，却是情理之中的事。通常人们对一个地块的优劣势判断，是以现有的可参照市场对应体为标准的。这样，就首先在自己大脑中定下了一些固有的价值观，然后他们再以这种价值观来考证一个新的项目，也就很容易对新项目做出带取向性的优劣势定论。这种定论看似客观的，其实是很容易掉入主观陷阱的。因为这世上没有任何两个地块的开发元素是完全相同的。每一个地块都会因不同的时空条件和开发商自身条件，表现出巨大的个性差异。对于开发商来讲，我们不能首先将一切差异现象都看作了缺点，而应首先将其看成个性，看成特点，然后再想法将它点化为优点，点化为别人无法复制的竞争优势。

在破了铁路文化这个题眼之后，杨健鹰的策划动作可谓一气呵成，妙手连发。杨健鹰计划在这个小区中铺设意境式铁路，并购买小火车设置于园区。这样的设计是围绕铁路文化这个创意主题，从主题的需要出发，力求实现现实铁路到铁路文化的提升。意境化的铁路和小火车的设置，是为了承担与铁路文化相对应的特定文化承载体的功能；第二，为了捕捉新闻媒体的关注，买一列火车进园区，这在国内都是大新闻，这会迅速提升小区知名度，节约大量广告费；第三，营销现场的需要，我们将这列小火车作为道具和玩具，再配套相关的儿童娱乐体验行为，这将是攻击特定小家庭群体的有效手段。当然这也包括，市场的现实性，目前在成都周边的一些山区，都有废弃了的小火车，可以以废铁价购得。想想今天关于铁路和火车的文化主题，在国内被广泛应用，而在二十多年前，杨健鹰作出这一设想时，可谓天人之笔。

杨健鹰化不利为有利，化大不利为大利的“绝地”战法，不仅体现在博客公社项目中。西昌的日月新城项目、五块石商圈等项目，无不或隐或显地施展了类似的移花接木、点铁成金的手法。以西昌“水岸国际花城”为例，当这个盘以西昌地产市场创纪录单价、利润和品牌效益双丰收的方式结束的时候，一位开发商说，越是麻烦多的地块，在杨健鹰手里就能越出彩。他常常是将一个楼盘天生的缺陷，点化得无与伦比的神奇，并最终成了这个楼盘不可复制的核心竞争力。西昌水岸国际花城就是如此，一块完整的土地，被市政道路切割为两块互不相连的地块，既不可规划更不好推广，最终却在他的“日月同辉”的主题创意下，成为西昌最高居住品质的代表性楼盘，成为当代西昌人居形象的象征。

据开发商讲，水岸国际花城在此前已设计了十三套方案，而最终也不敢动工，后来才找到杨健鹰。针对地块分割成两片的特点，在深入考察这两个地块的品性，以及它们在西昌的地理位置之后，杨健鹰推出了著名的“日月同辉”创意主题方案。“日月同辉”，看似简简单单的四个字，让西昌的城市灵魂聚焦于水岸国际花城，这是一个多么美妙而又近神秘的创意。从实际效果来看，我们完全可以说，杨健鹰写下这份策划案的时候，写下“日月同辉”四个字的时候，他那双手真的是有点金的魔力。

杨健鹰谢绝了这些溢美之词，他并不认同起死回生、脱胎换骨之类的说法。他的观点很朴实，策划就是发现项目的独特性，然后尊重项目的特性，随性顺势而为。策划是沿着矿脉找金子，而不是神仙的金手指。这个世界上从来没有点金术。策划只是去发现、发掘本来就存在的价值和美。杨健鹰说：“策划绝对不是起死回生，也不是点石成金。一个人死了肯定是救不活的，所以我更喜欢说的是去发现金子。这个世界就是这样，既然我们知道美，美就是肯定存在的，关键是你要有发现美的眼睛。我一向反对把策划的力量夸大，有些策划人为了各种原因，喜欢把自己弄成半人半神。”

（五）重视现场：皮鞋锃亮，是最不合格的策划人

策划界“野战派”领袖这个称号，是最初由媒体提出，并得到公认的。最初的来源，与杨健鹰提出的“奇”“伟”“灵”“绝”“实”五大策划箴言不无关系。《人民日报》一位评论记者说杨健鹰的策划“荡涤了多年来策划界的‘学府官僚’气息和学究式的平庸，给整个行业吹进了清新的空气”。他的策划给人以实用、实在和生机之感。在如何看待策划界的学院派和野战派之争的问题上，作为野战派领袖的杨健鹰有自己独到的看法。

在杨健鹰看来，其实策划界没有区分学院派和野战派的必要。他自谦地说，“当然也就谈不上什么‘野战派’领袖一说了”。人们之所以要提出“野战派”一说，是对当前一些专家教授型策划人，按部就班的程式化方案

的不满。人们更渴望一些务实的，行之有效的，充满灵性、生气和“杀伤力”的策划方案。人们越来越反感那些照本宣科纯知识型的堆积物；越来越反感那些貌似专业，而又言之乏味的文本型方案。所以大家将一种富有实战性的策划风格，称为“野战派”。其实并非学院类策划人就代表程序和平庸，非学院策划人就代表实用和精彩。大家所熟知的一些学院类策划人，他们的策划也是非常精彩的。

问题出在哪一个环节呢？一个较为普遍的情况是，策划人一旦功成名就之后，有的会变得怠惰不思进取。由于策划是一个高知识面的行业，众多的策划人来自高校，最早出名的是这个群体，最易怠惰的也自然是这个群体。策划不仅需要高知识，而且需要亲力亲为地把握市场脉搏。要想创造精彩的策划，仅靠知识是不够的，怠惰是不行的。当然也有一部分从事策划营销理论研究的专家，将自己以策划人的方式对接市场经济。这里面有大量的人，本来是不能从事策划工作的。因为策划人不仅要拥有理论，同时还必须是能够消灭理论的创造型人士。这种创造力的基础，就是深入现场，把现场吃透，研究透，把状况弄明白，并以此为依托，在有中生无，无中生有中，创造全新的市场和未来。

好的策划案，不是凭空产生的。不是每一个人都能在梦中得到传说中马良的那支神笔，能自动描画出完美的图画。爱看球赛的朋友们都知道，无论是足球、篮球、冰球，还是网球，大多数情况下，球员的胜率和他的移动总距离是成正比的。勤奋不一定能成功，勤奋也不一定就能出好的案子，但不勤奋，肯定不能成功。不重视现场，不勤奋，注定了与好的策划案无缘。

前面提到西昌水岸国际花城“日月同辉”的精妙之笔，看似简单的四个字，有多少人知道杨健鹰做出这个方案之前跑了多少路，做了多少田间案头的工作呢？这个创意是来之不易的。当公司接下这个项目时，杨健鹰亲自去了西昌，选了离地块最近的宾馆住下，用了整整两天时间，以地块为中心，实施发散式徒步考察。几乎穿行了整个西昌城12圈，最终也毫无思路。

第三天，他叫了辆出租车，对西昌近几年来开发的楼盘进行了反复的考察，也仍无所获。西昌是个阳光很充足的城市，这是它成为卫星发射基地的条件之一。但到过西昌的人都知道，西昌的阳光好，紫外线照射很强，突然性的阵风也很厉害，吹打得人脸面生痛。所以，外地人初到西昌的时候，并不很适应这里的气候。杨健鹰那些天也饱尝了西昌好天气的好处和苦头。第四天上午，他再次叫了辆出租车游西昌。开车的是一位非常精明的大姐。杨健鹰想，她应该属于西昌房地产的投资客户群之一。于是便问她是否买房，如果她买了房，那么她选房的最大关注点是什么？她告诉杨健鹰说：你简直问对人了。她在几年前就买了房，所以对西昌的房地产开发现况了如指掌。对住房的思考也特别明确。她说他买房主要是看环境、看绿化。“绿化”这个在房产开发中已被运用得近乎俗套的词汇，当时对杨健鹰却有着电击一般的感觉。西昌作为强日照的阳光之城，所谓绿化、所谓鲜花，本来就是自然与阳光“对话”的结果。阳光是西昌的城市个性，而鲜花和绿化，也自然属于西昌的城市个性。由此可见，在西昌鲜花主题、绿化主题，比在任何城市更具备现实意义。令人庆幸的是，这个最适合西昌个性的人居主题，却在目前西昌所有的楼盘开发中，没有得到应有的重视，这为杨健鹰提供了机会。如果说阳光、鲜花、火把节这一切积淀起了西昌阳刚一面的太阳性格；那么邛海、航天、月光则铸就了西昌阴柔一面的月亮性格。而西昌的城市精神，则正是这日月交辉中的一种升华。日月同辉、阴阳交合、一夜一昼、一动一静，这既是西昌城市精神的高度概括和浓缩，也是本项目地块特质和商业业态与居住环境特质的完美叠合。于是一座以休闲夜经济为特色的“月亮主题商业区”与以生态居家的“太阳主题绿色生活区”，便在这样一个一分为二的地块上，得到最为充分的整合。在“日月同辉”之中，那条割裂本项目的规划道路，便自然天成地成了引领西昌时尚休闲的星光大街。两个地块，两个特质都在一座城市精神的映照下，成为天人合一的主题，成为这座城市最具内涵的主题。

在做督院府邸项目时，“春熙路的后花园”的核心概念，取代了“非凡心殿”这个早期失败的概念，打开了销售闸口。最初接触这个楼盘时，要怎样做，杨健鹰心里是没有底的，客户心里也是更没有底的。当杨健鹰与万亚总经理见面时，万总的第一句话就是：“您看这个盘还能不能做？”杨健鹰说：“我不知道，一切都要等我了解了这个盘之后再说。”万总问杨健鹰要多少时间，杨健鹰回答说：“少则半个月，多则三个月。”杨健鹰看得出万总当时的失望和焦急，万总说他最多只能给杨健鹰十五天时间。杨健鹰坚持说没有一个月不行，后来万总给了杨健鹰一个月时间。杨健鹰每天都带着相机，反复在项目现场及其周边散步走访。当时正是初春雨季，他几乎走坏了一双新皮鞋。当然，这期间他发现了许多对项目策划非常具有价值的东西，发现了督院街与其他街道所不同的权力背景和商业价值。

在做“5·12”汶川特大地震震中灾后重建方案时，杨健鹰前后数次冒着泥石流的风险，深入到映秀震源谷地做实地考察。在大震刚刚发生的第二天，他就作为志愿者赶往极重灾区。当然，最初的目的，是去做一些抗震救灾的实际工作。但作为一个杰出的策划人，不用刻意而为，他自有自己的职业敏感。杨健鹰到达震中的第一分钟开始，脑子里就不由自主地开始构思：震后灾区应该如何重建，灾区的产业应该如何振兴。深入映秀的日子更是如此。在一天到晚不停的余震中，在战栗摇摆的大地中，巨石从山顶冲下来，撞击在谷底，发出擂击巨鼓的声音，飞尘激荡，仿佛世界末日来临。正是在这样的景象之中，杨健鹰用双脚把映秀里里外外、四面八方仔细检视了一遍又一遍，走不过的地方就爬过去。他大量收集相关的资料，从各种报道，视频到航拍照片。他急切地想为这片被称为大震之心大爱之都的土地奉上自己一颗火热的心。人在映秀与不在映秀，这样的情感，这样的激荡的程度有天壤之别。当杨健鹰根据映秀的地形地貌，根据它的历史人文，尤其是根据它是地震之心、大爱之心，提出用重生的凤凰作为重建的核心形象时，大家都为之感动、振奋。因为这个概念提炼出了映秀人灾后重建，浴火重生的精神。汶川作为川西高原的客厅，映秀作为这个客厅的一个迎宾歇脚的走廊、一个前厅，这个核心概念把这些要素统统整合起来了。

我们不要狭隘地理解策划中的“现场感”。重视现场，注重第一手的信息资料，不仅是到实地去考察，用眼睛去看地块或是片区所呈现的形貌，同时还要用心去感悟。这是一个打通七窍，发挥每一个感觉器官，用灵魂去贴近对方的过程。无论是最初的绵竹规划方案，还是后来的宽窄巷子，还是映秀的重建方案，每一个策划案，杨健鹰都是用脚去丈量，用手去抚摸，用眼睛去观察，用耳朵去听，用嗅觉和味觉去品味，更重要的是用灵魂去感知。

除了实地的考察，现场感还包括一些历史材料的挖掘，对相关人群的访谈，以获取第一手的纵深的材料，同时也是鲜活的有历史生命力的信息。此外，还必须做好案头工作，查阅各种资料，把一切可能找到的资料尽可能地收罗齐备。做文化地产、城市名片，尤其需要这个功夫。这个工作，对策划人提出了很高的要求，除了要能跑路，舍得弄脏锃亮的皮鞋还不够，还要有舍得钻故纸堆，翻阅和查找历史文献的案头功夫。同时，还要有在材料中发现有价值的信息，触发灵感的才干。杨健鹰检查助手们的工作，首先看他的鞋子，是否沾满各色泥土，他的公司人员几乎都是清一色的运动鞋。他从来不相信西装革履的策划专家，他认为：皮鞋锃亮的策划人，不是好策划人。

（六）奇笔神来：从冥想中捕捉灵感的策划人

在做海发商城的项目时，杨健鹰说他的灵感来自河里的一株玉米秆，是“河水里漂来的金玉米”。杨健鹰喜欢山水，尤其是水，水是一种灵性和智慧的所在。这些年，每当在策划之中遇到难题，他都尽量寻找一处河岸漫步。在一方石头上数小时发愣，心思空濛地看水鸟隐现于河面，此刻他坚信有一种巨大的灵性，将予他以点化。

海发商城的营销策划已是二十多年前的案例。那时杨健鹰在成都一家报社的广告公司中任策划总监。由于成都房地产业的繁荣，公司已明确将房地产策划作为发展核心。海发商城位于成都火车北站的入口，是当时西部最大最繁华的荷花池商圈的门户地带，口岸优势和商气都堪称成都的顶级项目，该项目也是由当时国内非常知名的一个策划专家完成的前期策划。但是项目推进后，虽然开发商投入了巨大的营销成本，可是项目仍旧销售惨淡。后来这个项目的总经理，找到了当时杨健鹰所在的晚报报业公司，希望公司能为这个项目展开合作。

对于海发商城这样的大业务上门，自然不敢怠慢。于是董事长亲自安排，由杨健鹰牵头，对海发商城的对手情况、目标购买群情况，以及商业环境、销售优势，包括前期广告都进行了相当认真地调查分析。调研之后，他们却发现很难找出其前期营销策划的明显不足，应该说，前期的营销策划做得很到位、很专业。这不得不使策划部陷入一种无依无靠的沉思之中。

海发商城，位于成都火车北站的出站口，是当时北门人气商气最旺、最大型、最高档的商城。从其自身的条件讲应该有相应的市场，而其前期的策划者，不仅是一位较有名气的策划人，而且其前期广告以火车北站强大商气为突破点，也的确击中了该商场的核心卖点，然而效果却总是难尽人意。“投资几个亿的楼盘，销不动怎么得了。”海发商城的销售负责人找到杨健鹰时，表现出了明显的焦虑来。二十多年前，投资几个亿的商业项目，在成都是凤毛麟角的标志。

接下海发商城的任务后，杨健鹰感到了明显的压力，由于海发商城已是一个正式开盘发售中的楼盘，楼盘的功能定位和销售方案已经确定并实施，已不可能做太多的调整。而营销宣传的实施，更不允许策划方有太多的形象调整和太长的形象中断时间，否则将在已知的社会群体中，造成严重的不成熟形象。杨健鹰必须在最短的时间内，在原营销方式和形象不变的基础上，做出一套行为有效的策划方案来。在反复分析了项目市场条件和前期营销推广方式之后，杨健鹰得出结论：整个项目的打造思路和卖点诉求都没有问题，市场也应该是真实存在的，海发商城无法打开销售，问题出在传播。

去公司上班，会经过府南河的一段河岸，于是每天上班下班，杨健鹰都尽量在河岸的石凳上坐上一会，望着浩浩的河水便神不附体。一天下午下班后，到那个常坐的石凳上，想海发商城的方案，天色在不知不觉中暗下来。正是盛夏的洪峰季节，河水带着一种低沉的力量隐隐流逝。杨健鹰从一种苍茫到另一种苍茫。水雾渐起中，有燕身闪动。他静静地看着这一切，他知道这里有他要的答案。许久许久之后，他看到远处的一个线状的黑影，在水雾之中浮现出来，向他走来，并流过他的身边，又去了远方的空蒙。就在它流过他身边时，杨健鹰发现那是一株沿河而来的玉米秆，他知道了这正是一个玉米收获的季节。

"收获"！收获有多好啊，从一粒玉米播到土里，我们不断地施肥、耕耘，这玉米就生根，就发芽，就生长，就开花，就结玉米棒，一粒玉米，就变成了几百粒玉米……"此时，我的心中掠过一种难以名状的兴奋……杨健鹰知道，他已得到了他急需的答案。

"播种少，收获多"，这不仅是农人们的最强烈愿望，也是每一个投资者的最强烈愿望。播种粮食、播种钱，其实都有着一个共同的目的，那就是一个"发"字。让玉米生根、发芽、生长、开花、结果，让钱生根、发芽、生长、开花、结果。"海发商城，让您的资金发芽的地方……"这句广告语一跃而出，让杨健鹰爱不释手。他突然发现，这个创意将海发商城的目标购买群特征和海发商城的个性特征、名称品牌特征实现了完美的统一。

首先，就海发商城的目标购买客户特征进行分析，海发商城所位于的火车北站地段，是成都北门商圈的龙头地位。在这个商圈中，荷花池商家、高笋塘商家、梁家巷商家、二环路商家，构成了海发商城的主要目标购买群，这一群体的主要特点在于，普遍文化程度不高、精于算账、有一定积累、但投资谨慎，多数有下乡经历，对农村概念有极深的记忆度和敏感度；艰苦创业，渴望发财，同时由于其原始创业时期的市场相对低档，希望在更有档次的商场中，使其资金得到更进一步的膨胀，买海发商城既有明确的投资目的，又可将其原来的生意，移到更高档次的商业环境中，使其更加兴隆。海发商城的特征在于，与周边的市场相比，更具时代性、先进性，其设施更加高档，配套更完整，经营更加先进，宣传更加系统，这一切都为商家“资金增长”欲求提供了心理保证。

而海发商城的另一个购买群，即都市的纯置业望收群体，其购房行为的实质更是一种“播种”概念。从某种意义上讲，海发商城正是为这些“播种资金”的追求所设计的现代商业土壤。而商城所具备的各种个性优势，也正是这土壤中独有的商业养分。于是一套极富个性的创意出来了：播种玉米、播种资金，一株玉米发芽、生根、开花、结果的过程，成了目标购买群的最真切的心灵底片。只有满足这一过程的商城，才是他们希望得到的商城。

创意出来，就需要准确地传达到市场，急需玉米的生长全过程图。想到现在正是玉米成熟的季节，于是杨健鹰决定亲自拍图片。第二天乘车百里回到老家，原以为县城周围就能拍到，哪知现在城郊很少人种玉米了，不得不再次骑车数十里到乡下。盛夏的日头正旺，而杨健鹰的肠炎也正烈。拍片下来，一身冷汗热汗几近虚脱，吃下一把药片，下午又赶回成都，带上几粒玉米籽，用水泡了放入沙土里，待其发了芽再拍。

当一株非常显眼的玉米，不断“生长”在报纸的版面上时，人们吃惊地发现，原来房地产广告还可以这样做。这套策划在广告界与房产界也获得了相当的认同，为杨健鹰带来了相当的客户和财源。这套方案在后来的销售宣传中，又以二十四节气不断细化，从而形成了一套完整的农村符号的都市商业地产营销战例。为海发商城的火爆营销，起到了不可低估的作用。广告推出的当天，报业公司业务经理谢量海先生去海发商城，他踏入大厅又马上退出来，大厅中满座的购铺商家，让他误以为是那天在举行大会。正如海发商城总经理郑勇所言：这一株玉米创意，价值数亿，是一株真正的金玉米。

（七）策划是需要天分的工作

项目的核竞争心点，不会是直接地摆在眼皮底下，不是到了现场一眼就能发现的。需要把临场的直观可见的一些信息加以总结分析，同时，也需要把看似隐藏在表象深处的一些意味、韵律、节奏、色彩、氛围性的东西整合起来，捕捉这些因素也是一个需要很高天分的工作。尽管如此，到现场，亲近第一现场，对一名策划来说，是颠扑不破的基础工作，入门的基本要求。

在做宽窄巷子项目前期考察的期间，杨健鹰为了更细微地观察品味这个用2300年城市史，和数百年生活积淀的老巷的风情，为了让自己的灵魂楔入宽窄巷子的灵魂，干脆住进了宽窄巷子，夙兴夜寐，沉潜下去，查资料，走访老住户，做建筑图片资料。没有下这些功夫，就无法真正了解宽窄巷子，方向上就容易出偏差。而立意上、根本上差之毫厘，扩大到具体措施上，就可能是谬以千里。

杨健鹰在自己的策划札记《石磨上的成都》中写道：

2003年，在正式接受宽窄巷子的策划工作后，我首先在宽窄巷子的客栈里住了一个多礼拜，去亲身体会这里的清晨、日午和夜晚。那踏着拖鞋、披着头发到公厕中倒马桶的女人，那将长长的吆喝隐入巷尾的小贩，那鹤颜长髯打着蒲叶扇在马架上午睡的老者，屋脊上似来似去的猫影以及长着青苔的石缸中似动非动的游鱼，给我留下了极其深刻的印象。你很难想象，在这座大都市的核心地带，人们的生活是如此的慢，仿佛这里的时间是被切割下来的一方静水，可以泊下你最漫长最散漫的思想，在这里，鸟儿飞来了，又飞去了。在这里，树叶飘落了，又生长了。生命在此无边又无痕。

几个月后，一部分住户搬走了，我又常常穿行在那些空空的院落中，此刻，心中便会泛起“身本无一物，何处染尘埃”的禅景。人去房空，世界归零。过去那些为我讲述院落故事的声音没有了，那些热情而随和的身影没有了，而静了空了的宽窄巷子，于我却现出无限的丰富和喧嚣。那些长满草丛和鸣叫的泥墙根，那些长满瓦莲花的檐角，那些丢弃了的缠着布带的破竹椅，那些结着蜂巢的雕花窗，那些被菜刀磨出弯月的石台阶……一切的一切都在这空无人迹的宁静中，现出这座古老的城市，关于生命的最为生动的沉淀。而宽窄巷子，也正是在它无欲无为之时，为我展示了成都最为鲜活的内涵。

在长达5年多的时间里，杨健鹰始终抱着一种崇敬、虔诚和喜悦的心去追寻宽窄巷子。这项艰辛而又令人沉醉的工作，伴着杨健鹰完成了宽窄巷子一个又一个的报告。

（八）不盈利的策划费才难收

“策划费难收”这是许多策划人常说的一句话。从在成都收到第一笔策划费到现在，杨健鹰却似乎从来没有受到类似的困惑。杨健鹰在成都的第一笔策划费是名流花园的刘总给的，但并不是那套“最后的名流”策划的报酬，而是北海白金花园的报酬。

“名流花园”是杨健鹰在成都接的第一个房产项目，这个方案推广后很成功，仅用很短时间便将当时“名流花园”数千万的尾盘全部售出，实现了“名流花园”的圆满封盘。开发商刘总得以顺利前往北海。刘总到北海后，开发了北海最大的海滨别墅区白金花园。

在白金花园即将销售之前，刘总夫妇专程从北海赶回成都，让杨健鹰给他做一套方案。当杨健鹰在很快的时间内将一套非常简洁但十分明确的可行性方案给刘总时，在物资大厦的宾馆楼上，刘总强行给了杨健鹰一笔在当时来讲数额不菲的现金。与其说这是白金花园的策划费，不如将它看成是开发商对杨健鹰做名流花园的一种奖励。

大家常说，策划费难收。其实，这世上哪一种费又不难收呢？开发商一样很难挣钱，他们可以说是风险重重，策划人要挣钱就必须做到取之有“道”。这个“道”就是你的工作，能使开发商少花钱多赚钱，你则自然有了钱。

杨健鹰最初的一些策划都是没有策划费，仅以一种广告代理的方式合作，后来这些客户都主动给了策划费，有的甚至多次主动地加价。要得到这一切，你的方案就必须做得很独到。与此同时，由于早期观念的限制，一些客户还没认识到付费买策划、买设计的重要性和正当性。客观上造成了策划费的难收，但随着业界的发展，客户的观念也越来越成熟，一些高端客户甚至具有了世界前沿性的观念，尤其强调策划、设计、营销的重要性，他们愿意、乐于支付高额的策划费用，购买最好的策划。当然，这就对策划提出了更高的要求。

国内一些资深策划人的出场费超过了三百万，二十年前，杨健鹰在做金殿城项目时的最终付款，甚至有可能超过这个数，在当时，这可不是一个小数目。有记者就此向金殿城开发公司熙园房产董事长、经济学教授刘蕃舜提问，问他从经济学家和开发商的双重角度上讲，用几百万换取一本薄薄的策划书，真的值吗？

刘总回答说：“策划书是一种精神产品，它是策划人在经过辛勤脑力劳动之后智慧的产物，闪烁着策划者的智慧光芒，但是这样一种含金量极高的产品的价值长期以来被人们低估，这是因为实物经济对人们的影响深刻，以致对精神产品的重视不够，对它的价值认识还有待提高。实际上一个好的策划所涉及的资金少则过亿，多达数十、数百亿，一个价值几百万的案子能够使你的项目价格提高、价值更大、销售速度加快、购买人满意，这样的案子你认为值不值呢？所以我觉得花几百万的钱是值得的。而且，这个策划不仅仅是一个文本，虽然有些策划文本很富有创意、思维创新，也很符合地方实际，但是如果在执行过程中走样，那么这个策划也不可能有很好的效果。因而，一个优秀的策划还应包括执行过程在内。如果执行人员的素质达不到执行该策划的要求，就会导致策划文本效果的降低。还有一点就是在实施过程中，策划人还能根据进展需要，对其案子进行适时的调整，以适应项目的发展需要。”最后，刘总笑着说，“对于金殿城这个楼盘，健鹰先生策划的价值肯定高于三百万。”

杨健鹰便是这样走出来的，他的公司在成都发展了二十多年，许多客户和健鹰策划公司也合作了二十多年。在这二十多年中，客户几乎每年都主动为健鹰策划加价，所以杨健鹰发现了一个发展真理，那就是：与客户共成长。当然另一方面，客户也需要提升自己的意识，认识到策划在项目中作为灵魂导向的作用，与策划人形成良性合作，共同发掘隐藏在策划背后的财富。

（九）智者是金，诚信为印

杨健鹰之所以能与所有合作过的客户、政府主管领导、新闻媒体保持良好的关系，是因为他是一个讲求诚信的智者。“智者是金，诚信为印”的策划理念，来自精品城策划营销。

精品城以世界第一大金印为镇城之宝，以“品质如金，一诺千金”的商家金印联盟为经营团队，打造饰材市场的高品质商城，其开盘行动在业界得到了非常多的赞誉。而一些与杨健鹰有过合作的人，对他本人的信守诺言的诚信行为，也是赞许有加。

通好公司刘学玲总经理说：“健鹰是一位非常诚信的人。”在双方的这次合作中，有几点给刘总印象至深。

第一，杨健鹰在看了当时的精品城之后，非常明确地指出了这座商城的一些可能出现的危机，在解决这些危机中，他和他公司自身许多支点的不足。他没有像其他策划人那样，为了业务，对整个商城的商业机会大包大揽，而只同意以协助营销的方式，单项完成项目的开业策划。“像他这样盛名在身的策划大师，第一次见面便告诫我他的不足，这让我非常感动。”

第二，当时，双方之间的费用约定都是口头上的。由于找到健鹰策划的时候，到精品城原定的开业时间仅有半个月了，这期间不仅要策划方案还要实施方案，仅是制造金印都是很费事的。为了让杨健鹰放心，刘总也多次要求彼此之间还是签一个协议。杨健鹰却说这点时间用来做方案，比做合同更有价值。

第三，后来开业活动非常轰动，健鹰策划和精品城都全力以赴，投入活动的方方面面。大家喘不过气来地忙了一个月，刘总才想到还未支付健鹰公司的策划费，甚感不安。年关在即，只好在大年三十给杨健鹰送去支票。

刘学玲总经理说："与诚信之人合作，是一件省心省力的事。其实诚信并非是一种吃亏的选择，而是人与人之间利益连接的铁环。"所以当杨健鹰提出"品质如金，一诺千金"为商城品牌支撑点时，双方一拍即合。

的确，诚信并非一种吃亏的选择。据说这次活动之后，通好公司向杨健鹰开出的支票额度，比原来约定的额度高出了一倍。

（十）好策划也是社会心理策划

商业策划当然要求利，无利不起早嘛。但杨健鹰认为，利不仅在于利润，还在于利民，利社会。

以"奇""伟""灵""绝""实"作为对策划的要求，是杨健鹰多年的习惯。在整体把握这五大要素时，我们一定要以"利"为依附点。这个"利"不是仅指客户的"一元"利益点，而是包括一切能促进这个"一元"利益点增长的"多元式"利益点，这是一个利益链的整合过程。策划，是一个利益生态圈的培植过程。

杨健鹰前后为精品城完成了两个策划，一是针对商城开业时的"品质如金，一诺千金"——金印镇城的开业策划，一个是针对非典之后，商城人气恢复的2000年"世纪新人穴居"挑战赛。两场活动，花费之低，影响之大，人气之旺，持续之长，效果之好，如同玄幻。在成都的商业史上，可以称得上空前绝后。

以精品城的两场策划为例，杨健鹰认为，在策划中，我们不仅要努力发掘家装市场的利益点，还要以这个利益点为中心，不断发掘与这一事件相关的多头利益点，比如：政府的政治利益、媒体的新闻利益，行业的发展利益、社会的参与利益、商家的经营利益、顾客的消费利益、新郎新娘的居家利益，以及相关产业链、服务链的利益共生机会等等，杨健鹰都做了较为系统的链接，所以才能形成社会的广泛参与和轰动，也让开发商节约了大量的营销成本。

当然，一个策划的最初阶段，是不可能做得这样系统的，所有好的策划最初都仅来源于一个“灵感”。如何把握好一个灵感，是由策划人的专业技能来完成的，而有没有灵感，却是策划人的天分来促成的。天分是学不到的，在策划这个行业，我们不得不相信“天才”这个概念。

有的时候，当一个方案做完，杨健鹰也会很吃惊：“当初就怎么想到这样的思路了呢？”有些思路，最初总是那么荒诞和离奇，给人以前后不着边际的感觉，然而，山重水复之后，面对成果，已是很难相信凭自己之积累，可以想得出来。所以杨健鹰坚信在某一个瞬间，是有另外一个人在引领他的一段路程。

精品城“新人穴居挑战赛”的策划中，杨健鹰的第一次感觉就是：应该将一些人倒悬在空中。杨健鹰回忆说：“这个感觉非常荒诞，却是我当时最强烈的愿望。这个愿望压迫我几天的神经，几天之后，也就有了这个策划方案。”

当时，在精品城有几大看点：一是，看被关于小屋中的新郎、新娘，每天忍饥挨饿，在恐怖与干渴中受尽煎熬；一是，在每天上下午购物中，获取新郎新娘的喜糖祝福。尤其是一些刚结婚和将要结婚的青年人，将精品城作为当时装修新房的必然去处，这为精品城创造了不少的人气和产品销售机会。

当初决定以新郎、新娘为策划的主体群，就是基于该群体与家装市场的商业对接关系。将新郎新娘关进小茅屋去接受煎熬，这既是一个社会型的娱乐看点，也是对一个特定商业群体的情感连接点。每天将新郎、新娘分组限时出来发放喜糖，既增加了商城的看点，也充分利用了被“关押”者的急于与社会的交流愿望，创造了商城的吉祥欢乐的商业气氛。

在利用新人与社会交流的愿望上，这次策划的设计的确非常精彩。给人印象最深的是99999枝玫瑰活动，以及后来的99999新人祝福电话活动的设计。

自当年8月31日，“情侣穴居挑战赛”进入正式决赛以来，引起了广大读者关注和参与。4对穴居“新人”谁将夺冠，成为关注此活动的市民心中的悬念。各家媒体也在报道中为活动打起了免费广告：“去为‘新人’祝福吧，99999朵玫瑰等着你！”

据组委会有关人士介绍，在决赛开始后的两天里，许多热心市民纷纷打进电话，为穴居的 4 对“新人”打气鼓劲。为真情回报热心市民，组委会特别开通了支持热线（028）8645XXXX，并决定凡打进电话支持某对选手的市民，在该对选手获得大奖后，支持者即获得参与抽奖的资格，将在9月20日颁奖典礼现场，抽取参与奖大奖一名，奖现金1000元。同时，组委会还准备了99999支红蜡烛，希望市民到现场为“新人”点上，祝福他们胜利冲关。凡到穴居挑战赛现场高笋塘路口西部饰材精品城送祝福、竞猜大奖的市民，均可获得由 4 对“新人”送出的真情祝福玫瑰，共99999支，祝福天下有情人终成眷属。

杨健鹰当时是怎样想到做这个设计的呢？

策划推广的关键点之一，就是创造项目与社会的最大互动。没有互动性，就没有影响力。当时，在设计这次活动与社会的互动性上，杨健鹰的思路就是，利用了世纪新人的祝福卡与社会祝福玫瑰的互动，形成了商城良好的社会影响力。

后来，在策划的深入过程中，杨健鹰又充分利用被“禁闭”者急于与社会交流的心理需求，在让他们与社会绝缘信息二十多天之后，为他们提供大量免费电话卡，使其与社会交流，从而成为这次活动的电话宣传员和商城的品牌宣传员。当然这些电话卡也是由电讯部门赞助的，据说这些“电话广播员”对“宣传工作”的热爱达到了如饥似渴的地步。

健鹰策划有一个原则：一个策划人要让自己的策划获得最大的影响，不仅要具有良好的职业操守，而且要有强烈的社会责任感。我们不仅要有维护客户利益的行业道德观，而且还应该具备关注社会公众利益的思想境界。人是社会属性的人，企业也是社会属性的企业，所以无论个人还是企业的利益都带有强烈的社会属性。

真正好的策划，总是能将个体利益与社会利益紧密连接，实现互助和共生，这样才有可能创造出更多利益机会。一个仅仅以个体利益为核心的策划案，是没有背景支持的，其利益是暂时的，没有发展的。一个摒弃了公众利益，甚至危害公众利益的策划案是危险的。

策划人的最大幸运，就是自己的方案能得到真实的实施。得道多助，在策划中，杨健鹰认为，我们应该将客户的利益之道与社会之道融为一体，在社会利益的大道之中，放大客户的利益，这是杨健鹰多年来从事策划的一点感受。

“世纪新人穴居挑战赛”这个方案，不仅得到了精品城的开发商通好公司的认定，而且得到了“新华社”《华西都市报》《成都晚报》《成都商报》，以及四川电视台、成都电视台等媒体的大力支持。《华西都市报》的常务副总编奉友湘老师，不仅亲自挂帅指挥这次活动报道，而且派专门的工作小组，协助了健鹰公司的全程策划工作。所有的新闻单位，都将这一活动视为城市消除SARS后遗症，恢复城市健康心态，重整城市第三产业的重要社会行为。省、市两级政府、社会各界以及相关领导，也给予了这次活动大力支持，从而形成众人拾柴的结果。

（十一）因追求完美而反思

五块石轻纺城的“火烧五块石”系列商业打造，在成都可谓轰动一时。海力发集团王滨总经理和李晓琴董事长与杨健鹰之间的缘分可谓财运满满，情义满满。这场合作让李晓琴董事长将杨健鹰视为“招财童子”并以姐弟相称。一个并不在当时热点商圈的项目，经过杨健鹰的策划推出，销售异常火爆，单价一度是区域同类项目的三倍，并且创造了无数个第一。这对于任何一位策划人来说，取得这样的成绩都足以自傲。但杨健鹰是一位追求完美的人，他在欣慰于轻纺城的惊人的销售业绩的同时，也进一步反思。

他说，五块石轻纺城的营销虽然取得了让人愉快的结果，但就其整个推广过程来讲，还存在节奏上的把握不足，虽然整个方案是完整的，但在推广过程中，有明显的断档期。由于当时过分看重既得利益和节约费用，往往在销售最旺之时，降低宣传力度，又在销售减弱时，重启宣传。使五块石轻纺城的整个运作，只形成“曲线上升”而不是“直线上升”。再者，又由于当时太看重“暴利”，将一部分商铺压在手边，在后来五块石开发商竞相压价时，不得不丧失一部分本可到手的利益。

此外，五块石轻纺城营销成功，打破了五块石原有商业地产只租不售的格局，从此五块石进入了一个有几分疯狂的商铺营销时代，五块石市场板块的营销，已进入了一种相互杀价的恶性竞争状态。

一时间成都的商业地产，几乎成了五块石和红牌楼两大区域的对话，后来《华西都市报》还专门为这两大商圈开辟了对话园地。而五块石轻纺城所引发的“家带店”商铺热，也在成都风靡起来，并热向全国。这之后，成都又出现几大商业板块的恶性竞争。

对于这一态势，杨健鹰是痛苦的，他最初接手轻纺城项目时，是希望以轻纺城为龙头，激活五块石商圈的整体品牌战略，使其成为取代荷花池商圈的升级品牌，以成体系的现代配套与市场板块结合，提升区域的商业价值。这一整套思考，当时经海力发集团促进，与当地政府达成战略统一。可惜由于轻纺城营销的成功，反倒形成了区域内其他地块开发者的同质化模仿，让整个板块失去了战略协同。商业地产要获得成功，绝不能只忙于对一些地产形态的简单重复和模仿，而应该是对一种现代商业文化的不断思考，相互的补充短板，创造出更符合商业思想和整个利益提升的整体战略来，以不同的舰只协同，各担其责，各得其利，创造一支强大的商业航母战斗群。

对于商业地产来讲，流行和重复是恶性竞争的前提。价格战是商业竞争中的一个重要手段，但过分依赖价格战，则是商业的一种无能表现，也是一种商业自杀行为。

其实，五块石有着巨大的板块升值潜力，在这里的开发商一方面是竞争对手，而更重要的却应该是战略伙伴。这里，市场的密聚、商气共染带来了人气的陡升。若各大开发商相互携手，共同打造大商圈的商业品牌，众市生金，大家必然获得更大的回报。

（十二）河居时代：寻找河流的思想

杨健鹰“关于河流的思想”，引领成都房地产进入了河居时代。“河居”的概念，也从此成为中国房地产的一个重要理念之一。

杨健鹰说，河流是城市的灵魂。在河流之中，沉淀的是文化，涌动的是时光，折射的是梦境，闪耀的是精神。河流的长度是一个民族历史的长度，河流的深度是一个民族形象的高度，河流是一座城市永不落幕的电影胶片。

正是因为有了伟大的河流，有了这些因为历史和人文传统而流光溢彩的河流，才让我们身心愉悦，成为最快乐的河居者和旅游者。

在世界：

塞纳河：将香槟、凯旋门、埃菲尔铁塔、香榭里大道调入了赛尚醉如呓语的油彩，于是一个浪漫的法兰西成为世界时尚精神的代名词，成为世界的旅行箱中珍贵的香水。

泰晤士河：旅游开发，将伊顿、牛津、亨利、温沙城堡融入伦敦塔桥的底影之中，一条工业文明下的死亡之河被再次唤醒，成为蓝血民族的象征，成为英国一部流动的历史。

莱茵河……

尼罗河……

恒河……

顿河……

幼发拉底河……

密西西比河……

湄公河……

在中国：

秦淮河：将江南贡院的森然，将夫子庙的尊严会同乌衣巷的夕阳洒向朱雀桥的野草花之上，让一个六朝古都的优雅散发出金粉般的光芒。

海河："一日粮船到直沽，吴罂越布满街衢"，"先有大直沽，后有天津卫"。从曹魏风骨，到引滦入津；从三条石大街，到大悲院丛林；从直隶督署，到海河楼商贸区；从大沽炮台，到天津保税区，一条河成为天津"城市的眼睛"。

淮河……

渭河……

辽河……

杨健鹰指出，从生态的价值和文化的价值来看，河流的价值被严重低估。他喜欢水，喜欢河流，他有很多写河流的文字。在杨健鹰的文字里，水是灵性，是游动的鱼。杨健鹰喜欢悟道乾坤阴阳的图形，不就是一白一黑两尾游动不止的鱼儿吗？在杨健鹰的策划中，临水的小区是最美的家园，河流是人们历史和情感的依附，有水，小区才会活起来。没有活水，小区就没有灵性。

因此，杨健鹰在策划中，始终强调流水的重要性。在成都的房地产策划中，可以肯定地说，还难找出第二个人，像他那样把河流的重要性上升到居住的核心品质的高度、人文历史的高度、城市战略的高度。

河流的价值随着历史的演变而显现，虽然在特定的时段内显现得不明显，但随着时间的推移，以及整个城市化进程的推移，河流的价值将逐渐展现在大家的面前，这注定了它未来的价值会更高。

杨健鹰认为，对河流价值的思考，要从农耕文化下、计划经济时代，以及城市化进程下河流的价值出发。过去我们对河居没有什么概念，河流的价值并不恒定，对河流价值的认识，我们应该站在城市化发展进程更高的层面上来考察。河流价值的凸显，是让人居背景得到了巨大提升，城市是“居”，但需有“养”，还需有“业”。而“养”需要生活的档次、品质、健康、环境、愉悦，这增强了人们对山水的青睐，让人们明白了生态环境的重要性。创业、居住、休养，河流的价值在这个背景下体现出来，这是河流从农耕时代向城市化进程转换中体现出来的价值。

河流之美，在于自然和谐，它让城市精神愉悦，让文化显影，让心灵依附。所以对它的原生态思考很重要。但现在大多数开发商是以开发的模式在思考，使用度、量、衡的标准打造，而没有生态线，对河流的使用带有经济掠夺。

“开发式”的开发商不可依托，那么，在城市地产，尤其是城市文化地产的开发中，如何做到土地价值最大化和自然人文环境保护的双赢，如何实现即时利益和长期利益的并重，不预支子孙的财富，而是给子孙保留我们同样得之祖先的大地和河流，这个责任就应该由政府主动承担，并切实地履行，落实管理和引导。

（十三）策划人的责任与胆识：好牌更需好牌手

宽窄巷子项目是杨健鹰的呕心沥血之作，也是最能体现杨健鹰的城市文化策划和战略策划思想的一个典范之作，也是后来者模仿借鉴的经典案例。

那么，宽窄巷子当初是如何策划的呢？它的最初情况是怎样的呢？要回顾这个项目的开发过程，首先就要追问，当初宽窄巷子项目是怎样一个题？在营销策划中如何破这个题的？

打牌，抓到一副好牌，未必成为最后的大赢家，好牌还需要一个好局。不得不说，项目策划负责人杨健鹰赶上了一个好局，更确切地说，是宽窄巷子文化商业项目本身赶上了一个好局。

宽窄巷子的好局就是成都市委、市政府对成都市丰富的文化资源的珍惜，对文化经济开发的极度重视和大力支持。在宽窄巷子项目的开展中，市政府成立全资公司，采用完全市场化运营的方式，既能利用政府的资源来协调旧城改造中搬迁补偿等问题，又能利用市场发挥旧城改造后的商业价值。

面对这个好局，又手握千年少城宽窄巷子这副绝牌，还需要一个好的牌手来操盘，这个牌手就是宽窄巷子文化商业项目整体战略的策划人杨健鹰。杨健鹰既是著名的商业地产策划人，同时也是中国城市文化品牌战略经营的专家。

杨健鹰作为一名成功的地产策划人，作为“西部策划先生”，从20世纪80年代做第一份策划案开始，经过地产商业策划数百实战的腥风血雨，积累了大量的实战经验。

宽窄巷子项目，是杨健鹰从商业地产转向城市战略、文化品牌策划的一个典范之作，是他策划思想和策划技术的一次总结和升华。

之所以说宽窄巷子项目是一副绝牌，是有充分的理由的。杨健鹰深知，宽窄巷子项目至少面对两个极大的悖论，也是两个极大的挑战。

第一个悖论和挑战，是文化产业化和文化保护、文化传承的矛盾如何协调，如何相得益彰，而不是相互掣肘。

一方面，宽窄巷子是老成都硕果仅存的城市历史遗存，有着成都2300年城市文明的根脉，对它进行开发，有唯一性和不可复制性，这是它的独特性优势。

另一方面，宽窄巷子是老成都“千年少城”城市格局和百年原真建筑格局的最后遗存，也是北方胡同文化和建筑风格在南方的“孤本”。项目在文化保护问题上的社会压力特别大。从项目立项开始，就遭到铺天盖地的各种反对和质疑的声音。

第二个悖论和挑战，是文化的非商业性和文化产业化经济发展之间的矛盾如何协调，如何使文化成为经济的推进器。如果这个项目只是做成普通的文化旅游街，卖卖纪念品和小吃，功能上作为旅游的辅助和延伸设施，问题就很简单。但宽窄巷子项目的开发有一个很高的立意，宽窄巷子历史文化片区保护性改造工程，是成都市委市政府推出的重点工程和成都市文化旅游“名片项目”。作为整个成都市旅游资源整合发展的投融资的一个平台。成都市委、市政府对宽窄巷子项目寄予了很高的期望，赋予了很大的责任。责任重大，压力也很重大。

一副绝牌，打好了就是好牌，打不好就会成为大输家。何况面对宽窄巷子这样的饱含城市记忆的文化遗产的改造，动辄得咎，这个项目只能成功不能失败。如果不能做到文化传承性保护和文化产业化开发的双赢，从项目管理者到策划营销负责人都会成为历史的罪人。面对这样的好局同时也是困局和大局，必须得有大智慧、大勇气才能破这个题，找到正解。

（十四）城市指纹与城市基因

杨健鹰一直坚持每一个城市、每一个地块、每一个项目都有自己的灵魂，做策划，就是要寻找策划对象的灵魂。杨健鹰的立足点很高，他说：一座城市的气质是绝对独立生长而成的，是不可能与哪一座城市有绝对的对应，成都的生活方式就是成都的生活方式，不可能是文化拼盘。成都应成为未来城市文化的基因之地，打造未来城市思想的孕育地。

诗人出身的杨健鹰说得最多的就是文化，就是韵味。为了亲近宽窄巷子千年少城、百年老巷的灵魂和气韵，他在项目启动之前就住进了巷内，在这里扎下根来，听风吟雨，潜心品味老巷千年陈酿般的灵韵。

杨健鹰是一个诗人，在他的策划哲学中，永远不乏天外之想，不乏神来之笔。他把这种诗性的浪漫和人性的关怀紧密结合在一起，把诗性的浪漫和人文的延续与传承结合在一起。

在做宽窄巷子案子的时候，杨健鹰修禅一样地在巷内住了下来。身体安静下来，灵魂的各种感觉器官就全部打开了。

他写道："对雨滴而言，落叶是最温柔的手掌"，这样的语言多情而温暖，是他对宽窄巷子文化神韵的敏锐捕捉。要保持两千年老巷的文化血脉，保持老巷的灵与韵，保护、传承和改造必须几管齐下。在这个大原则之下，有了具体的、细分的一些原则。比如：修旧如旧、保护为主、原址原貌、落架重修、最少的改变、残缺也是一种美、守住灵魂……

杨健鹰找到了宽窄巷子的总体定位——"老成都底片，新都市客厅"。他在"天府少城——宽窄巷子文化商业项目"整体策划中第一次出手，鲜明地打出了文化名片这张牌。他的思路是利用历史文化资源的唯一性和不可复制性，作为城市的名片进行推介，用文化保护区做新经济的孵化区，反过来用良性的盈利模式动态地保护传统文化，延续和发展历史人文。

杨健鹰认为，看中国不能不看西部，看西部不能不看四川，到四川不能不看成都。2300年的成都魂在少城，在宽窄巷子。历史是一条流动的河，成都的文化根脉不是静止的，宽窄巷子就像一个时光隧道，是成都人生活方式原真的活态展示地。

宽窄巷子凝结了青城峨眉的灵山，映照了岷江和长江的秀水，是巴蜀山水文化的浓缩。宽窄巷子是成都2300多年城市史的缩影，是西南各民族大融合、满汉文化大融合的缩影。宽窄巷子是南方建筑传统和北方胡同建筑格局的结合，是近现代中外建筑的杂糅和拼接。

宽窄巷子是近年以来成都文化名人的聚散地，是老成都情感的依附地。宽窄巷子是老成都的底片，是老成都的指纹，是成都的基因图谱，是成都“慢生活”的浓缩，宽窄巷子是新成都的名片，是新成都的会客厅。宽窄巷子是成都文化产业经济的高端品牌，是新经济的聚合场，是高品质企业的孵化场。宽窄巷子不仅是成都的、四川的、西部的，它也是中国的、世界的。

（十五）策划是一次前世的情定终身

杨健鹰是一个深信着冥冥之中的缘分的人，他说他的每一个项目都是前世情定终身。所以他对每一个项目都尽显着一种随缘惜缘，从不刻意而为之，也绝不轻慢对待。正如在对待宽窄巷子时，他说过的那句话：我坚信这两条巷子，在风雨中等了我几百年，我们的相遇是前世的约定，我们必须彼此信守诺言。

“感谢成都，感谢宽窄巷子”。这是杨健鹰发自内心深处的一句感恩之语。多年以后，我们在记录成都的文化地产历史的时候，不会错过它的策划人杨健鹰。无论杨健鹰将来还会创造多少策划营销的神话，但宽窄巷子永远是他的最爱，寄托了他太多的情感和理想，是他记忆最深处的珍藏。杨健鹰在《感谢成都》中深情地写道：

宽窄巷子有如一道成都的心灵之门，让我真正地走进并融入了这座城市的精神之中。在接过宽窄巷子的策划工作之后，面对着那片破旧而厚重的建筑群，我有了长达一个礼拜的连续失眠。长达五十天的闭门苦思，让我清晰地看见自己知识的匮乏和思想的肤浅。在成都面前，自认为好学的我，已如一只掏空了的蝉壳、单薄而又易碎。此时唯一能支撑我信心的，只有那一本本关于成都的书籍，从历史到地理、人文，从产业发展到消费、市场、建筑，在这些著作面前，我仿佛是幼学启蒙的孩童，《华阳国志》《山海经》《说成都》《地上成都》《地下成都》……无数的先贤今人，成为我唯一可倚的老师……

宽窄巷子成为我认知成都的一艘时光之船，将我从流于空泛的成都概念中，领入它鲜活的街巷、宅门、院落、泥墙、老树，并在一个一个的门楣之后，去认识蚕丛、鱼凫，去认识张仪、李白，去认识扬雄和巴金，去认识刘湘和李劼人。而在每一次走进街巷的途中，一群更加鲜活更加生动的成都人已与我迎面而来，陈子庄、流沙河、季福正、林文洵、肖平、翟永明……我身边这些亲人和朋友，是他们和成都古老与现在的街巷、宅院一道，构筑起“成都”这两个象形文字最亲切的笔画和偏旁部首。让我知道，成都是成都人的成都，成都是天下人的成都。千千万万的成都人，千千万万的外来人，用他们的灵性、思想和精神创造了成都，而成都又用它的灵性、思想和精神创造了每一个进入成都的人。对于这座城市，每一个成都人都是它的策划者；对于每一个成都人来讲，这座城市，总会在他们出生之前和来临之后，为他们留下了无法抹去的胎记。

走进宽窄巷子，才知道自己算不上它的策划者。六年来的改造工程中，真正改变的不是宽窄巷子，而是自己。五年多与宽窄巷子这张成都老底片的心灵相守，让我和每一个参与者都备受煎熬，也在这种煎熬中脱胎换骨，获得思想与灵魂的飞升。成都有如一个巨大久远而又包容百味的紫砂壶。在这壶中，茶与茶相互熏染，茶与壶相互熏染，早已构筑起了它深深的底味。而最终这壶的底味，又将为每一个流入成都的人们浸出生命的暗香。

（十六）龙起汶川，图腾中国

“5·12”汶川大地震抗震救灾和灾后重建，是中华民族情感、精神和力量的最大凝聚，是世界大爱、智慧和思想的最大凝聚。作为当今中国城市战略策划的实战型人物——杨健鹰，非常荣幸地担当了震中映秀灾后重建的总策划。在映秀的战略策划中，杨健鹰完全不计个人利益，全身心地投入映秀的重建策划中。他说，每一天他都被感动着，能被委以这项重任，是他的骄傲，也是他乐于担当的历史责任。在灾区的两年多，杨健鹰看到的、感受到的，是一个民族面对灾难同心协力、众志成城的心路历程和智慧结晶。

杨健鹰以震中映秀为中心，以震中汶川为起点，以龙门山脉为串联，将城市品牌、区域产业、乡村发展、历史人文和民族精神，进行了全面的梳理和提升，最后以"龙凤呈祥"的灵智，为映秀、汶川所展现出来的"当代中国思想"点睛，并最终使这片土地，成为全国唯一的全域特别5A级旅游品牌，成为中国精神的一面大旗。

杨健鹰的方案大气磅礴，又处处落到实处。既展现一个民族不屈不挠的精神风采，又充分考虑灾区群众灾后的生产生活的发展。他提出让灾区发展"飞跃龙门"，从映秀开始，让地震中的"世界大爱"和"中华民族抗震精神"放大四川旅游产业的魅力。

为了把这个思想落到实处，杨健鹰与汶川人民一道，在战略定位、产业定位、规划主题、经济发展、景观设计、品牌打造等各个层面，对映秀和汶川策划的落地进行了长达十五年的免费追踪服务，他是服务汶川时间最长的志愿者。

杨健鹰说，在岷江之源这个中华民族的"民族走廊"的源头，这个长江文明和黄河文明的交汇之地，"龙"和"凤"的图腾在他眼里升起。在这个中华统一、民族团结、社会和谐的时代，杨健鹰用"龙"和"凤"、用"龙门"和"太阳神鸟"构筑起了中国最吉祥的纹饰，以喻"开天辟地、龙凤呈祥"。

在杨健鹰的构思和点化下：

"5·12"震中纪念石是大爱磐石，是中华民族情感与精神浇筑的丰碑；

漩口中学是"5·12"留下的中国精神指纹；

凤凰涅槃，天地映秀——映秀聚焦民族之光，点化五彩凤凰；

映秀是重生之门、奋斗之门，是走向未来的阳光之门，是记忆和希望之门；

新映秀，新汶川是新中国的缩影和窗口；

……

杨健鹰不仅取象高、立意高，颇具前瞻性，同时坚持他一贯的实用主义。他充分考虑了灾区重建后群众业态的长期持续发展问题，在业态挖掘、布局、培养，争取政策支持和整合资源等方方面面都做了全面的思考，兼顾当下和未来性思考。

作为一个以策划谋生的策划人，他为汶川付出的精力，却常常是义务的。在灾后重建完成之后，他的公司仍继续无偿服务于汶川的建设，为此，放弃了不少商业机会。他时常周身疲惫，却满目感动。更加让人感动的是，杨健鹰将震中建设两年多，公司为汶川、映秀策划收到的500多万策划费，无偿捐赠灾区，只象征性收取了汶川灾后重建指挥长张通荣个人的5元1角2分的红包，作为纪念。

杨健鹰说：为汶川做策划，为“5·12”中国特大地震的灾后重建做策划，是他前世修来的缘分，是一个能让自己产生敬意的修炼。一名策划人能在此时担当大义，是自己策划价值、策划境界获得升华的千载难逢的机遇。

下部

健鹰策划五字箴言

杨健鹰的策划有五字箴言，分别是奇、伟、灵、绝、实。这五字箴言并行不悖，又交织在一起，融通在一个个经典策划案中。

“奇”就是奇点，是思想的惊妙锋刃，是钥匙与锁孔的最佳触点，是手术刀划出的最小代价和切口，出奇制胜。

“实”就是真实、踏实、落实、果实。是落地性、实战性，是繁花落尽的真正结果，是智慧发出的“钱的声音”。

“灵”就是灵性、灵魂，是灵动不拘的破界飞翔。是透席之光，过了泥墙是顿悟。是在对万物虔敬中，得到的至高点化和羽化。

“绝”就是绝妙，是物化与心法的无限合体，是事物的最后正解，是破空万象的真身。是峰绝云顶中找到惟一阶石，万法归宗，舍我其谁。

“伟”就是伟大，是大格局、大思想、大智慧、大能量的聚合。是天地及我的悲悯，和光照花林的快乐。内圣外王，无技成有技，无我已大我。

杨健鹰说：土地是思想者的孩子。不同的孩子我们应该为它设计不同的未来。

杨健鹰的案例绝不重复。就像劳斯莱斯的手工艺术，绝不重复。杨健鹰是从来坚持亲力亲为手工打造项目的策划人。在每一个策划中，他极度尊重土地的个性，并寻找着它们的灵魂，在天地大道的思想中，去创造它们与众不同的竞争力，使每一个思想成为沉甸甸的收获。

他的策划奇招迭出，他的策划灵性四溢，他的策划个性鲜明，他的策划落地生根。

大道恢宏中，展示鹰隼击空的实战功力；

这就是健鹰策划，一种遨游长空，流淌着野性的财富思想。

一个金印，让整个成都为之轰动；

一个婚典，让商城在非典阴影下，变得人山人海；

一个联盟，让一个市场价涨10倍；

一个椅垫，让一疲软的商圈名动全国；

一个商标，让整个商业圈为之震动；

一株玉米，让一座商城多卖几个亿；

一扇石磨，为成都铸造出城市名片；

一只凤凰，让震中映秀炫彩涅槃；

……

第一章

箴言之一——奇

“奇”就是出奇制胜

奇就是在人们无法料想的空间，创造战机和王国。

杨健鹰的策划理念中的“奇”，不是奇怪，不是无规无矩，而是奇胜与正和的交响。

（一）奇的箴言之一：策划如兵，诡道也

小时候，杨健鹰家里有一部《孙子兵法》。《孙子兵法》里面，孙子开篇的第一句话：“兵者，诡道也。”是杨健鹰从小就熟知的。这句话对杨健鹰的影响非常大。杨健鹰家是一座老房子，有一间不大的木头阁楼。杨健鹰在很小的时候，就开始反复阅读这几本书。书中的许多的战例，给杨健鹰留下了深刻的印象。参加工作不久，一位朋友送了杨健鹰一样礼物，又正好是

一本贴了金箔的精装本《孙子兵法》。也许是冥冥中的机缘，《孙子兵法》从此成了杨健鹰的法典一样敬重的书籍。杨健鹰从此，反反复复地思考兵者之为诡道的玄机，这也成为日后杨健鹰策划的不二法门。

杨健鹰做媒体，做广告的时间比较长，对媒体，对传播学有自己的积累。结合小时候对《孙子兵法》的研究。在策划中，往往有一些非凡的手段，没有新闻要制造新闻，策划更需要一种无风起浪的技巧。杨健鹰的策划在调动新闻媒体的力量，吸引人眼睛方面，做得非常成功。他往往把新闻和社会活动都调动得很好。这些东西都是深厚的内力，这也是杨健鹰在策划中屡屡能出奇制胜的基础。

杨健鹰如是说：《孙子兵法》上说，凡是用兵以奇为胜，以正为和。在这里所谓奇是指独到的眼光、独到的思想、独到的手段，在人们意想不到的地方去创造战争的奇迹。所谓正，则含有循规蹈矩，按部就班之意。营销作为战争的另一种形式，在其实施过程中如何出奇制胜，历来作为策划的精髓所在。然而在我们出奇制胜的同时，应充分掌握好对正的运用，当然这个正不是循规蹈矩，不是按部就班，而是一种堂正，一种大度，一种守道。奇招绝不等于怪招，更不是险招。其实所有人们公认的奇招，都是在特定条件下的正解。表面的循规蹈矩未必是正道所为，表面的眼花缭乱，也并非真能剑走偏锋，真正好的策划应该是大奇大正，令人惊绝而又叹其平常的。

策划不是万能的，但策划可以更精彩。策划人如何科学地面对自己的工作，在一种科学的认知中获取平和，并在一种平和中获取竞争的激情，对于自己的成功至关重要。杨健鹰认为，改革开放以来，中国的策划界铸造了太多的辉煌。这种辉煌，一方面，使策划在我国成为一个独立的行业，并走向了令人敬重的神圣；另一方面，却在社会自觉和不自觉的包装中，走向了令人敬畏的神话。在这种神话之下，策划和策划人的能量被过分地放大起来。人们对一种原始智商和潜能的依恋，越来越远离自己务真求实的工作精神。一个行业的自卑和浮躁，在整个时代的自卑的浮躁中，被放大为盲目的自信和目中无人。

（二）奇的箴言之二：奇就是用“奇”“正”两只翅膀思考

杨健鹰认为：策划之奇，就是用智慧的翅膀来思考。飞翔是两只翅膀的协调合作，策划的两只翅膀，一只是正，一只是奇，奇正合一，才能高飞。

杨健鹰的策划有两个特色，一是，“大道纵横”；二是，“奇笔神来”。在他的诸多案例中，我们都能深深地感受到一种大道的震撼。他的方案总能做到政府喜欢、政策支持、区域得利、新闻满意、参与群得利，给人以“光明正大”的气度和“天地正道”之感。他的策划，又总会以“妙想天成”的神奇创意给人带来惊绝，在常理之外给人们带来“奇”“绝”的异峰突现。所以有人说，不做生意也想看杨健鹰的策划，看他的策划是一种享受。

杨健鹰对这个问题的看法是这样的。他认为，没有光明正大，就没有发扬光大。大利来自大道，大生来自大道。策划是研究利、研究生的学科，这就注定了它必须与大社会的大道相符，以获得天地运势、社会运势的载力。策划又是研究传播力，研究营销力的学科，这就注定了策划，必须具备感染力、具备记忆力、具备震撼力，必须从人文学、心理学、广告学的角度进行全面的思考，所以策划报告不能是市场报告、科研报告、经济发展报告。

策划必须在一个理性内核之外，再次建立一套感性外壳。好的策划是一部剧本，策划人是编剧，开发商是导演，而社会是演员和观众。我们必须把理性留给自己，把感性带给社会，让整个社会进入我们的剧情，让他们感动，让他们激动，让他们在设定的剧情中情意绵绵、痛哭流涕或笑逐颜开，而不是让我们痛哭流涕而演员和观众无动于衷。

我们在策划中必须建立强烈的感召力和影响力，使其在“奇”“野”“怪”“绝”“趣”中，给社会带来“异峰突起”的强烈冲击。策划尊崇理性，但策划拒绝平淡。所以对于每一个策划人来讲，在认知大道无限的同时，必须深谙“道非道，非常道”和“法无定法，无法法也”的真谛。

杨健鹰认为：策划学和策划行为是两个完全相反的工作流程。前者是以一种有序的逻辑，去解读一种无序的行为结果。而后者，却是在一种无序的行为活动中，去实现一种有序的战略目标。所以从事策划学研究的学者，和从事具体策划工作的策划人之间的思维方式，是互为逆向的。这二者的区别，有如军事理论家和将军之间的差别。军事理论家是在战争的结果已出的条件下，对战略进行解剖研究总结。而将军，却是在战争的发动和进行中，去创造战争的结果。这两种工作的性质，有着本质上的区别。一个是发现，一个是创造。所以从事策划学研究的专家，与从事策划工作的人士，在个性特质的要求上，就有了本质的不同。

如果说策划学专家，是用思想的链条进行思考的话，那么真正的策划人，必须用创意的翅膀来进行思考。策划的重要目的，就是尽力整合一切可以利用的元素，以实现战争的最大胜利。也就是资源的“统战工作”。而对于一场战争的可利用资源来讲，它们是纷呈各异的，甚至互为对抗的。如何将这些纷呈各异又互为对抗的战争元素统一起来，使其成为声势浩大的同盟军，这就要求我们在这些表面上也许毫无关联的资源中，找到或者创造出连接点，使其成为一个整体。要使这些毫无关联，甚至互为对抗的元素如同一条珠链式的串联起来，仅凭一个常规的逻辑型思维方式，是绝对不够的。

要实现这些孤立的互为天涯的元素的联络，我们必须凭借创意的翅膀。一个优秀的策划人，他们思路总是有几分奇特，总是在与众不同的思维之中，出现神来之笔。策划人必须在一种非逻辑性、非理性的行为方式中，去建构最具逻辑性和最具理性的战争结果。策划人的思维方式首先得失常，然后再入常。策划人的逻辑，应该是逻辑的超越。因为策划人是用翅膀来思考的。有时一个奇妙的创意，如足球巨星的一次转身，那球会以奇妙的路径打入对方的球门。

（三）奇的箴言之三：鬼气、灵气、霸气，只为烧旺“财气”

奇，就要吸引眼球。现在是眼球经济的时代，不能吸引眼球，就意味着不能吸引消费。无论策划多么出人意料，都有一个基本原则，那就是灵气，只为烧旺“财气”。五块石轻纺城的策划案就是这样一个经典案例。五块石轻纺城首开按揭购商铺的先河，这对同城商业楼盘的同行们形成了不小的冲击。至今一些商业楼盘的开发商，在谈到杨健鹰那个“借您二十万，挣钱来还我”时，还不免在赞许中显出几分自我遗憾。杨健鹰认为：商业运作中，虽不能说是领先一步就会步步领先，但有时的先机确实能让你制胜。

商业策划，需要惊天出场。一切在意识与逻辑外，一切又在意识和逻辑之中。“火烧五块石”的这套方案登场的那天，在报社，一位同事突然惊呼：“啊，五块石被火烧了”。大家都被吸引住了，纷纷围过去，一细看原来才是杨健鹰的广告，大家缓气一口，又齐声叫绝。“九大热销点火烧五块石”整套广告一气呵成，商气、财气跃然眼前。

对于杨健鹰“火烧五块石”这套创意，业界的认同度非常的高。它的构思却是杨健鹰脑子里灵光一闪的成果。为什么要使用“火烧”这两个字呢？杨健鹰回忆说：这个词是从大脑中一下子蹦出来的，当初并没有细想，后来越想觉得越妙，这大概就是鬼气使然吧，这个系列策划也因此被称作“几分鬼气、几分灵气、几分霸气”的代表作。

杨健鹰认为：由于在五块石的整个设计中，卖点已非常明确，所以在这套方案中，一方面重点考虑了广告自身的视觉抢占能力，另一方面希望卖点设计以完成对广告和营销的坚实支撑。

所以，营销设计必须抓住客户的愿望，而配套的广告必须抓住大家的眼球。没想到的是，当初为这套方案海力发集团形成了严重的分歧，一部分意见认为做房地产最怕水淹火烧，坚决不同意，不是总经理王滨力排众议，这套方案是行不了的。

好在营销非常成功，后来在一次工作会上，负责销售的副总经理易翼先生非常激动地说："我做了这么多年的销售，只有这套方案推出时，我才知道什么是热线电话，当时的电话真是发烫……"这以后，每一次要做轻纺城下一步营销推广方案时，他们就会半开玩笑地对我说，杨老师再给我们放一把火。

回顾在具体策划中的诸多细节，首先吸引我们的是，杨健鹰在五块石的策划中，提出了一个观念，他认为：给客户设计出赚钱的空间，你自然赚钱，这是商业地产成功的关键。

对于商业地产的开发，我们必须注意他的多重式利益层架构。对于一般住宅开发，我们常常只需把握住一个直接消费层，而对于商业地产，则必须把握三个以上的消费层面，以及这多重消费层面所共同的商业生态链。

（四）奇，是意识之外的逻辑学

在杨健鹰的策划中，有着太多的奇招怪招，像放水养鱼解决漏水事故，像购买火车解决铁路噪声形象，等等。出奇制胜的故事举不胜举。其实所谓的奇，并非无理三手，而是有着严密逻辑链条的推演。

杨健鹰三十年的策划，就是一个想奇思妙招的行程，他身上关于奇的故事，实在太多了。曾经有开发企业丢失了200多枚客户的私人印章，担心出事，企业动用了所有的能量进行寻找，两个礼拜无果，企业老总紧张万分，最后登门请求杨健鹰为他们策划，怎么找回来这200多枚印章。杨健鹰静想二十多分钟后，给了他们一个办法，任务圆满完成。这场找东西的策划，看似神灵之举，其实，是环环相扣的解题。这就是策划的魅力。

如今的"青城派武术"，在武林和国际的影响，绝不在"少林""武当"之下。其弟子和学馆，遍布世界各地，已是中国文化走向世界的一支强大的力量。要知道，这一切的辉煌的背后，没有什么组织，没有什么财团，是靠一个武术家，凭着对武术传承和发扬光大的初心，艰难以求的推进。这个为中华武术“青城派”的繁荣和发展殚精竭虑的人，就是“青城派”第三十六代掌门人刘绥滨。

刘绥滨曾经也是一个文学青年，醉心于武术，与杨健鹰也算青年文友。刘绥滨在接受掌门之位后，虽然用尽了一切努力，但适逢当时的武林现状，实属生存艰难，仅靠带徒弟等极其微薄的学费，支撑整个门派的开支，入不敷出。有时为了一点收入，还得带病千里出战。一次，杨健鹰去他的武馆，见到正在病中的刘绥滨，从山下推着自行车回山，车架上是一堆莴笋。他为了节约，亲自去几公里外的菜市买菜，为弟子们解决伙食。杨健鹰看到了一个武术家的辛酸，也看到了传统中国武术文化的艰难。他想帮一帮这个掌门人。

在他和刘绥滨多次就青城武术的文化资源、产业资源和发展机会进行深入交流之后，他们对“青城派”武术和中国传统武术的发展思路，有了清晰的构思，并为这个没有任何经济实力的武术门派，如何在当时的市场经济环境下，获得最好的品牌推广和产业接轨，制定了行有奇效的战法，这便是当年轰动全国的“青城派商标之争”系列策划的。这场为期几年的，分别以刘绥滨为代表的传统武术文化的思想体系，和以杨健鹰为代表的现代产业思想体系之间的矛盾、冲突、探索和反思，再到最终的理性启示，和圆满拥抱的过程，开启了中国传统文化的市场之门，让千年历史的武术文化，在未来世界经济发展之中，获得了该有的位置。“青城派商标大战”，当年惊动了武林，让中国“武林八大门派”拍案而起。“青城派商标大战”，当年同样惊动了中国产业思想界、策划界、品牌界、文创产业界。这场对垒，让新闻界成为最活跃的阵地，为不同的论争提供舞台。中央电视台、凤凰卫视、鲁豫有约、新华网、搜狐网、百度网、腾讯网等，以及《成都晚报》《华西都市报》《成都商报》《天府早报》等川内媒体连续热点追踪。这无疑是得益于改革开放大潮下，中国传统文化在产业上的反思需求，和当代经济发展对传统文化的吸纳需求，在这一点上，刘绥滨的武术执着和杨健鹰的策划执着，都是幸运的。

一、金印行动

金，是人类最好的领路者。它具备强大的物欲满足力，它更具备最高的品性守护力，懂得金子，它将使你的智慧活力无限。

——杨健鹰

（一）金印镇城

印，是中国文化独有的一种结晶形式，2008年，北京奥运会的会徽之所以选取印的形式，也是因为中国印里面，凝结了中国传统中高贵和诚信的两大因子。在商业策划中，运用中国印作核心概念，并引起全国性轰动的，杨健鹰是第一人。

时至今日，成都人常常还在为多年前位于高笋塘路口的西部饰材精品城开业，武警荷枪实弹，在人山人海中，护送世界最大金印的开业场景津津乐道。“金印行动”是健鹰策划的又一个经典案例，一时名动蓉城，很有几分传奇的味道。

通好公司老总刘学玲说起此事，仍然记忆犹新。当年杨健鹰策划这个在全国都引起关注的“金印行动”的前前后后，像放电影一样，在他的叙述中又鲜活起来。

中国是礼仪之邦，仁义礼智信，是传统中国的五常，五个基本的伦理规范。这颗金印里面，至少蕴含了五常中的两个要素：智慧和诚信。

在杨健鹰接手之前，精品城的策划原来是一家深圳著名的策划公司在做。由于效果很不理想，通好公司找到杨健鹰，希望他在营销和开业活动两个方面提供策划，看有无补救的办法。

稍感遗憾的是，通好公司老总刘学玲找到杨健鹰时，商城已经建好，前期营销工作已经铺开，投入资金量已经很大，一切都基本成定局。无论是宣传主题、建筑形式、商业动线、经营类别、招商群体，包括现场装修都已定型。

杨健鹰到现场看过后，发现这个项目在商业动线的规划上，原有方案有许多硬伤。但苦于建设、装修投入已经完成，不便整改。加之此时与预定的开业时间也仅仅相距不到二十天了，重新改动成本太高不说，时间上也不允许。所以杨健鹰建议只能在原来的基础上，做一些补救性的改良工作，争取利用开业有限的资金，创造最大的人气轰动。

由于时间紧迫，为了不浪费一分一秒，杨健鹰来不及签正式合同就投入了紧张而繁忙的工作中。他当机立断，决定在精品城的推广和开业行为的策划中，采用强记忆推广行为，希望在最短的时间内，建立商城的品牌记忆度，以促成商城的销售和经营的现场人气。

（二）金印出笼，一切都源于一场策划

为了达到这个目标要求，杨健鹰为精品城的开业策划设计了号称“世界第一大”的金印。这枚金印问世之后，不仅成了精品城的镇城之宝，而且成为四川省保护消费者权益行动的象征。在每年的3·15，作为成都保护消费者权益的镇城之宝公开展示。被誉为中国消费者权益保护意识提升里程碑式标志物。

杨健鹰是如何构思这个金印的主题的呢？设计这颗大金印，源于三个方面的思考：

一是，品牌战略；

二是，政治借势；

三是，新闻制造。

精品城推出时，成都的饰材商圈，受到一个面积上千亩的特大家装饰材城的强大冲击。精品城无论从商业规模、开发商实力、经营群体实力还是推广促销力度上讲，都毫无抗衡能力。

因此，杨健鹰在策划中充分利用了精品城位置的市内特质，强化“商城”与“市场”的概念区分，以“精”打“大”，以高品质精品名牌为经营特色，塑造自己“品质如金”的商城形象。

在“品质如金”的基础上，营销方案将其提升到“消费者权益是金”的高度。结合传统中国人“以印为信”的传统，设计了这方世界第一金印，作为商城品质的镇城之宝，也作为商城形象和新闻的支撑点。

整个策划设计的流程从开业到运营，历时两个多月，由“一诺千金”“金印镇城”等八大主题活动将商城的开业活动、品牌战略、营销实施、运营模式进行了全面串联，可以说时时处处金光闪耀。由于这颗金印号称世界最大，通过前期细密而巧妙的操作，长时间吸引了大批媒体的注意力。甚至还有几家媒体因为金印行动的报道权闹了矛盾。这样的效果正是杨健鹰所预期的，为精品城的营销推介节省了大笔的广告资金，却实现了非常好的宣传效果。后来精品城在盘点这次策划的效果时，发现仅媒体免费的新闻报道，若按定价竟达数百万之巨，而整个投入费用却不到百万。

该商城总经理助理彭健雄称，为防假冒伪劣商品进“城”，该商城与主力商家形成了一个“联盟”：商城斥巨资打造一块重达22.5公斤的“金印”，作为保证品质的象征。凡在商城“金印联盟”商家中购到0.5万元以上伪劣产品的消费者，商家将按法律规定赔付标准的2倍进行赔偿，同时，首位因此得到赔偿的消费者将成为商城的“品质监督大使”，那块大金印也作为聘礼归其所有。

这个极具诱惑力的悬赏打假广告一出笼，就引起了极大的社会反响。社会传闻和媒体文章，开始臆测和假设如何从精品城买到假货，以获取这枚金印了。

金印高悬于商场大厅之上，不仅是新闻的承载点，也是商城的形象象征体，更是系列品牌活动的连接体。

从品牌形象的主观上，精品城是不会让它赔出去的。同时在策划行为的客观手段上，策划人也是不会让开发商遭受损失的。营销中，以金印为支撑，发动经营商成立“金印联盟”，共同履行“品质如金”的诺言。所有联盟成员，以留住商场品质，留住金印为己任。若出售假冒伪劣产品造成金印赔出，该经营商将双倍赔付金印。这样，不仅杜绝了商家与消费者联手作弊骗取金印，更使金印联盟成员的经营形象获得了提升，促进了他们的经营，使品质直接形成回报。

精品城开盘行动，在业界得到了非常多的赞誉。一些与杨健鹰有过合作的人，对他本人的信守诺言诚信行为也是赞许有加。通好公司刘学玲总经理说：“健鹰是一位非常诚信的人。像他这样盛名在身的策划大师，第一次见面便告诫我他的不足，这让我非常感动。与诚信之人合作，是一件省心省力的事。其实诚信并非是一种吃亏的选择，而是人与人之间利益连接的铁环。”在谈到策划费时，刘学玲见解独到地说：“如果将营销比作威力巨大的导弹的话，那么策划就是它的导航系统，我们不能只愿意为生产导弹付费，而不知道为导航系统付费。”据说这次活动之后，通好公司向杨健鹰开出的支票额度，比原来约定的额度高出了一倍。同时，为这次活动支付的策划费用，甚至超过了给媒体的广告费用。

二、非典新人挑战赛

（一）情侣穴居挑战赛破除非典阴霾

谁能在非典时期，造就一座商城的“人山”“人海”？

谁能将“新婚夫妇”关进“洞穴”，忍饥挨饿二十天?

这个人不是别人，就是健鹰策划公司的总经理杨健鹰。

2003年夏天，尽管全国范围内的抗击非典的工作已经取得了决定性胜利，但非典的余波并没有平息，成都人的神经还没有放松下来。就在这个敏感的时期，华西都市报以“100000元挑战自我”为标题，打出了“情侣穴居挑战赛”的广告。内容如下：

虽然SARS已在政府的领导下，在全国人民的共同抗击下得到了有效的控制，但SARS给人们带来的心理恐慌和自我封闭的心理疾病，还需要一个相当长的治疗过程。

为了尽快消除过去的生活陋习和非典留下的封闭心态给人们带来的心理负担，《华西都市报》以“新人新生活”为行为目的、以“情侣穴居，挑战封闭生活”为行为象征，精心组织的“情侣穴居挑战赛”活动于今天正式拉开帷幕。

希望借此次活动使人们在对封闭、恐惧、孤独等的反思之中，建立起人类与社会、人类与自然科学，文明、互助、健康交往的生活理念。

根据大赛的规则，参加大赛的四对情侣将在封闭的草屋中度过16天，同时还将经历“饥饿山谷”“恐怖森林”“干渴沙漠”“生命绿洲”“智慧海洋”到“幸福家园”的跋涉“历险”，患难与共，加深夫妻情感和社会互助情感，建立起一个全社会的科学、文明、健康的交往思想，建立起人与社会、人与自然共生互助的交往思想。

本次大赛，首先在报名参赛的情侣和夫妻中举行预赛，获胜的4对选手将在特意搭建的封闭小木屋里生活20天。在为期4天的“饥饿山谷”中，每天只能吃一点点食物；在为期4天的“干渴沙漠”中每天只能喝一点点水；在为期4天的“恐怖森林”中，每天在漆黑的夜里听恐怖音乐、看恐怖电影……参赛的情侣和新婚夫妻将在一间小木屋里穴居，共同度过“恐怖黑夜”“饥饿山谷”等5关。

大赛将评选出一对最勇敢情侣夫妻、一对最恩爱情侣夫妻、一对最和谐情侣夫妻，评选出的最勇敢情侣夫妻将获得2万元现金和价值3万元的奖品。此次活动得到了西部精品装饰城的大力支持，为此，西部精品装饰城提供总价值不低于10万元的奖金、奖品。

从即日起至8月23日，大赛组委会每天24小时接受报名：028-8678××××（《华西都市报》）、028-8645××××（西部精品装饰城）。凡35岁以下、身体健康的热恋情侣和2002年以后领取结婚证的新婚夫妻均可报名参赛。

对于为什么要赞助并承办《华西都市报》发起的情侣穴居挑战赛？在接受媒体的采访时，西部精品装饰城有关负责人介绍说，此次挑战赛本着科学挑战、文明挑战、健康挑战的基础，倡导人与人之间的健康、充分交流，与西部精品装饰城的品牌文化建设有着异曲同工之意义。

西部饰材精品城在成立之初，即将健康居家、文明居家、环保居家作为整个商城的宗旨，提倡精品饰材、精品设计、精品装饰。承办此次活动，不仅仅看到会给商城带来人气，提升商城的知名度，更关键的是在这个全民众志成城、抗非保增长的时刻，为整个社会的完善、经济的增长、人文的关怀贡献自己的一分力量。

（二）穴居挑战赛的策划立意

轰动成都的穴居挑战赛，其实是杨健鹰为精品城专门策划的一次商业活动。这一场轰轰烈烈的社会行为的策动，一面是能量纯正的社会倡导，而另一面则是商业经营的无奈。精品城以曾经轰动成都的“金印行动”开了一个营销运营的好局。但随之而来的是为期一年多的两条城市道路改扩，这几乎让这个刚刚火起来的商城完全“封门”。路好不容易修完，又来了“非典”，所有的商业场所门可罗雀。直到政府宣布非典结束，人们仍旧不愿聚集，所有的商业一片惨淡。在这个背景下，通好公司董事长刘学玲又找杨健鹰，希望他解决商城的人气问题。“世纪新人穴居挑战赛”便是在这一背景下产生的。这个活动的最大特点就是，虽然它首先是商业行为，却同时具有极大的社会价值。

世纪新婚吉尼斯“穴居挑战赛”以“七月新精彩，新人新生活”为题，是和当时特殊的时间背景分不开的。

从策划背景来分析。虽然SARS已在政府的领导下，在全国人民的共同抗击下得到了有效的控制，但SARS给人们带来的心理恐慌和自我封闭的心理疾病，还需要一个相当长的治疗过程。这场灾难给我们带来了巨大经济损失，尤其是第三产业。我们不得不认识到，一个全民的健康的交往心态的重要性，没有交流就没有人间的真情，没有交流就没有生活的美好，没有交流就没有经济的繁荣，没有交流就没有社会的发展。

当时，政府在鼓励继续抗击非典的同时，也提出了加速发展经济、加快复兴第三产业的战略目标，要实现这一目标，我们就要尽快消除过去的生活陋习和非典留下的封闭症，建立起一个全社会的科学、文明、健康的交往思想，建立起人与社会、人与自然共生互助的交往思想。

因此，杨健鹰的策划目的定位非常有针对性。“七月，让生活走向精彩”世纪新人“穴居挑战赛”，以“新人新生活”为行为象征的新人穴居挑战封闭生活的大赛活动，在面对封闭、恐惧、饥渴、孤独的反思之中，建立起人类与社会、人类与自然科学，文明、互助、健康交往的生活理念。在七月的旅途之后，让生活走向精彩。

从策划特色的角度来考察，杨健鹰对活动作了如下具体要求：这次挑战赛的挑战内容和实施行为，以科学挑战、文明挑战、健康挑战、智慧挑战为特色，所有挑战者必须以保证自我身心健康为前提实施挑战，不得采用任何对身心健康有危害的过激行为。在饥饿挑战、干渴挑战等内容的实施中，组织者将按照人体正常能量、水分的基本需求实施定量配额，参与者须对以上配额采用科学的饮食方式，对挑战行为采取科学的参与方式。

策划结果非常理想。当时，《华西都市报》通过这次新人穴居挑战赛的组织和实施，不仅形成巨大的新闻热点，形成媒体影响力的提升，更为政府启动第三产业发展经济的战略提供了社会健康心理大启蒙。抢占了政府经济战略的马前卒形象。同时，通过这次活动的成功组织，西部精品饰材城，在非典的阴影后，获得了每天连续不断上涨的人气、商气，日经营额提升百分之两百以上。而《华西都市报》也进一步稳定了自身在餐饮、旅游、商贸等第三产业中迅速提升的影响力，获得了巨大的客户资源。

在世纪新人“穴居挑战赛”的策划组织与协同方面，杨健鹰充分发挥了他在传媒的认知、人脉和操控方面的优势，做得几近完美。这次策划采用由报纸组织发起，相关电视台和其他媒体协助，商家协办的方式进行。首先联系一主要商家，提供活动场地和活动设施以及一定的活动费用；然后，在媒体上征集挑战新人，以高人气、高曝光率的宣传效果作为商家宣传场所的商业机会为吸引；再次引入餐饮、食品、日化、旅游、休闲、娱乐、影楼、电讯、房产、医药、消毒用品等商家的协办、赞助和奖品提供，将商家品牌活动策划融入本次大赛的各个环节中，实现媒体、商家、新人的欢乐互动，多方共赢。

在非典期间，“世纪新人穴居挑战赛”，不仅得到了市民的广泛关注，成为当时的社会焦点，成了各新闻媒体的新闻大金矿。几家电视台在商场长期架设摄像设备，专人小组蹲守现场，进行报道。可以说挑战赛环环相扣的行为高潮，很长一段时间内，都在不断地调动整座城市的神经。

如果不是亲自参与，目睹了“世纪新人穴居挑战赛”的盛况，大家很难想象，在当时人们以交往而自危的背景下，杨健鹰使一座商城变得人山人海。在二十多天的活动中，使这座城市人摆脱了公共场合的交往阴影。

有一位著名的心理学家，在后来谈到这一活动的时候，他说：“这不仅仅是一个商业策划案例，也是一个心理策划案例，一次社会性的心理疾病的群体治疗，应该对心理疾病治疗有着启发意义。”

三、火烧五块石

给客户设计出赚钱的空间，你自然赚钱，这是商业地产成功的关键。对于商业地产的开发，我们必须注意它的多重式利益层架构。对于一般住宅开发，我们常常只需把握住一个直接消费层，而商业地产则必须把握三个以上的消费层面，以及这多重消费层面所共同的商业生态链。对于商业地产的开发商来讲，去研究一种地域商流更胜过对房产本身的研究。

——杨健鹰

（一）“纵火五块石”

五块石作为成都继荷花池商圈之后的又一大型商业板块，拥有各类商品的大型专业市场数十家，每天人流量近百万，是成都名副其实的最大型商贸集散地之一。

海力发置业所开发的轻纺城，在1998年点燃了五块石商业楼盘的营销大火，引发五块石商圈商战升级，从此形成成都南北市场对话局面。

说到五块石商圈的影响力，自然让人联想到杨健鹰那套“火烧五块石”的策划，可以说当年正是这套“五块石轻纺城”的推广方案，拉开了五块石商业地产的热销序幕，也让“家带店”这种特有的商铺模式在成都风行开来。当年五块石商圈的“纵火者”，正是杨健鹰。

当初海力发集团为何将商城开发定在五块石，又为什么将这座商城定位为轻纺市场？1998年开发五块石轻纺城，四川海力发集团在五块石开发商城有两大原因：

一是对金牛区政府建设五块石市场板块战略的响应；

二是对成都市场发展走向的认定。

随着城市和经济的发展，都市市场圈外移不可避免，五块石特有的交通优势和区域环境，必将成为荷花池商圈的外移平台，一个升级的商城板块的产生已是必然。谁抓住五块石的这一商业机会，谁就将获得巨大的经济回报，五块石轻纺城就由此诞生。

当然将其最终定位为轻纺商城，则是根据成都轻纺产业的市场空间和对加入WTO后的中国轻纺前景做出的考虑。

轻纺城创造了当年五块石市场的销售天价，楼上楼下均价9600元/㎡，（要知道二十多年前，该区域的商铺单价是3000元/㎡左右，最低价1800元一平方米）五块石轻纺城营销的成功有以下几个原因：

一、对金牛区商贸大战略的深刻理解和巧妙借势。金牛区政府当时在商贸发展中有许多战略、战术设计，而这些战略思想和战术价值在当年却并没有得到太多开发企业的认知，有不少活动甚至被大家消极抵制。杨健鹰说服海力发领导，将轻纺城的打造与政府战略融为一体，与政府共同成立五块石商贸圈战略研究指挥中心，从而得尽形象和战略先机。

二、市场的定位成功。市场将轻纺产品作为经营主体，形成了巨大的商源，而加入WTO后的轻纺前景又给了人们以强烈的商机暗示；

三、市场设计的成功。轻纺城将“家带店”形式作为基本建筑结构进行创造设计，既保证了商家使用的方便度，又保证了购房者产权明晰的需求。同时，四面临街、户户通财的商城布局和中心广场与车站配置，都给人以最大的商业环境支持；

四、市场营销方式的先机抢占。根据当初五块石区域的市场现状，这个盘在销售中，首先实施了按揭商铺的营销方式，抢得了营销上的先机；

五、形象策划和广告推广的巨大成功。五块石轻纺城的战略借势、建筑创意、主题规划、营销推广，背后的推手就是杨健鹰，在他的大力支持下，轻纺城形成了强大的市场冲击力。

（二）烧旺“大财堆”

这个策划案的实行并不顺利，甚至可以说是困难重重。据说当年杨健鹰的这套“火烧五块石”的打造方案送到海力发公司时，公司内部形成了两种截然不同的意见，争论非常激烈，最后是集团王滨总经理顶住巨大压力采用了这套方案。

后来，当五块石这把火真正烧起来之后，有人称是王滨总经理保护了五块石的火种。王滨回应说：现代经济已步入了知识经济时代，作为一个企业经营者，既要有一种敢于承担责任的勇气，更要有一双认识智慧的慧眼。每一个开发商从心里都愿意获得最好的品牌战略方案，大家也常常感叹优秀策划方案的匮乏，然而，假若我们没有一个好的眼光，再好的方案都有可能从我们的眼前溜走。产生一个好的策划案难，发现一个好的策划更难，发现一个好的策划又能在面对某些挫折时，能将其彻底实施也就难乎其难了。我至今庆幸是我发现了并保护了这个智慧的火种，这火种也给了海力发公司巨大的回报。

有人开玩笑说杨健鹰是五块石商业地产的“纵火者”，一把火烧旺了轻纺城。杨健鹰也以开玩笑的口吻回应说：这倒实在是一个不小的褒奖，不过五块石商业地产的火应该算是“自燃”吧，当时这里已聚集了十多个专业市场。火车北站、城北客运中心、蓉北客运中心、二环路、外环路、商贸大道、成彭公路，每天数十万的人流，这一切早已将这里聚成一个大柴堆，或者是“大财堆”吧，我不过是在这个柴堆放了一个放大镜而已。五块石这把火得益于当时的天时、地利，更得益于人和，金牛区政府的精心规划和扶持，以及那一群各具实力和精明的开发商，应该说纵火者是金牛区政府，燃火者是开发商，而借火、盗火者是我。

在轻纺城热销之后，五块石商圈的发展实在太快了，短短的几年便聚集起了数十家大型市场，这里仿佛有一个巨大的商业磁石一般。五块石商圈的繁荣，一方面取决于金牛区政府的精心规划，为众多的开发商规划出了一个巨大的商业平台，另一方面它又得益于荷花池商圈的外移。

随着城市的发展和商业经济的繁荣，荷花池商圈已无法满足现有的商业市场的需要。这个高速膨胀的商流人气，必然要重新寻找一个更具交通条件和发展远景的商流中心，这个中心就是五块石。实际上，现在的五块石，从本质上讲就是当年的荷花池。五块石商圈，实际是荷花池商业金旋涡的外移。

当年五块石轻纺城，在成都商业地产中创下了五个第一，即：

第一家设计为“一楼一底家带店形式”；

第一家实施商业铺面按揭；

第一家实施二十四小时昼夜经营；

第一家在商城内设立长途车站；

第一家在五块石实施产权销售的商铺群。

这使轻纺城，占据了五块石商城营销的绝对先机。也创下了五块石其他商铺无法达到的售房单价。轻纺城在五块石不算最早建成的市场，然而它却是第一家销售产权的市场，这给当时那些当初只租不售的市场，打了一个措手不及，赢得了商机，也赢得现在市场的商气。

杨健鹰说，策划人要学会在非逻辑的思想中，去创造逻辑，在人们的思维之外创造战机，奇不是故弄玄虚，而是曲线中的直线，是战争的捷径。

第二章

箴言之二——实

“实”就是落地性、实战性、实地性

实，是一切策划的根本，策划目标的正解。春华秋实，是一切工作成果的追求，是利益的收获，是钱发出的声音。

实，是踏实，坚实，落实，实实在在。

实，是工作的踏实性，策划的落地性。

在做督院府邸策划时，赶上多雨季节，杨健鹰二十来天跑工地，生生地跑坏了一双新皮鞋。

在做西昌日月同辉策划时，坐车打的不算，仅仅步行，杨健鹰就逛遍了西昌城整整12圈。

在做映秀策划的时候，在向导都拒绝继续前行，在随时都有可能爆发泥石流的情况下，杨健鹰四肢着地，手脚并用地爬进了震中震源点。

健鹰的理念是“心存高远，踏石而行”。一个项目收集一块石头，像心灵一样供于案头。

杨健鹰将策划分为花钱的方案和赚钱的方案。

最好的策划是最简洁的策划，而不是最美丽的策划。

杨健鹰说策划要因地制宜，因人制宜，因时制宜。因人制宜这个人，包括开发商和客户群。

（一）实就是落地

健鹰策划，至今没有一个失败的策划。

杨健鹰说，策划有两种策划。一种是花钱的策划，漂亮，但不一定回报高。另一种是赚钱的策划，杨健鹰要做的，就是赚钱的策划。杨健鹰说，空气中，到处是钱融化的声音，就像流水潺潺，随时都在提醒我，一定要踏实，务实，要有落地性。

落地性是健鹰策划的最大优点，优秀的策划很多，在顶级策划人中横向比较，杨健鹰的策划，无论是城市策划、旅游策划、商业策划、还是房地产策划，都有非凡的落地性。这就是“实”，是实在的实，务实的实。

杨健鹰做过生意，而且是把生意做垮了的人。他说，正是失败的惨痛经历，使他对策划的落地性有超常的敏感和严格的要求。

杨健鹰说，他常常有一种悲剧感。比如，每当看到一个楼盘的营销，如果商家创造一个很美好的景观，在他眼里看到的却是另一种画面，山明水秀，阳光明媚，又是鲜花，又是喷泉的，什么海豚馆，熊猫馆之类，看起来很辉煌，但杨健鹰看来，这只是在花钱，没看到在哪里赚钱。他在心里想的是，这些都是用钱垒出来的，是有成本的。

杨健鹰说，我的鞋通常很脏，就是因为我几乎天天跑工地。所以，我写了《石语》，要把脚放在最坚实的地方，一步一个脚印。

每签一个新合同的时候，我感受更多的，不是高兴，而是新的压力。收了客户策划费的时候，是我最痛苦的时候，常常想将钱退回去，因为别人给了钱，道义和压力就交给你了，就有责任保证为客户创造利润。但要有一个好思路真的很难、很累，做策划像是抽血卖。

杨健鹰说，有一次，带领员工去某城市参观一个10万平方米的商场。商场看来开业还不久，因为开业时的挂红都还在，但到处一片狼藉，遍地的碎玻璃和墙上的污渍，说明了商家是多么的失望和愤怒。杨健鹰当时要求所有的策划人员到楼上静思10分钟，所有人不许说话，在没有得到允许之前，不要下楼。杨健鹰语重心长地对公司的策划人员说：你们看，这就是策划人做的事，10万方的大商场，做策划的绝不是无名之辈，可是商场就死在这里。

策划行业是一个增值和贬值都十分迅速的行业。如果你连续几个项目都能给开发商带来增值，那你的身价肯定会直线上升。相反，你要是连续两三个项目，都走了麦城，那就没有人愿意找你了。

杨健鹰目前的状况就是，策划费的标准越来越高，力邀他来做整体营销策划的开发商和地方政府也越来越多。杨健鹰的老习惯，每做一个项目，就要捡回一块石头保存起来，供奉在自己的案头。杨健鹰现在接手一个项目，也有许多选择，一方面是找他做策划的开发商太多，实在忙不过来，另一方面，因为他要确保自己能给开发商创造价值，他才会接手，因此，每一次，当杨健鹰在工地上捡起一块石头的时候，开发商脸上就露出了笑容，他知道，捡起石头，说明杨健鹰接手这个项目了。

（二）实就是实战

有许多报道将杨健鹰称为策划界的“野战派”领袖。这与他策划中的“奇”“伟”“灵”“绝”“实”策划五字箴言有关。《人民日报》一位评论记者说，杨健鹰的策划荡涤了多年来策划界的“学府官僚”气息和学究式的平庸，给整个行业吹进了清新的空气，他的策划给人以实用、实在和生机之感。

由于策划是一个高知识面的行业，众多的策划人来自高校，最早出名的是这个群体，最易怠惰的也自然是这个群体。策划不仅需要高知识，而且需要亲力亲为地把握市场脉搏。要想创造精彩的策划，仅靠知识是不够的，怠惰是不行的。

当然也有一部分从事策划营销理论研究的专家，将自己以策划人的方式对接市场经济。这里面有大量的人本来是不能从事策划工作的，因为策划人不仅要拥有理论，同时还必须是能够消化理论的创造型人士。

杨健鹰说，如果将我作为“野战派”看待，我想这并不是说我比所谓的“学院派”有什么过人之处，也许是我一直处在江湖之中，我和我的客户都不属于做大运作的高层群体，我们生存需要要求我们采用更加务实的“赢棋法则”，我们深知我们的每一个行为都不敢有任何闪失。虽然我不赞成策划界有“学院派”和“野战派”之分，但我很喜欢“野战派”这个词。它在我的理解中，就是“力战”，就是“求胜”。

（三）实就是实地考察，找到未来真实的自己

杨健鹰接手映秀的策划任务时，许多项目已经上马，有的甚至已经开始开工建造了。映秀当时的情况是，有许多项目在具体建设上。都是大师名家主持，问题是总体的宏观把握上，都缺乏统一的战略布局。杨健鹰必须尽快做出反应，做出整体的全局性方案。

天降大任于斯人，杨健鹰对这个任务非常用心，抱着可以说是十分虔敬的态度，殚精竭虑地投入工作中去。时间紧迫，映秀的建设速度很快，现在却要整体停下来等他的思路，分分秒秒的时间都是宝贵的。

杨健鹰带着助手，首先赶到映秀震中。到了震中以后，陪同的人告诉杨健鹰说，就不要再到震源点了。当时仍然时有余震，又正在下雨，随时都可能

爆发泥石流，贸然前往，实在是太危险了。但杨健鹰心里想，不到震源点，太对不起这片土地，对不起这里活着的和逝去的人们了，决意前往震源点。

杨健鹰和助手手脚并用，在乱石堆里艰难爬行，去震中点去感受心灵的震荡。杨健鹰说，原以为是山垮下来了，其实不是垮下来，而是整个山体崩裂之后，被炸了上去，在震源点，释放的能量，相当于美国在日本广岛长崎投的当量级的原子弹200多颗的能量。无数的巨石被炸上天，又砸下来，山是被活活地摇垮的，炸垮的，砸垮的。整个山体都崩裂了，都飞到了空中，又狠狠地砸下来，又再次被抛到高空，又再次砸下来……

在心灵受到极度的震撼的同时，让杨健鹰非常感动的是，当时山地上已被种上成片的玉米，还有几个村民在地里干活。

一位村民告诉杨健鹰，在地震中，她家失去了五位亲人。地震爆发时，她正在玉米地干活，小孙女在旁边玩耍。她回忆说，地震爆发的那一瞬间，突然刮起一阵狂风，天地一下子就昏黑一片，小孙女一下子被冲倒，是她一把抓住了小孙女。这个小女孩，就是电视镜头里，温家宝总理抱在怀里的那个小女孩。

在最接近震中的山头，有一个简易的棚子，里面很整齐地摆放了一些缺胳膊少腿的桌椅板凳，包括一些石头砖块垒砌起来的小台。棚子上钉着一个木牌，上面歪歪斜斜写着几个字："这里是离震源点最近的休息区，茶水免费"。

杨健鹰深深地被感动了，他说，这些普通的映秀人让他看到了一种精神。正是这种坚如磐石的精神，激励着杨健鹰完成了映秀"大爱磐石·天地映秀"的思考，正是这种精神的升腾为杨健鹰看到了那只金色的凤凰。

（四）实就是花钱花在点子上

杨健鹰说过，做策划营销要对得起投资人的信任，每一个动作都必须要出招精准，要让投资人听得见钱的声音。做策划工作，就是戴着镣铐跳舞。

优秀的策划人就是在既定的条件下，找到串联各个有利因素，找到一条最适合的营销之路。好的策划是像庖丁解牛一样，要熟悉牛的身体关节乃至肌肉和筋腱的结构和分布，要了然于心，在其中找到灵蛇般游走宝刀的通道。要让项目中的各种难题迎刃而解。

在房地产遍地是黄金的时期，策划的地位不受重视，只要批得到地皮，从银行拿得到贷款，房子不愁卖。但这样的时代一去不复返了。地产业遭遇寒冬的过程，也是对地产市场重新洗牌，挤掉水分，淘汰低品质经营者的一个过程。总而言之，目前的房地产市场是一个高危的产业，房地产商人都是高危人群。对所有商业行为来说，也是如此。

出招精准，让投资人听得见钱的声音，包括两个方面：一个是钱用在点子上，让投资人信服，花得值。另一个是每一次出招，每一个动作，都能让投资人看得到预期的利润。杨健鹰习惯于做整体营销策划，他工笔画的功底深厚，但他更喜欢巨幅的大写意。杨健鹰做大策划的这种自信和底气来自他的胸怀和气魄。

策划也要讲开源节流，节流，少花钱，多办事；开源，用点子创造价值，把隐含的价值变现，明确盈利模式，把营销路线清晰有效地展示给投资人。在花钱这一方面，杨健鹰从来不搞大铺张，业界说他有点石成金，化腐朽为神奇的能力，也是因为他往往能把寻常之物点化为极具价值的载体。比如在博客公社项目中购置的小火车，本来是山区弃置的东西，只能做废铁处理，以极低的价格就能买进。设置在小区以后，和铁路主题、旅行文化的主题十分和谐，视觉冲击的效果非常好，又有新闻效应。此外，小火车还有一定的实用功能，可以做孩子们的游戏屋，或是改成火车卧铺，做小区保姆和物管工作人员的临休场所。

杨健鹰曾经办垮过三家自己的公司，他深知一个企业的艰辛和风险，对每一个企业家或委托人的压力感同身受，他说资金就是一个企业的血液，就是一个项目征战沙场的士兵，好的将军都爱兵如子，珍惜士兵的生命。他常常用拿破仑嘲笑指责将军们的故事，告诫身边的策划助手。拿破仑说：什么是将军，将军就是那些不惜代价，指挥自己的军队，攻下那些山头，然而，面对这些伏尸成千上万的山头说：唉，原来没必要攻下这座山头。这就是你们，这群蠢猪做的事。一个策划人一定要知道哪些仗该打，哪些钱该花，好的策划人就必须做客户的“招财童子”，做项目的“守财奴”。最好把策划做成“无花果”，你已经看不出策划的任何痕迹，却在人生和市场中硕果累累。

正因为如此，杨健鹰在客户的心目中，有极高的信任度。许多企业将一些营销的重大开支，由他一支笔管控。曾有一家媒体的记者到企业拉广告，老板告诉他不用找自己，只要健鹰老师同意就行。于是找到杨健鹰原话转告，希望杨健鹰给予支持。杨健鹰告诉他，这是信任，因为这种信任，他的审核比企业主更严格。他希望他花出去的钱，他收下的钱，每一分都能被付钱方数倍乃至数十倍地收回来，这是一个策划人对智慧和信仰的尊重。他说，扪心自问，这几十年，做到了。

当年禾嘉利好的策划，禾嘉集团预算的推广费用是几百万，对方担心费用无法控制，希望与总策划的费用一起绑定。杨健鹰反复告诉对方，这个项目的推广花不了这么多钱，控制推广费用是健鹰公司的强项，希望对方对这笔预算进行掌控。也许是这种推辞，让对方更加担心会超预算，反而更坚持。最终的结果，只花销了40多万，还不到预算的10%，相当于直接给杨健鹰送钱几百万。这是一笔拒都拒绝不了的财富。

在钱的故事上，杨健鹰的案例实在太多了。正因为如此，当年海力发集团的董事长李晓琴将杨健鹰认作兄弟，这个没什么文化的企业家，坚信她与杨健鹰在命里同财。她当年在是否决定由杨健鹰给他做策划时，曾经花了一个大心思，专程从昭觉寺请了方丈，悄悄在她与杨健鹰见面时，看杨健鹰的面相是否与她相合。那天大师告诉她，你们有好财源，这人是个“招财童子”。杨健鹰至今非常感谢这位大师，他说那是他在成都事业初创的艰难日子，有了这位大师的加持，他与海力发的合作，也迅速地成就了自己。

在什么是“钱”的问题上，杨健鹰曾经请教过一个经济学家，他希望对方不要以经济学上固有的“价值的尺度”来回答。其实，杨健鹰在几十年的商战中，对钱的内涵是有自己的解读的。他更相信“钱”是一种会飞翔的灵性，钱是一种智慧，一种思想，是有翅膀的。钱，是一种财富的智慧幻象，它来去无踪，而又呼之能出。

对于海力发集团来讲，当年最好的收益源头来自其烟草市场，这是成都唯一的烟草交易市场，每天人潮涌动，财源滚滚，金流车载。有一天，杨健鹰突然有一种想法，应该将市场卖掉。他把这个想法告诉李晓琴董事长后，李董惊愕得几分钟没说出话来，过了一会她问杨健鹰，怎么会给她这么“馊”的建议，她说：你知道这个市场每天多赚钱吗？杨健鹰回答她，他不知道每天赚多少，只知道很赚钱。正因为很赚钱，才建议卖掉。杨健鹰给她分析烟草市场赚钱的原因，是因烟草产品的特殊管控，因为烟草是专卖产品。这是法律的特殊空间给她赚的钱，不是市场的正常空间。这样在将来的某一天，可能出现的是两种结果：一、烟草管控全面收紧；二、烟草管控全面放开。两种结果都会是烟草市场的灭顶之灾。最后李晓琴董事长同意了杨健鹰的建议，对烟草市场进行产权销售。后来，为了安全起见，烟草市场的商铺并没有从最高价值的一楼开售，而是二楼，由于其自身强大的商气支持，其价格都是两三万一个平方米，短时间便被哄抢。本来按着接下来的计划，将全部退出整个商场，可正因为这场热卖。李董产生了犹豫，她决定不卖了，且要对前面已经出售的商铺进行补偿性收回。她理由很简单，她说这些商户都是生意高手，他们敢这样，肯定不是“瓜”的。李董决心已定，杨健鹰已再难将她说服。这事发生不到三个月，杨健鹰不祥的预感发生了，国家对烟草市场进行严厉整顿，五块石烟草市场被彻底关闭，最后改为五块石食品城。此时推出销售，一楼商铺售价仅为4千多元每平方米，且销售冷清。几月之间，一念之差，几个亿的财富，已无影无踪。这可是二十多年前的数据，这笔消失的利润，在当年，是非同小可的。

在创造价值方面，龙泉的“亚热带”休闲购物中心的异形房可以作为典型代表。投资方本意是利用龙泉已形成的建材商圈，跟风做建材市场。杨健鹰在考察之后，不看好这个方向，而建议建休闲购物中心，并得到采纳。杨健鹰在实地考察中发现，龙泉城区虽然面积不大，但龙泉的消费市场吸引了大量来自周边近远郊和农村的消费群体，而龙泉的大型综合型商厦很少，且集中在狭窄的区域内，更兼龙泉拥有一些闻名的风景旅游度假区，时时吸引着千千万万的游客前来，大量的旅游人群大大刺激龙泉当地的旅游业发展的同时，也带动了当地餐饮、购物、休闲和娱乐业的发展。因此，龙泉的消费潜力还是相当大的，而且龙泉的地域特点就决定了龙泉的商业必然呈现出较强的聚合性特征。但目前龙泉商场、餐饮、休闲业的现状却是商家多各自分散，缺乏一处具有不同包容性、针对不同消费群的集中消费中心区域，这并不是市场直观反映，而亚热带海滩的应运而生正好填补市场空白。发现这一市场是需要极务实的研究工作和深刻的商业眼光的。亚热带海滩是很多种商业组合在一起的复合型商业，相应的消费就是一站式消费。在商城内部，休闲、娱乐、餐饮、购物每一部分，都能积聚成行成市。策划就是要从无数的商业幻想中，找到将来最真实、最有利可图的自己。

（五）实就是赚钱要赚在点子上

杨健鹰对策划的要求，就是不能玩“虚”得“虚”，而是要玩“虚”得“实”。这个“实”，就是果实，就是最终的经济成果，不能只开花不结果，应该少开花多结果，最好把策划做成“无花果”，你已经看不出策划的任何痕迹，却在人生和市场中硕果累累。武功已达了化境，行为踏雪无痕。这样的化境，如辟谷修行，耗最低的能，修最高的佛。对于商业策划人来讲，我们修的便是经济之佛。职业策划人受人以钱财，自然应该还人以钱财，而且要还人以更大的钱财，不然与行骗没有区别。所以杨健鹰一直告诫他的学生们："策划，首先要听见钱的声音"。无论是商业策划还是城市、区域策划，没有经济的思想，都是没有血液供养的，都是没有生命的思想，是思想的一堆蜡像而已。当然，赚钱的智慧才是值钱的智慧，它的获得是极其艰难的，你要有长期的修炼和务实的工作付出。

在担当"第六届中国花卉博览会精品兰花展"总顾问期间，发生了一个故事，他多年的朋友黄毅找到他，告诉杨健鹰，他承揽了整个精品兰花展会的承办工作，前期投入非常大，可后来才发现，这个兰花展览的时间和兰花开花的季节是错位的，这个失误，让这个国际性的兰花展中的国兰基本没有花看，这事必然造成他巨大亏损。黄毅在食品产业和文旅产业上非常成功，也是花木产业的大户，他和杨健鹰之间有着二十多年的商业合作，对杨健鹰策划极为钦佩，遇上此等急事自然求助。

杨健鹰听黄毅的述说后，问了他几个私密的问题，黄毅没有隐瞒，都一一作答。其中，便是这个精品兰花展的吸引力问题。杨健鹰得到肯定回答后，说了一句话：可以赚"品牌"的钱。黄毅一脸疑惑地望着他，不知用意。其实，杨健鹰在分析中认为，兰花展会的经济机会至少有两个大机会，一个是以兰花展和交易为背景的常规消费者市场机会，另一个则是以品牌和战略为背景的产业商家的市场机会。没有花季却有品牌，那么黄毅的商机就仍然存在。在当年一株兰花名品可以售到数千万的市场背景下，兰花的身份和品牌就是财富，是比门票含金量大得多的财富。于是杨健鹰建议黄毅这届兰花展会，可以为变"展"为"赛"，以"赛"带"展"，打造成首届国际级的"兰花名品大赛"，让值钱的兰草更值钱，对这种专业界的品牌大赛，也自然不必以是否开花为必需条件了，在这个思路中怎么运作巨大商业机会，属于黄毅的强项，已经不用杨健鹰多言了。

第六届中国花卉博览会精品兰花展获得成功举办。此后，黄毅亲自给杨健鹰颁发"最佳策划奖"的奖杯和一张不菲的支票。

一、让项目赚更多的钱

杨健鹰喜欢用“剑仙”和“刀客”将商业策划者加以区分。他说：“剑仙”是玩的境界，“刀客”是命的搏杀，钱，就是商人的血和命。所以，真正的商业策划，必须出招精准。策划玩的不是眼花缭乱，不是花枝招展，而是商战的最终结果。

深受传统文化影响的杨健鹰，信奉“君子爱财，取之有道”的古训。他坚信策划赚取回报的核心之道，就是努力让雇主的项目赚取更多的钱。他甚至在最早的策划岁月中，将自己的工作，定位为“保镖”和“雇佣军”的工作。他常常告诫他的员工，只有让项目赚得大钱，策划公司才能赚取小钱。策划费不是客户给的，是智慧在市场中创造的，它是一小部分利益的分取。要让健鹰公司收取的钱，“数十倍、数百倍回报给客户”，一直是杨健鹰遵循的企业之道。这一点，也是健鹰品牌深受市场尊重的原因所在。他曾经不无自豪地将他的项目一一列举，他说：健鹰公司赚取的策划费，都以市场数十、数百倍的还给客户了。健鹰策划，从没有欠过客户的钱，这是健鹰策划的尊严感。这一点，大概是健鹰公司总是创造天价策划费的原因。

杨健鹰是一个深信因果轮回的人，他讲究“生不欠债”。他深知策划创造的价值，也深知策划带来的危害。他曾经办垮了三个企业，创业者的风险和失败的苦痛，他感同身受且刻骨铭心。他深知一套好方案的来之不易，每次接单，他都有如临深渊、如履薄冰之感。所以，他对公司每一个项目都会亲力亲为。他的策划方案，在未找到“震撼”级思考以前，绝不出手。这让他付出很多，也收获了很多。这种远超同行的付出，让健鹰策划不断地超越自我，创造着一个接一个的商战神话。

金府机电商圈、万贯机电城、轻纺城、金殿城、海发商场、酒店用品博览城、国际数码商场、春熙路商圈、太升路商圈……这一个接一个的商业项目，没有哪一个不是赚得盆满钵满的商业奇迹。

无人不知的成都春熙路，是见证成都商业历史的百年品牌，又有谁知道，这个百年IP的品牌系统，会与杨健鹰结下怎样的缘分，谁人知道这个品牌体系，可以在杨健鹰后期商业策划中，再度被放大、延伸，不断创造出新的商业奇迹呢。

曾经在杨健鹰的家乡什邡，有一位老板，在城内获得一块仅仅不到十亩的商住用地。该地块虽在城市中心，却被一条河流和前面的商业建筑，隔离成了一个死角。老板请规划公司将其设计成一个围合式的住宅小区，外围做底商，内部做车库。这个方案在当时的市场条件，放大销售预期，也不会超过4000万的产值。这，还包含很难出售的车库必须售完。按这个方案实施，商铺最好的口岸，也无法超过每平方米一万两千元。

杨健鹰思考后，彻底否定了这套方案。凭着他对家乡的熟悉和对城市需求的了解，建议在这段河面上盖部分区域，用来打造展示城市文化的河流广场。这个建议的实施，使整个项目地块的口岸得到“解封”。同时，他将整个地块一剖为三，中间形成街道，使两个城市的核心区获得直接连接，他称其为“心脏搭桥”手术。这样，他巧妙地完成了整个城市中心商圈的转移，不仅让原来的商铺口岸，形成质的飞跃，而且让原来只能做内部车库的空间，全部成了最好的临街商铺。他还建议开发商，捐出二十万元给政府，让政府将项目另一侧的三角地带，改造为城市停车场。他将这个项目定位为“什邡春熙路”商圈，使商业品牌获得快速嫁接。在商铺营销中，他受当年打造太升路商圈的启发，第一次创造了商铺“多人竞拍”的方法，使整个项目的商铺销售，售价达到了每平方米三万六千多元的传奇结果。开发商赚多少，自不待言，而健鹰公司创下了策划费每亩过百万的奇迹。双方皆大欢喜，商家喜得旺铺。该市分管规划的领导在一次饭局上，向杨健鹰举酒祝贺道：“你的方案，不仅把自己的红线用得不剩一寸，还让我们给你配了一个广场和停车场，明知你侵占了城市空间，我们还心服口服地帮你侵占”。这个项目，现在是这个城市的商业最繁华的口岸。

成都酒店用品博览园的打造，是杨健鹰的又一个商业传奇。这个位于成都三河场的市场用地，当年几乎是死角的位置。开发商获地之后找到杨健鹰，除了策划费用之外，杨健鹰还将策划时间，作为了重要商务条件商定。他用了整整半年时间，来研究产业定位。他的调研，从成都铺展到全国。期间，有领导关心开发商，想借一次农用车市场和轮胎市场的拆迁机会，为项目迁来商家。面对这个千载难逢的、躺着赚钱的机会，开发商把持不住内心的着急，一天晚上，约了杨健鹰茶楼见面。董事长先是语言委婉地向杨健鹰提说，见其不表态，于是将领导不满的原话说了出来。他对杨健鹰说：领导说“你们找的是哪一家策划公司啊，我把鱼都赶到你的门前了，他们连牵个网都不会！”。这句话，当时也许有些激怒了杨健鹰，他告诉开发商，要他把原话转达领导说“这个鱼，我们看不上”。

其实，杨健鹰有他的思考，虽然这一带，是农用车和轮胎市场最集中的产业区域，但这里也是城市的封面之地。站在城市发展上来讲，以低品质的农用车和轮胎交易市场，作为打造重心，于城市未来发展不利。而低附加值的“大、笨、重”的农用车、轮胎交易，也无法满足开发商利益最大化的商务承诺。通过近半年的调研，杨健鹰看清了全国酒店用品行业的发展机遇，看清了这座城市酒店用品行业的竞争态势。酒店用品，这个既有产业延伸力，又有利益空间，同时还极具文化品位感的商贸体系，成了杨健鹰的最终商业选择。酒店用品博览园的打造，堪称商业策划的教科书级的案例，其中包含了太多传奇式的商业博弈和实战智慧。其几期开发和营销，更可谓空前的成功。在同区位商铺，每平方米四千多元都很难售出的情况下，酒店用品博览园每期开盘，都不超过两小时，便被抢购一空。50万每亩的地价的市场用地上，商铺一、二、三楼均价超过了每平方米一万八千元。往往一期的购铺的大商家，半年不到二期开盘，便能赚回数千万的利益。这个项目，开发商不仅获得商铺营销的无量利益，而且一跃成为中国西部行业的龙头，开发商也因此当选全国“酒店用品行业协会”的副会长。

杨健鹰一直深信，财有财道，商有商道，策划有策划的行业之道。策划，是一个出卖智慧让别人成功的行业，只有雇主发财，自己才有收益的前提。有这样一个故事，酒店用品博览园二期开盘的那个早晨，在售房现场的杨健鹰被一对并不认识的年轻夫妇找到，他们曾经在杨健鹰策划的万贯机电城投资过商铺，这些商铺后来涨了三倍多。当他们大妻知道酒店博览园是杨健鹰在策划时，便决定投资，他们便坚信也会赚钱。可是他们的排号是150多位，担心买不到商铺，便想请杨健鹰帮忙换个前面点的号。杨健鹰实在为难，这忙也确实不敢帮。那天在七十多号便完成了所有商铺的销售，这对夫妇没能买到自己想要的商铺，非常遗憾。这种因为策划人，而认可项目投资的信心，该是对一个策划人的最高奖赏。

二、认识南延线

（一）南延线的坝坝电影

杨健鹰的案头少不了两个东西，一个是蓄了一砚水的笔砚。另一个就是正在做的项目的一块石头，放在盘子里。

杨健鹰的策划，采用的都是最务实的方式，时间地点的不同，目标群体的不同，策划就要有不同的针对性。

实在，就是不乱花钱，根据需要，尽量少花钱多出效果。比如当年做三佳集团在华阳的一个盘的时候，天府大道南延线正在修建之中，尚未通车，项目都不在华阳老镇之中，天府大道南延线的项目都无法标注具体位置，就算标上地址客户也无法找到。为了宣传天府南延线上的这个楼盘，杨健鹰采用了放露天电影的形式。每一场电影的放映地点，就在南延线边上的某个楼盘的那个点上。当时正赶上文化下乡的政策扶持，得到了政府的大力支持。一场露天电影多少钱呢？120块钱，连续搞了一个“金南园电影月”，又是领导剪彩，又是群众讲话。支持文化，关心群众，高端大气上档次，丰富了小镇人民文化生活，反响非常之好。一个月热闹下来，花了几千块钱，已是家喻户晓，营销红火，这是典型的小钱办大事。

（二）“跑步进华阳”万人长跑活动

华阳的区域策划，是成都第一个城市策划，其策划的结果，不仅在当年让一个偏远小镇，迅速成为成都的副中心，让华阳的房价地价，高出了同向而里程少其一半的中和镇的两倍。并成为后来的天府新区国家战略的开篇巨作。而在当年，华阳在成都人心目中，却是遥远的乡村。

华阳的城市策划，是一个系列主题推进的过程。杨健鹰最初是利用成都河居热，以府南河为支点，将华阳打造成成都“七大卫星城之首”。天府大道南延线动工，杨健鹰又利用天府广场和人民南路在成都人心目中的地位，将华阳塑造成成都“副中心”形象。在市委、市政府决定迁至天府大道后，杨健鹰又提出城市“新中心”战略，华阳在一个连续推进的谋划中，一步一个台阶，成为成都一个响亮的区域品牌。

在华阳城市地位提升的初期，杨健鹰将南延线提出为城市发展的“指南针”这个概念，用“指南针”支撑“城市副中心”，拉近华阳和成都之间的距离感。

以前，人们的心目中，成都到华阳要取道成仁路或是石羊场，当时私家车还很少，公交也不够方便，一般而言，需要一个多小时的时间。南延线修好以后，华阳到成都的交通距离近了许多，各种交通设施也日益完善，私家车也日益普遍，到华阳的实际距离和时间距离都发生了变化，尤其是心理距离，明显有了缩短。

为了直观地给大众一个印象，华阳和成都非常近，是融为一体的，杨健鹰策划了一个万人长跑活动。当时正值全民健身运动推广期间，活动得到了省委、省政府的大力支持。由四川省体委主办这次名为“跑步进华阳”的长跑活动。这次活动由省委书记亲自点燃火炬，宣布活动开始。

长跑从火车南站出发，终点设在华阳境内。这次活动吸引了大量媒体的关注，多家重要媒体对这次活动都进行了报道。

这个活动体现了杨健鹰一贯的务实作风，花小钱办大事。首先，参与长跑活动的就有上万人，这一万人就是南延线的免费宣传员。其二，借势全民健身运动，得到政府在资金和号召力上的支持，省钱省力地办好了活动。省委书记的参与出席，极大地提高了活动的影响力。其三，多家媒体的竞相报道，节省了大笔广告费。

这次长跑的冠军自然成了天府大道南延线的形象代言人，他跑出的成绩，自然也成了“跑步入华阳多少分钟”的传播词，人们猛然发现，原来华阳与成都这样近。

（三）龙灯山看毛主席像

在南延线的南端是一个城市广场，广场旁边有一座小山，叫着龙灯山。有一天，杨健鹰和一位老同志一起爬上这座小山散步。这位老同志突然随口说了一句话：“这个地方正对到天府广场，要是架个望远镜，应该看得到毛主席像哦？”

说者无心，听者有意，杨健鹰敏锐地想到，这是一个好点子。于是他很快做了一个简单的策划。就是在龙灯山搭了一个台子，在台子上设置了一副高倍望远镜。邀请了大量的媒体朋友，在龙灯山上看毛主席像。

这意味着什么呢？天府广场是成都的市中心，毛主席像就是这个中心的标志和象征。在华阳的广场上能看到毛主席像，直观地告诉大家，华阳和成都真的很近。而且这个活动的参与性很强，成本几乎为零。媒体一报道，到龙灯山来看主席像的人就更多了。这事一炒作，迅速地拉近了大家心目中华阳和成都的心理距离。

正如杨健鹰所说，策划动作要尽量简单。简单意味着能省钱，同时，简单意味着好实施，容易操作。

杨健鹰说，策划分两种，一种是花钱的策划，一种是赚钱的策划。那种一味追求奢华的策划，就是烧钱。

杨健鹰在接受24小时房产的电视专访《洪露有约》时说过，他曾经开垮过三家公司。在1992年，他负债40多万。最多的时候，面前坐了8个债主。其中一个债主在黑色皮包里装了一把雪亮的菜刀，在把包扔在桌上的时候，有意无意地把皮包的口子敞着。他说无论政府还是企业，资金都得来不易，对实的深刻认识，是他用惨痛的经验教训得来的。杨健鹰对商业规律的残酷性是很了解的，所以他总是提醒手下的策划人，要对得起投资人的钱。

三、莲花小区与禾嘉利好

（一）莲心杰作

杨健鹰的策划，现在多是政府邀请，其思考的范围，多以数十数百平方公里为基本起步规模。许多思考都上千上万平方公里，其产业和文化的丰富度，早已不是一般的房地产项目可以同论。但言及他的一些房地产业策划时，他的情结仍旧很深。他说房地产的策划，是一个策划人最宝贵的实战功课。由于房地产对策划效果、经济收益、市场打动、媒体的运用、产业的整合、资金回收节奏的现实要求和可考评性，让每一个策划人的真功夫展示无疑，这也成为一个策划人思想落地能力的试金石。杨健鹰认为只有从房地产业中拼杀出来的策划人，才能创造有落地能力的大思想，才不容易步入天马行空的空想主义。杨健鹰认为小项目的难度，有时比大项目还要高，这是一种钉钉子的能力，是一棵树扎根的能力，没有这种扎根的功夫，再大的树都种不活。对一个优秀的策划人来说，既要有万军丛中舞动青龙偃月刀的气场，还要有操作手术刀的技艺，不然就可能出现眼高手低的悲剧。

又比如，成都莲花小区那个叫“馨莲心”的项目。这个项目也许是杨健鹰策划过的最小项目了，只有几亩地。推广费是多少呢？只有三万。接这个项目，纯属还朋友的情。当时，朋友公司初创，仅有一块小地。这块地在莲花小区旁一个上百亩的大盘的边上。于是，杨健鹰采用借势的策略。

三万块钱的策划费怎样用呢？首先做一个布幅，密切关注这个大盘的所有活动。旁边的大盘一搞活动，打广告，莲花小区这边小盘就拉布幅，等于免费借光。旁边的盘是大盘，售楼部搞得很有档次，很高雅，很长一大片。

杨健鹰说，它做得高雅，你就做得花哨，要弄得你就像它的售楼中心。正好这时候，一辆双层大巴开过，车身花里胡哨的，杨健鹰说，售楼部就要按这种效果来做，画成大的花瓣一样的鲜丽的图案。

这里是莲花小区嘛，旁边的大盘说它是鲜花，我们这个小盘就说是花心。他卖大，我卖小。他的盘大，不好管理，我的盘小，就相当于馆中馆、院中院，小偷都进不来。

杨健鹰说，这个房子怎么卖呢？去买十几把咖啡椅，咖啡桌，高档的，雪白的。把旁边别人空置的草坪利用起来，红地毯一铺，N多种咖啡准备起，各种高档饮料都备齐，热毛巾，消毒柜，这些都备齐，让前来看楼和买楼的人一眼看来，就觉得这边的服务是星级的，比那边高档得多。

最后的效果怎样呢？来看楼的人都以为这边才是大盘的售楼部。结果呢，房子全部卖完以后，三万块钱的广告费还没有用完。销售完成之后，为了表示对杨健鹰的感谢，开发商用剩下的钱专门打了一个感谢广告，这也是一个美谈。

（二）花4万做40万的广告

禾嘉利好这个项目也是这样，这个项目在成都城北。业主方除了策划营销费外，广告费按常理也预算了好几百万。杨健鹰后来负责这个策划，花了多少“广告费”呢？40万。为什么几百万的预算，40万就达到，甚至超过了需要的推广营销效果？

原来，杨健鹰研究了禾嘉利好这个项目，这个盘在城北商圈内，正好靠近西部最大的商圈荷花池市场商圈。仔细研究项目以后，杨健鹰的第一句话就是：靠近荷花池，你打什么广告嘛？不打广告，怎样达到营销目的？

杨健鹰说，你把荷花池搬运工人的服装包了，发几百件出去。每天下午，只要你穿着有禾嘉利好广告的工作服到公司销售部来，禾嘉利好公司就给你发5元钱，公司同时把卡片和传单交给这些在市场区谋生的搬运工，第二天由他们分发给成千上万的商家，售房中心凭这个卡片的号，来为每个工人统计介绍的客户数量。每介绍一位商家到禾嘉利好来，公司还会再奖励一笔奖金。这些搬运工直接为商家服务，与无数个商家直接对接。而分发广告是举手之劳，在做搬运时顺手递交给商家，不用专门去发。没有增加搬运工的工作量，除了每天领传单时有5元钱，介绍了客户还有奖金，何乐而不为呢？就这样，禾嘉利好这个盘，没做什么大的媒体广告，只花了预算费用的十分之一，很快就销售一空。

禾嘉利好这个盘的广告语也很有特点，杨健鹰当时说，这个盘不是卖高档住宅，不要去和别人比奢华。这里靠近市场，买房的多是做生意的。所以，广告语是这样写的：“守望财富，近享温馨”。做好生意，家庭和睦，正是城北荷花池大市场这一带所有生意人的共同心声。禾嘉利好这个项目的成功，在城北偏东这个位置，把周围的房价整整提高了三分之二。可见，一个好的策划的能量是多么巨大。禾嘉利好成功销售之前，这个地方的房价均价是2900多一平方米，不到3000元，禾嘉利好最后卖到多少？当年就是5000多一平方米。

这个案子告诉我们，有些时候，策划不需要那些花哨的东西。最简单的就是找到真实的目标群，以最有效的手段达到目的，简单的手法，成本最低，也最易掌握，最易执行。

四、督院府邸

房地产是地域消费性最强的商品。对房地产项目的开发、包装和推广必须对区域性购买群做出彻底而准确的分析，并通过这种分析的支持，创造设计出该目标群的最佳诱惑点，实现其品牌的感动力，切忌人云亦云。督院府邸这个楼盘，最初是以“非凡心殿”的名字进行推广的，其营销的角度立足于府河热点和生态概念。这无疑是以己之短对人之长。府河概念在当时成都河居热的背景下，的确是一大热点概念，但督院府邸真实的地段，却实在与府河难以有最好的联系。若非要拉上关系，也最多只能算作府河的远邻而已。这一概念的张扬，在战略上与其他府河楼盘相比，已是先输一筹。将其重新定位，重新设置系列主题卖点，这绝不是一种文化创意，而是一次真实价值的挖掘。任何房地产项目都必须实现这一次挖掘，并以它为核心，建立营销体系，切忌品牌上的跟风和见异思迁。在谈到督院府邸时，杨健鹰这样说。

杨健鹰在督院府邸打造中，第一次提出了“春熙路的后花园”概念，这不仅让一个在市场中几乎陷入绝境的楼盘创造了奇迹般的销售，更让“后花园”成为了这座城市流行多年的热词。

督院府邸这个项目，最早叫做“非凡心殿”，由成都一家房产公司开发。“非凡心殿”推出后，其销售十分的惨淡，开发商在考虑是否整体转让项目。后来经《成都商报》一位负责人推荐，开发商找到杨健鹰，并请杨健鹰重新策划。杨健鹰通过对市场的反复研究，重新选定目标客户，调整项目名称和销售诉求，并最终取得了让人愉快的结果。当然要完成这番思考，杨健鹰也很费了一番周折。杨健鹰告诉笔者，最初接触这个楼盘时，该怎么做，他心里也没有底。他与房产公司的总经理交流时，对方的第一句话就是“你看这个项目还能不能做？”。杨健鹰直接告诉他“不知道”那一瞬间，对方的脸上现出了极度的失落。杨健鹰告诉他，一切都要在他了解了这个楼盘后再说。问要多少时间？杨健鹰说少则一个月，多则三个月。对方说只能给十多天，面对开发商的失落和焦急，他们最终将时间确定为一个月。

在这一个月里，杨健鹰几乎每天都带着助手和相机，反复在项目现场和周边散步走访，当时正是初春雨季，他几乎走坏了一双新皮鞋。当然，获得更多的是发现了许多与项目打造极具价值的东西，发现了这个项目所在的督院街与其他街道所不同的权力背景和商业背景。一次他们打的到督院街现场，在车上杨健鹰问出租车驾驶员，督院街居家如何，驾驶员说：当然好哦。杨健鹰追问：为什么？驾驶员说：风水好。说为啥以前的督府衙门和现在的省政府都选在这里，过去的衙门选址都是要测风水的。这次谈话对杨健鹰触动很深，虽然风水说本有些无稽，但传统中国人的人文积淀的驱动性和中国人对官位的“畏”“敬”心态，本身就是商业营销中不可忽视的机会点。当然我们不可能仅凭一个“风水”说，来支撑我们的商业行为。我们必须在这句话背后，去找寻它更真实、更科学、更准确的市场支撑点，就是要找到这一近权利区域居家的特殊利益点。

在这一点上，杨健鹰很快找到了答案。督院街口的两个指示牌给了他明确的提示：“精神文明示范街”“交通文明示范街”。这是什么地方？这里是四川最高行政机构坐镇的地方，这里是治安环境、社会环境最好的地方，这里有巡逻武警随时保卫。这里不会有打架斗殴、小偷小摸，更不会被随便被停电、断气……这一切可以看成督院府邸所在区域独一无二的权力优势。

杨健鹰在工地周边的小街小巷走访时，发现了旧时留下的大量公馆群。

有盐商的、有绸缎商的、有地主的、有官僚的、名流的、军阀的，杨健鹰在这里还出人意料地发现了巴金先生在《家》中描写过的高公馆。仔细分析就会发现，这些公馆的形成并非偶然。这些公馆所依附的，正是成都百年的政治（督院、省政府）、文化（学道府、教育厅）、经济（春熙路、盐市口、青石桥）的最高结合区域。历史上，这里就是市中心达官贵人的后花园。如今这一概念，仍旧有着同样的区域价值。

督院府邸所在区域住宅对该区域政治、经济、文化三大行为的支持性，是其他任何区域的住宅不可比拟的，反过来，该区域的三大行为方式的人群，也正是该区域住宅应该思考的最佳目标群体。经过这番调查，并结合项目的大户型特色，杨健鹰决定调整原“非凡心殿”的营销部署和市场策略，将原来颇具青春时尚气息的“非凡心殿”，改为老成持重又渗透着官本位气息的“督院府邸”，并要求广告公司将项目标志的字体、图案都按照过去衙门的牌匾形式进行设计，广告一律改为低调厚重的黑白色。在营销中充分围绕自己的大户型特色，将与该项目步行十分钟以内距离的生活工作圈层，作为主攻目标。以“悠闲居家，散步上班”作为主利益诉求，以“春熙路的后花园”作为区域背景，以“新城市公馆”作为打造特色，对城市中心的“政治”“文化”“经济”三大板块的高端群体，实施系统的营销诱惑。

“非凡心殿”改为“督院府邸”重新提取卖点，调整目标市场，重新开盘，销势出人意料的好，价格更是涨势喜人。正如杨健鹰料定的那样，来督院府邸购房的客户衣着极其朴实，行事相当低调，很少开车到场，选房却直奔大户型。有的还推着破自行车，车筐里盖着花盆，花盆里是报纸裹着的现金。有的牵着小孩，小孩捧着一个破瓷盅，瓷盅里是刚从青石桥花鸟市场买来的小蝌蚪……开盘那天上午，杨健鹰打电话到售房部了解情况，一个多小时才将电话打通，电话那端现场经理请求杨健鹰下午再打，她说：“杨老师，我不给你多说了，现在几个电话都在‘跳舞’”。

杨健鹰说：做策划我们必须要有“实”的意识，让每一个决策都准确地落到市场的实处，要做到策划结果的实，我们就必须有脚踏实地的工作作风。

五、金殿城IT商圈战略

商业求道，市场求道，策划也必须求道。对于房地产来讲，道有大道、中道和小道之分。小道是指纯开发商利益的品牌思考；中道是指开发商与客户的双重利益品牌思考；大道则是该项目在兼顾了开发商、购房户利益之后的社会利益的思考。俗话说“得道多助”。得小道则得小助，得大道则得大助。只有你关注社会，你才可能被社会关注。金殿城项目能获得社会如此大的关注，从而起死回生，正是最充分的证明。金殿城在策划和推广中以“IT商圈”的形式，将省政府的一号工程、市政府的城市改造战略作为背景，以电讯品牌商的战略利益与开发商和购房户的利益形成了互动。

——杨健鹰

（一）金殿城之起死回生

金殿城是成都市中心一座烂尾近三年的商城，占地二十余亩，建筑四层，近四万平方米。经过重新策划打造，再一次推出后，在成都形成一股强烈的商城销售冲击波，被省内几乎所有的主流媒体争相报道，被称为“金殿城现象”，其一系列的区域策动和营销策动，使业界再一次正视了商业文化的价值。导演“金殿城现象”的幕后英雄，就是杨健鹰。

金殿城开发公司熙园房产董事长刘蕃舜同时也是一位经济学教授，他认为，“金殿城”现象，它实际上包含有丰富的内涵，那就是：政府参与现象、品牌商齐聚现象、市民抢购现象、国际关注现象。它的产生是有很深的时代背景的。

首先，为了应对中国加入WTO所带来的严峻挑战，政府将产业结构调整作为我国当前经济工作的重中之重。中国成功地加入WTO，既在中国经济发展史上写下了辉煌一页，更是中国改革开放取得阶段性成果的具体体现；

其二，对于西部地区的四川而言，要赶超东部发达地区的省份，与世界经济同步，必然要在产业结构调整、经济结构调整上下大功夫。我们知道，四川是中国的科技大省，成都也是一个科研单位、大专院校云集的西部中心城市，根据省情、市情，省委、省政府，市委、市政府将发展IT产业作为加快发展，实现“追赶型、跨越式”发展的“一号工程”来抓，是非常正确的。

同时，政府也考虑到了要促进产业健康、迅速发展，必须要得到市场的认可和支持，必须建立一个与之相匹配的IT业的专业市场。在此之前，成都已经自发地形成了“一环路科技一条街”、太升路电讯一条街、大发电器市场、城隍庙电子市场、五块石电器市场等电子电器专业市场，尤其是地处市中心的大发电器市场和太升路电讯一条街，在业界影响极大，前者是和广东番禺齐名的全国最大的两个电器市场之一，后者则是在通讯界举足轻重的专业市场，金殿城正好处于这两大市场的接合部。

（二）“IT业春熙路商圈”

杨健鹰在对该项目进行策划时，慧眼识金，敏锐地发现了其中的巨大商业机会，他根据经济发展的大趋势、政府规划的未来性和项目所在地的发展现状，提出了将电器板块、电讯板块合二为一，打造“IT业春熙路商圈”的方案。使市场发展由自发行为变为有计划、有组织的政府行为。为了使该商圈早日建成，政府为此专门出台了一系列政策，扶持商圈的建设和发展。这样一来，IT业商圈的前景将更加广阔。

金殿城之所以得到国内外众多知名移动通信生产商的青睐，出现品牌商齐聚现象，是和项目本身众多的优秀质素所分不开的，TCL、夏新、波导等还在项目推销阶段就和开发商共同打造金殿城的品牌，这在专业市场的发展中是鲜见的，在当时它是金殿城所独有的。项目的定位、极富商业特色的文化包装、政府的支持、强大的产业背景等等，这些都赋予了金殿城特殊的内涵，因此，它能获得品牌商青睐就不足为奇了。

有了政府支持、品牌齐聚，自然应该得到客户的厚爱，金殿城通过广播、电视、报纸、无线电等传媒进行立体宣传，使那些具有敏锐眼光的市民认识到了金殿城的投资价值，因此，金殿城重新策划推出后在成都形成了巨大影响。

由于金殿城所依靠的产业中，国际性品牌在当时还占有垄断性地位，因此，这个项目不仅是得到了国内品牌的关注，也受到了国际投资机构的关注。美国艾贝克银行等三家美国银行机构就专程前往金殿城进行了参观、考察，从这一点上看，金殿城现象具有更深层的含义。因为作为一个地产项目，能得到外国投资机构的关注，这本身就是一个有丰富内涵的事情。

不仅如此，韩国科技部长在听说成都有这样一个IT业专业商城时，非常感兴趣，立即前往，与金殿城磋商更大的战略合作，并愿意担任金殿城的名誉顾问。而且，此事也促成在成都建韩国科技园一事的正式洽谈。

（三）金殿城现象再透视

面对如此盛况，谁又能想得到金殿城实际在成都搁置了三年之久，业界已普遍将其视为重大商业“难题”。当时《成都晚报》在新闻中报道杨健鹰接手金殿城策划一事后，一位报社领导专门打电话求证，她带着提醒地问道：“杨兄，这个死盘你都敢接啊？”为什么一个搁置三年无法启动的商城，又在三年之后，却又一鸣惊人？金殿城“起死回生”转而取得成功的原因，是多方面的。杨健鹰说：其中，最重要的一点在前面谈到了的，省政府“一号工程”和IT产业这个大背景。

其实，还有一个非常重要也是最直接的原因，那就是杨健鹰接手金殿城之后，做了非常系统的策划。从太升路IT商圈战略的谋划，到金殿城的自身形象塑造，商业空间的布局，产业配套的设计，主题热点的炒作，核心商家的引入，都完成了系统的构想，他以层出不穷的创意，使金殿城不断地成为行业中的热点。可以这么说，没有杨健鹰的参与，就不可能有后来的“金殿城”现象。

杨健鹰在金殿城的策划中，赋予了金殿城很深的文化底蕴，比如电讯文化纪念广场、中庭怀旧影院、电讯休闲环廊、电讯博物馆、空中夜景广场等等。这些商业文化符号和金殿城十分和谐地融为一体。这里面体现了一种先进的商业文化观念，即商业本身就是一种文明、一种文化。商业中的文化包装，是提升商业价值的重要一环。正是这种系统的策划思考，让过去失去市场的金殿城，再度成为人们竞相投资的热点。

随着经济的发展，人们的精神文化素质也相应提高，要求商业要适应经济发展和人们精神文化素质提高的要求。人们在购物时，已不仅仅满足于所购物品的价格，更要求购物过程中能体现出温馨，让顾客在消费过程感受到精神享受。

金殿城除了在完善自身硬件，提供一流硬件环境方面外，还着力营造内部的良好人文气氛，力求使消费过程中充满着温馨、惬意。融购物、休闲、娱乐于一体，让服务更富有人情味，让环境更富有人情味，这就是一种先进的商业业态的表现。因而，文化包装不仅可以提升商业价值，而且可以体现出商业的品位。

在商业的文化深度挖掘，和产业战略的系统提升上，对于有作家和策划人双重身份的杨健鹰先生来讲，的确是其他一些策划人很难与之相提并论的。

六、万贯神话

只要人们不拒绝市场，我们就不会被市场拒绝。对于商业地产的开发者，首先要明白，人们愿花巨资购买的绝不是房产，而是市场。没有市场内涵的建筑是没有投资意义的。

——杨健鹰

在杨健鹰几十年的策划生涯中，几乎所有的客户，最后都成了终生不离不弃的至交朋友。万贯集团总裁陈清华与杨健鹰之间的友谊，便是一个典型的代表。这是一份几十年在无数商战中结成的友谊，在智慧的谋略和财富的思想中的彼此认定和惺惺相惜。几十年来，他们已谈不上谁是谁的谋士，谁是谁的客户，他们彼此遇上难题，都会在第一时间想到对方，或以面见或以小时级的电话。这么多年来，从改革之初全国闻名的“青年路”开始，从一根皮带开始，以“腰缠万贯”而家喻户晓，以全国最大的万贯机电博览城和万贯野生动物园“碧峰峡模式”一次次轰动全国，得到朱镕基总理的高度肯定和亲自视察。可以说，万贯模式就是改革开放几十年来，中国市场经济发展的模版，是用智慧和勤劳创造财富的模版。杨健鹰每当谈及万贯，谈及陈清华总裁以及每一个一起拼杀市场创造商业神话的万贯人，都带着发自心底的敬意和感恩。他说这是一场生命的善缘，是优秀人士之间几十年彼此成就的事业和人生。几十年杨健鹰与万贯集团、与陈清华总裁一起走过的心路历程，就是一部巨大的商业战略、文旅战略和城市战略的实战教科书。在这部教科书中，万贯机电博览城的系列打造，是万贯神话中商业智慧的一场重要书写。二十多年前，第一代万贯五金机电城，在成都的三环路边，除了几个并不兴旺的市场，这里是城乡接合部，万贯机电城还是一片菜地，周边的市场，生意很差，销售就更差了，一楼的价格4000多每平方米，很难销售，二楼以上根本无法出售，当仓库都没人要。而万贯机电城开盘价就突破了一、二、三楼均价1.8万/㎡，后来最高售出价突破了每平方米5万多，这是同区域市场单价的近十倍，与成都当时城中心著名的“春熙路”商圈的商铺一个价位。而万贯市场的商铺，却是要商家写申请，万贯审查合格才可以买到的。关键是这样高的价格，万贯的商家却都在进入万贯之后，获得了大利益，有了长足的发展，十多二十年下来，这些数以万计的商家，成了万贯品牌的坚实团队，成为与万贯一起在商场攻城略地的“万贯军团”。这就是万贯的智慧，在这些智慧中，也有着杨健鹰的心血付出。当然，万贯机电博览园的打造，已经历时近二十年，已经完成了多个代差级的发展，要进行逐一交代，已经是工程浩大，笔者在这里，只在“实”的主题上展示几个智慧切面。

（一）万贯“别墅式商铺”

当然，营销活动也要根据项目和开发商的特点来做。有的项目和开发商适合做大型公关活动，我们就为他们专门设计这类活动。需要大场面的时候，就必须要展现出魄力和豪情。杨健鹰告诉笔者。

比如万贯，当时策划细致到什么程度呢？当时，万贯是经过精心策划设计以后，最后决定采用别墅式商铺的形式的，商铺的格局，朝向，甚至屋里的家具怎样办，都有细致的考虑，反复在斟酌。

因为当时，这个地段的许多商铺都是一楼卖掉了，二楼低价处理，三楼空置。这样的话，就浪费了许多资源，占用了大量资金。对开发商来说，最可怕的事情之一，就是资金变资产，房子卖不出去。杨健鹰在研究整个城北商圈以后发现，我们必须创造一个新的产品，一种新的模式出来。

杨健鹰说，当时收取万贯的策划费不低，做出的案子要配得上高额的策划费，必须为万贯创造价值。他仔细考察万贯这个盘周边的销售情况。当时，在同一区域，万贯的位置是稍差的。周边的商铺一楼的价格是4000元一平方米左右，超过5000，就很难销售。走上二楼一看，走过的地方，身后是一串清晰的脚印，地上灰尘已经积了很厚。

于是杨健鹰和万贯决策层讨论，认为按照传统的战法来打这次营销战，是无法取胜的。要创造胜机，首先就要改变产品形式，必须在产品设计时，就把将来营销的难题解决好，要把一楼、二楼、三楼搭配在一起，一起销售出去。不能像周边商铺那样，一楼卖出去了，二楼三楼空在那里，也不能全用来做仓库啊。其二，不仅仅是要卖出去，还要考虑利益空间，不能搞低价倾销，全是白菜价，不仅不盈利，还有损品牌形象。第三，要充分考虑经营户的利益，有助于商家的经营。商家经营得好，万贯才能有好的口碑，才能有长期的高回报。

反复研究以后，大家发现，机电销售有一个传统性的特点，那就是机电产品粗、笨、重。机电销售人流并不大，单笔业务的资金量大，都是大宗买卖。机电的销售，往往是在门市上谈业务，做生意，产品很多时候是直接从仓库就提货走了，甚至不到门市。大多数时候，门市上都是冷冷清清的，很难热热闹闹的。那么，根据机电销售冷清的这个特点，杨健鹰提出，要在冷清中做出品味，在品味中塑造它的商业价值。所以，经过反复研究之后，一致认为，联排别墅的形式是最符合以上要求的。人流少，有品位，有身份感。

联排别墅形式有什么好处呢？机电销售有时候要展示一些新产品，或是龙头产品，标志性的产品，需要一些小仓库，而联排别墅有地下室，在需要展示的时候，可以用升降机把机电产品提起来进行展示，而平时可以放在地下室，不占一楼的空间。

一楼做专门的展示销售窗口，那么二楼和三楼就设置成办公场所。这样安排的一个突出优点就是，把以前人货一室的掌柜式经营模式，改造成经理式的现代模式。把以前的老板变成现在的老总，使守铺子的店老板变成经理，公司化和企业化。这样的身份的改变，办公方式也要提升。展示区和办公区的分离，使商家更有尊贵感和身份感。二楼办公室安装监控设备，就可以直接监控一楼的情况，客人来了，再马上下来接待。此外，三楼配有厨房和茶室，可以在自己的别墅里接待客户，既有规格和品位，在方便接待客户的同时，又实际上达到了为商家节约开支的目的。

这种联排别墅的形式，在销售上的优点也是非常突出的。这个区域一楼的普遍价格是4000元一平方米都难度不小，但万贯卖到多少呢？一二三楼均价，突破了18000元一平方米。这完完全全是一个神奇的效果。怎样卖到这个价格的呢？这就是一个创意的价值。

杨健鹰是这样做解读的：假如，你在三环路上买一个联排别墅多少钱？一平方米肯定要上万吧？这是纯居住的别墅的价格，是花钱的别墅。那么，一个能赚钱的别墅该多少钱一平方米？一些商户的想法就是，是这个道理啊，就算这个联排别墅商铺不赚钱，至少还可以居住，这也是一个退路。何况它还可以搞经营，生意搞好了，就有盈利。

这个策划把商铺的元素和别墅的品位元素结合起来，把商铺的商业利益放大了。道理很简单，买别墅的话，谁会买市场里面的别墅呢？买别墅就不会分一二三楼。这就是用卖别墅的价格来卖商铺，结果是既比商铺贵，也比别墅贵。既卖了商铺的赢利价值，又卖了别墅的品位价值，二者结合起来就增值了。为此，万贯画了许多效果图，工作做得非常到位，自然有了销售时的抢购。

（二）万贯大礼包

万贯现在看来是创造了一系列的神话，但当初启动的时候，是非常艰难的。当时西门生资市场的机电生意很好，几乎没有商户愿意搬到万贯机电城，许多商家已经形成一个行业联盟，有了一个比较成熟的市场生态。在万贯机电城营销初期，就发生了一件令人尴尬的事件。为了争取客户，开发商派人送生日蛋糕给一位重要商家，没想到被这位商家直接扔在了地上。为什么呢？因为这个商家认为，万贯在西门市场挖经营户到机电城，是挖墙脚，是想挤垮西门的机电生意，这当然是损害了他们已形成的商业利益链。总之，当时的情况是，西门的商家都不愿意往金府搬。

根据这种情况，万贯改变了策划，对西门机电的商家，采用“围而不打”的策略。力求从外部找到突破口，对外是“打而不围”。总体谋略就是以外打内。这期间，出现了一个契机，就是将在浙江举行的全国机电产业行业大会。万贯原本是去祝贺，表达一种礼节，几位领导订机票那天，正好杨健鹰到万贯，于是他灵机一动，决定利用好这次机会，撬动华东机电产业市场，实现“以外打内”的计划。

到了浙江以后，万贯根本就没有受到大会的重视。万贯作为一个西部机电行业的新兵，组委会方面完全没看上万贯。万贯当时也只准备了一个是888元的红包。杨健鹰一看情况不对，就对几位领导说，这样下去不行，原来的礼轻了，对大会组委会算得了啥？没法引起重视，得送大礼！商量的结果，一个重大但当机立断的决定出来了，万贯向行业送60套办公场地免费使用数年！

这个礼怎样送呢？杨健鹰突然看到坐着的沙发上有几个靠垫，是那种缎面的，非常漂亮。杨健鹰眼前一亮，心里豁然开朗，用沙发靠垫加上金色尾穗，写上大红“礼”字制成大礼包，由礼仪队抬进明天的会场。这样一出场，一下子就引起了轰动。加之万贯领导杜晓渝：“得万贯得成都，得成都得西部，愿东部机电产业在今天吹响进军西部的号角”热情洋溢的讲演。大会的主题一下子就变了，万贯成了焦点。行业协会立马提出：“吹响进军西部机电市场的号角！”，“得万贯，得成都；得成都，得西部”。

这次大会有包括浙江省省长在内的一些领导出席，按原定计划，万贯是连发言机会都没有的。万贯做出送大礼的决定之后，从入会场签名开始，万贯就成了焦点。万贯被现场邀请在大会上做了专题发言，这个发言稿就是杨健鹰作“急就章”赶出来的。最后，浙江省省长引用了万贯的发言中的一句话，他说，“我们今天，要把这次大会，开成中国东部机电行业进军西部的誓师大会！”省长的讲话，成了第二天华东主要媒体的报道主题，“东部机电进军西部”的号角，全面吹响。

这一天，杨健鹰脑子一直在高强度的运转之中，需要不断做出新的动作，新的方案来。一天下来，杨健鹰和几个同行的万贯领导，人都累变形了，但内心却十分兴奋，因为万贯战略从此就打开了大场面，后面的路就好走了，后面的工作就好开展了。接下来，他们马不停蹄，从杭州到上海，从上海到香港，从香港到东南亚，又从东南亚到欧洲……展开了一个又一个的营销战略。

外围的通道一打通，辅以其他配套措施，万贯的销售局面就打开了。万贯的售楼部里面，前来定商铺的商家是人山人海，排队的人拥挤不堪。有一个细节是很有戏剧性的。就是当初扔了万贯送的生日蛋糕的那个商家，这时候找上门来，找到销售经理，说，我来买10套商铺。他以为自己是大买主，万贯一定很高兴地给他办理。但他不知道，这时候的情势已经完全变了。万贯当时的铺面是被抢着买，每一位商家选号的时间只有5分钟，因为后面还有大量的商家在外面排队等候。为了做到公平公正，限时5分钟选号之外，每一个商家最多选三套。销售经理很为难，告诉这位大客户说，公司不能违背已经公布的原则，别说10套，没有排队，最后排到您的时候，也许一套也不能保证。这位客户一看情形不对，一下急红了脸，最后不得不去找总裁，好说歹说总算购得三套。

后期营销中，万贯机电城还做了一系列的策划动作，巩固了前期成果，延续了良好的销售势头。万贯项目的巨大成功，得益于万贯集团陈清华总裁与杨健鹰之间的智慧同频，他们之间的思想常常相互点燃，而其亲自指挥和运作的巨大能量，也为杨健鹰的思考给予了强大的推力，也包括杜晓渝、刘长洪、林芷伊等一群得力的干将，在每一场行为落地上，都给思想以不断地加分。万贯的这个巨大的缘分，让杨健鹰认识到，只有将优秀的生命交给另一群优秀的生命，这个生命才能被放大成真正的力量，要给最智慧的人合作，你才能更智慧。

（三）万贯机电城的销售奇迹

如果要问2004、2005年两年多来成都乃至西部卖得最火，影响最大的商业项目，那么首屈一指的就是万贯机电城了。万贯机电城的单价，超过了同区域商铺的数倍。每期推出的商铺，都在一天之内就被抢购一空，而且所有的要购买万贯机电城的商铺、要入驻万贯机电城的商家，都必须提前写申请，要经万贯机电城批准才有入驻机会。可以说在中国任何一段时间的市场条件下，这都有如一个神话。

杨健鹰是怎样策划制造这个神话的呢?

杨健鹰说：这个神话不是我制造的，也不是健鹰公司能制造的，制造这个“神话”的是万贯集团，是万贯集团的总裁陈清华先生。陈清华先生天生就是一个制造神话的人。他的睿智、气度和眼光，注定了他一生将创造无数的商业神话。正是在他的带领下，万贯创造了名震全国的“碧峰峡”奇迹。

机电城的策划之初，陈清华先生就提出要创造“房地产的碧峰峡奇迹”。健鹰公司也正是在这一战略思想的指导下，与万贯同仁一道展开万贯机电城的策划工作的。

在杨健鹰眼里，陈清华先生作为万贯集团的总裁，不仅把控着整个机电城的宏观战略，而其火花四射的思维，也铸就了他当之无愧的策划大师形象。在整个策划中，融入了他太多的奇思妙想。

而像杜晓瑜、刘长虹、林丹等众多的万贯名将，在这次战略的策划和实施上，都留下了许多精彩而感人的故事。万贯机电城是万贯人创下的又一商业神话，也是万贯人精神的一次升华。

在当今完全“买方市场”的年代，谁会想到购买和入驻经营还要求写申请的。当时，杨健鹰和万贯集团就不怕被市场拒绝吗？杨健鹰策划团队与万贯人的这次结合，已注定了一场星光辉映的传奇。

杨健鹰说：只要人们不拒绝市场，我们就不会被市场拒绝。对于商业地产的开发者，首先要明白，人们愿花巨资购买的绝不是房产，而是市场。没有市场内涵的建筑是没有投资意义的。

市场的核心内涵在于商气，在于商气的增长性和延续性。要实现商气的增长和延续，就必须实施市场的品牌战略，这就要求我们的投资者和经营者，不仅要具备良好的商业战略眼光，同时，还要具备实施长期名牌战略的承受实力。所以，万贯机电城始终将行业的品牌实力群体作为战略伙伴引入，而不是将他们作为简单的房产投资客户和经营租赁客户来对待的。

（四）万贯神话出自一个困局

万贯机电城的打造和销售简直就是一个神话，从滞销，到排队，甚至打架争抢，先写申请买商铺，从五六千一平方米到近两万一平方米的价格，最终突破每平方米5万元，直逼春熙路商铺的价位，还是楼上楼下三层统买一个价。从西部后起之辈市场，到全国性的一个机电商贸龙头，万贯机电城实现了短期销售、长期经营，实现了政府、开发商、商户的三赢。现在看来，这完全像是一个完美的神话。但有多少人又知道，万贯在当初开发过程时，曾经面对怎样的困难，杨健鹰和万贯人又是怎样地用一个策划方案扭转乾坤，绝处逢生，变大不利为大利的。

当时，万贯开发机电城之后，很快就要到2003年年底了，进入了常规的销售黄金时期。但就是在这个关键的时候，万贯机电城的销售遭遇到了当头一棒式的打击。由于政府对商城销售政策的突然改变，整个机电城商铺的预售许可证没有批下来！没有预售证，这商铺还怎么卖？没有预售证，谁敢卖房子谁违法。当时，预售许可证没下来，不能卖，连定金都不能收。超过两千元的定金，房管局就要处罚几十万。当时的形势，是万分被动的。而年前这段时间，正是商铺的销售黄金旺季。这个季节，商家的资金大多收了回来，手上有不少现金。节前，又是利用准备过年的时间，看铺上，买铺子的好时段。要是万贯机电城没赶上这个销售的黄金时段，过了年，商户手上的现金又都流动出去了。耽搁半年时间，对万贯意味着什么？如果节前没有至少几千万资金回来，在战略上就非常被动了。不仅仅是半年没有资金回流，公司要承担巨大的资金压力。更致命的是，不趁热打铁，聚敛人气，过了明年，许多目标商户极有可能被其它竞争市场分解。且再次加大营销力度，广告费、人力费、管理费、资金利息等等，都有很大压力。这些都不说了，人气就是商气，就是商机，商机稍纵即逝，如果万贯机电城不抢先占领成都，乃至西部机电销售的制高点，如果被同类市场占了先，万贯机电城就从此永难翻身了，甚至会成为闲置市场，形成烂尾。

当时，万贯机电城的领导团队与智囊团队的空气几乎都要凝固了，凝固的空气中还充满了火药味。万贯旗下的法律专家和机电城项目的决策层，都聚集在一起，怎么办？问题怎么解决？讨论了半天，还是拿不出一个有效的方案。从法律渠道，无法破这个困局。开会的间隙，大家正在吃饭，这时，万贯集团的总裁陈清华先生走了进来，过问方法。当得知大家没有什么好办法时，陈总很生气，对这些法律专家的失责，一点面子也没保留。他对大家说了一句话，“你们还吃得下去饭啊？”声音不是很大，却让所有人都停了下来，整个餐厅鸦雀无声，每一个人几乎连呼气的声音都屏息住了。

杨健鹰当时是陪着陈总过去听结果的，作为策划人，法律问题跟他无关，陈总不是冲他发火。他看陈总正在气头上，就把陈总劝说离开了餐厅。扶着陈总出来之后，杨健鹰又和陈总仔细地分析了目前的情况，交谈之后，两人都一致得出结论，不能再在预售证问题上耗下去了，必须寻找其他办法来解决问题。

（五）“不卖房子”还要收钱

陈总问杨健鹰说，你看有没有办法，通过策划来解决这个问题。杨健鹰一直在思考这个问题，陈总一问，他的大脑完全打开了，他预感到某个方案已经孕育在脑子里，在脑子里飞速地旋转游动，又像一只小鸟，马上就要破壳而出，已经听得到它轻轻地啄击蛋壳的声音，细微，但那么清脆。

和陈总走出大楼，走向工地，不到200米的距离，杨健鹰说：方案有了。杨健鹰建议说，不能卖，我们干脆就不卖了，我们“以不卖来收钱”。这个出其不意的说法，让陈总一惊。杨健鹰提出了一个方案：成立万贯品牌联盟，这是一个奇招，也是一个险招。杨健鹰的解释说：我们提出一个口号，叫“十年万贯名牌战略”，万贯捐赠两个亿租金，打造一个顶级机电市场。为什么说是捐赠呢？房租全部免了，十年，我几个亿的租金都不收了。

这两个亿打造的顶级市场，目的就是引进品牌商家。只要是品牌商家，你的实力达到要求，你的产值达到一定标准，在经营中做到基本的承诺，比如，不能卖假冒伪劣产品，不能欺诈等等，和万贯一起打造一个顶级品牌的产业基地。万贯最大的回报，万贯所看重的，得到的，是十年后的这个成熟的顶级市场。这个市场是商家和万贯共同培育的，大家一起成长。

商铺不卖了，那么资金如何回笼呢？万贯免除十年房租，只要你是有实力的品牌商家，房租白送了。

万贯成立万贯品牌联盟，为了保证万贯机电城顶级市场的品质，维护市场的严肃性和高端性，万贯向每一个商户收取“万贯品牌战略保证金”。这些保证金到期以后，是要全部如数还给商家的。

当时，万贯收取品牌战略保证金的标准是，单门面36万，双门面56万。这个方案，得到了陈总的肯定，他们有着共同的惊喜，并迅速加以落实。方案实施以后，前来预订商铺的商家人山人海，大家都想抓住这个千载难逢的好机会，享受一块“免费的大蛋糕”。当时排队写申请加入万贯品牌联盟的商家太多，万贯为保证最好的商家能够入驻，对每个商家免费使用的商铺的数量进行了把控，并制定了明确的品牌标准，同时动用了很多人力来负责秩序。商家争入万贯达到了竞争的白热化，竟有商户为了争铺面发生激烈冲突，后来不得不由万贯销售负责人经理出面，平衡双方的利益，安抚下去。

这样，万贯通过收取服务费品质保证金的形式，既实现了回收资金的目的，完全绕过了没有预售许可证不能买房的绝对障碍，又提升了万贯机电城后期运营的品质，既符合房地产相关法规，又能收回大量的资金，并且提升了万贯的品牌形象，一举数得。

（六）如何“销售十年后”的商品市场

10年后的商铺？

如何在现在预售10年后才能卖的商铺？这不是一个脑筋急转弯，也不是一个笑话，这就是杨健鹰做的“万贯品牌联盟”“十年万贯”策划的奇迹一样的效果。

上面我们说到，万贯因为没有及时拿到房屋预售许可证，困局难破，法律上绕不过去。危难之际，杨健鹰另辟蹊径，做了捐赠2亿资金，建立名牌商家联合会。打造顶级市场。只要你是品牌商家，白送十年租金的策划，这个营销方案出来以后，迅速得到实施。万贯以收取品牌保证金的形式，很快收回了上亿的资金，同时还吸纳了大量优秀品质的商家。世界级顶级机电市场，四川乃至整个西部第一机电大市场已现雏形。万贯机电城的商气达到了火热的程度，商业投资价值迅速提升，被市场一致看好。

在这样的情势之下，许多商家就想，十年之后，万贯机电市场的品牌只会越做越好，因为它在成都、在四川、在西部，根本就没有可以匹敌的竞争对手。入驻万贯机电城的都是严格筛选之后的优秀品牌商家，都有长远的市场规划。他们的考虑是，十年后，万贯的商铺价格就不是目前这个价格了。十年后，万贯机电城经过这么多品牌商家十年培育，该是怎样一个成熟市场？那时候，我们还能保证买到这些铺面吗？将来的问题，就不是租金的问题，而是有没有未来的问题了。

于是，首先就有商家要求万贯直接卖商铺，但万贯拒绝了这些商家的要求，明确回应说：一、万贯讲诚信，说免十年租金，就绝对要免；二、万贯绝不做违法的事，我们绝对不能卖。在这样的情况下，部分商家带头要求，主动写申请，将来把保证金直接转为商铺购买金。其他商家听到这个消息，谁都不愿意丧失这个机会，也纷纷要求在万贯办好所有销售程序，商铺可以合法销售以后，保证金自动转为购房款。

这样一来，万贯的商铺实际上等于已经卖出去了，而且卖得很好。杨健鹰的这个案子告诉我们，一个商业的大道，也是策划的大道，那就是商业的价值不在于商铺，而在于商气。万贯品牌联盟的核心智慧，就是通过打造顶级市场，免除10年租金，吸纳大量优秀品牌商家，保证和提升市场品质，从而极大地提升商气，从而成倍增长了房地产的价值。

（七）水和船的关系

杨健鹰既是金府商圈数平方公里商圈板块的策划人，又担当了万贯机电城这个具体的商贸市场的开发策划。在金府商圈中，他的许多大胆想法，后来都在万贯机电城中得以体现。杨健鹰如何看待项目与板块策划之间的关系呢？

杨健鹰说：板块策划是“水”的策划，项目策划是“船”的策划。水的深度、水的流速、水的流量、水的流向，是板块策划的重心。而船的动力、船的荷载、船的方向是项目策划的重心。思考水，离不开对船的辅助，而思考船，离不开对水的借势。只有“水涨”才能“船高”。只有“水畅”才能“舟顺”。

万贯机电城的策划在强化自己的市场个性的同时，更强调了与金府商圈打造思想的完美结合。这样既为金府商圈这条商贸巨龙头点了睛，自身又获得了巨大的背景借势。

业内有人说万贯机电的营销战略，是一个典型的“以外打内”的案例。在万贯机电城打造之初，成都的机电生资市场中心聚于一环路“生资一条街”上。成都机电商贸群体并不看好金府商圈。当时该区域商气很弱，几乎没有实力商家愿意进入，甚至原有的一些商家都在纷纷撤离。

正是在这种背景下，金牛区政府才实施了对该区域的打造战略。万贯机电城的最初招商非常艰苦，也正是因为这一切，万贯机电城的前期营销和招商活动并没有选择在成都，而是以杭州、上海这些华东地区为推广重心，在省外引发轰动之后，最终撬开了成都的市场大门。

杨健鹰说：万贯机电城的启动行为，的确是在华东地区和东南沿海地区实施的，但不应该叫做“以外打内”，而应该叫做“以外引内”。是用一种更高的商业思想，更高的商业眼光，去影响一个群体的思维方式。因为这不是一个传统意义上的房地产开发，而是一个现代商业战略的启动，是一个系统化经济战略的启动。

这种启动，我们不仅要依靠成都现有的机电商贸基础，更要用外来的商贸流、财富流，去激活我们现有的商圈。使其能在国内乃至国际的商贸洪流中，获得更大的发展。华东地区、东南沿海地区，是东南亚和世界的机电生产和贸易的重要地区，是中国机电生产贸易的腹心之地。

万贯机电城要在未来成为中国西部的机电贸易中心，就必须走出成都、走出四川，站在一个更高更大的历史平台上去铺展自己的战略。

（八）万贯不当开发商

万贯集团在2004年，向社会公开宣言“万贯不当开发商”，当时不仅在成都，而且在国内的房产界引起了巨大的反响。业内公认这是对传统商业地产开发模式的一场革命，更是解决传统商业地产投资与经营和长期冲突的重大实践。它竖起了商业地产向着更高层面健康发展的新里程碑。但也有人说这是一次对行业利益的重大叛变。由于万贯的“运营商”商业地产开发模式的确立，使无数中小商业地产开发商的短线利益运作变得艰难，它为同业竖起了长期品牌运作的一道难以越过的门槛。

万贯集团总裁陈清华，在谈到万贯的品牌使命时说：万贯从十年前的青年路一路走来，从万贯皮带的盛名到“碧峰峡模式”对中国旅游业划时代的影响，如今包容商贸业、酒店业、旅游业、房地产业等多种产业的万贯集团，仍旧一如既往地实践着自己的品牌路线。

我们深知品牌来自诚信，于是在当我们的钢材城因政府规划调整而转向时，我们为每一个投资者主动实施了加价偿付，于是万贯的名字被写在了一幅幅感激的锦旗上。

我们深知品牌来自互利，于是“万贯时装城，一件也批发”，成为多年来国内商家大量模仿的促销词。我们知道品牌来自爱心，于是碧峰峡野生动物园，不仅成为动物们的天堂，也成为当代人人生情感的依附地。

我们知道品牌来自思想，于是万贯机电城的打造，打破了传统商业地产的开发模式，而以打造“工业战略发动机”的思考，创造了自己的商业奇迹。我们更是知道，品牌来自一种责任，来自一种无法拒绝的使命，我们向业界发出宣言“万贯不当开发商，万贯只做运营商”，从而使万贯房地产产业的发展战略，融入政府“打造西部工业助飞跑道”的宏伟战略中来，成为金府商圈的旗舰，成为西部机电商贸的核心。

由于房地产开发的利益取向，与商业发展的规律性的长期矛盾，商业地产的后期运营问题，一直是当今房产界极力淡化的问题。作为商业地产的核心——商业运营被淡化的结果，必然会导致前期投资者利益失去保障。对于一个有责任有良知的开发商，我们没有权利不对我们的核心支持群体——房产投资者的后期回报负责。于是后期的商业运营、商气提升、口岸价值，就成了商业地产开发的关键。

正是针对这一问题的思考，万贯实施了由“开发商”向“营运商”角色的转变。将工作重心由开发转向了后期的市场培养。这样做的确为行业竖起了一道艰难的门槛，但这道门槛并不是竖给别人的，也是竖给万贯自己的，这是投资者的安全线。

（九）东有永康，西有万贯

“东有永康，西有万贯”。万贯机电城推出仅仅两年，即在全国机电业中享有如此之高的声望。万贯机电城着力打造西部机电商贸的旗舰，并成功举办中国西部机电博览会，这次博览会的影响是本博览会的历史之最，在国内国际形成巨大的影响。正是基于此，西博会组委通过决议，将万贯机电城作为西部机电节永久会址。这坚实地奠定了万贯机电城在西部机电产业中的领军地位。

陈清华如何看待万贯机电城的成功呢？他说：万贯机电城能取得这样好的成绩，首先要感谢省市领导对万贯发展的高度重视和大力支持。在打造西部机电城商贸的战略中，张学忠书记、张中伟省长等省、市主要领导人不仅从战略方向上给予了我们太多的指导，而且还多次带队组织全国性考察和海内外招商。而金牛区更是以打造金府商圈为商贸发展的重心工作，十数平方公里金府机电大世界的打造，不仅给万贯机电城带来巨大的背景支持，而且在国内国际的商贸行为对接中，金牛区委、区政府都担当着我们的强大背景。没有这些支持，万贯机电城不可能有今天的成就。

从打造万贯皮带，到打造碧峰峡、欢乐谷，再到打造万贯机电城。万贯总会给我们带来巨大的思想冲击，万贯的商业成就也总是与万贯的新思维结伴相行。

陈清华说：商业运作，在暴发户时代，常常被简化为金钱游戏。文化与经济的分离，很长一段时间在中国成为一个极为常见的现象。在这个现象中，商人从文人中游离出来，甚至成为文化的对立面，这是一个非常不正常的中国奇观。随着中国经济的进一步发展，经济已从一种金钱表象中沉淀下来，日益显现出其作为思想的本质。可以这么断言，将来的"资本家"应该是"知本家"，将来的大商人，必定是大思想家。

在杨健鹰的眼中，他从来都把陈清华看作一个同道中人，一个策划人，而不是总裁陈清华。正因为如此，两人之间的交流有着惊人的愉悦。杨健鹰说在陈清华的词典里只有精彩，没有平庸，只有大气如虹，没有小肚鸡肠。他们在一起的时间是彼此会忘掉甲方乙方这种商务关系的。

陈清华这样评价杨健鹰，他说：健鹰先生是国内难得遇见的非常杰出的策划人，他对战略宏大思维的把握，对战术的细节落地能力与众不同，我们称得上相见恨晚。与健鹰交流的确是一件让人欢乐的事，我们常常惊诧于彼此思维的一致，这是我们之间最大的兴奋点。

（十）万贯机电城形象塑造

两千年前，孙子讲："兵者，诡道也"。而商战之道，正同用兵之道。首先交锋的是战争谋略，其后才是士兵和辎重。战争取胜有三品，上品为谋略取胜，中品为战术取胜，下品为对攻取胜。欧洲一位著名的军事战略家讲：战争若倾尽物力兵力而胜者，胜等于不胜。

在现代商业大战场，以企业规模、资金规模为直接依靠的"唯物论"企业群体，将不可避免地被同时具有企业规模、资金规模和高瞻远瞩战略眼光、精于"诡道"的"唯心论"企业家群体所征服。真正的力量来自大脑，来自一群精于谋略的企业团队。现代的商业之战，已由一场低文化的胆量竞赛、军备竞赛，升级为一场高素质的智力竞赛、思想竞赛。在这场智力与思想的竞赛中，战争的残酷性，正渐渐被一种心灵深处的快乐，镀上一道橙色之光，而由此使无数的人生，变得金碧辉煌。

商战有道，智者至尊。历史总是在将无上的尊严，赋予那群伟大智者的同时，又会在他们的面前留下一道常人难以逾越的山体，因为他们跋涉的背影，也被这个世界作为前行的大旗。万贯集团是一个富有使命感和责任感，勇于超越自己的企业团队，所以当万贯人进入商业地产开发，决心以万贯机电城的开发，再造一个“碧峰峡模式”之时，唯有致以相知的微笑和深深的祝福。

万贯机电城位于金府商圈的中心地带，更是金牛区政府打造的金府机电大商圈的中心地带，一期占地600余亩，对于该市场的打造，我们首先应看清以下四大有利因素。

第一，天时因素

其一，产业天时：机电产业作为工业产业的核心支柱，它是工业战略成功的根本保障。政府明确提出“工业强省、工业强市、工业强区”的经济战略目标，这对于金牛区政府明确将金府机电大世界打造为“西部工业起飞跑道”的战略方针，无疑具有巨大的推动作用。

其二，商圈天时：金府机电大世界，将打造为“市场配套最完善、建筑档次最高、规划最先进”的西部机电第一城。但由于金府商圈的开发，在统一策划和规划之前，一部分先进入的市场，格局已定，很难彻底整改。而新的开发者入场启动市场，还有待时日。这样万贯机电城，就成为金府机电大世界中，唯一可以完全体现金府机电大世界设计精神、抢占总商圈形象龙头的最大市场。

其三，商家天时：由于三环路的建成，二环路的交通管制，以及市政建设的需要，位于西门一、二环路区域的生资市场，已计划在三年之内彻底迁出。对于这一群体，金府机电大世界将会成为最理想的迁入地。而这一时期，正好与万贯机电城的招商时期一致。

第二，地利因素

万贯机电城所在的位置，是沙西线与三环路的交汇点，交通位置优越，更是金府机电大世界的中心位置。这一位置特性，将有利于对金府机电大世界核心形象的抢占。

第三，人和因素

这一因素，主要体现在万贯集团与政府官员、政府职能部门以及机电五金行业商家和各级行业协会之间的关系上，这一切，将使万贯机电城迅速抢占西部行业龙头形象。

第四，品牌因素

万贯集团作为四川省著名企业，在社会上享有极高的声誉，尤其在万贯制造了“碧峰峡现象”之后，万贯品牌实现了高度升华。如今，万贯集团携碧峰峡战略的影响力，再次杀入商业地产开发，万贯品牌的延伸，无疑是一笔重大的财富。

在金府商圈原商家大量撤离，人们对这一区域普遍看衰，万贯市场进退维谷时，杨健鹰团队与万贯同仁通过对万贯机电城的透彻分析、明确地指出，对于万贯机电城的打造，最好的机会点，是金牛区政府对金府机电大世界的打造。应充分利用四大有利因素，作好规划设计，将其打造成金府机电大世界的龙首形象，以最好的规划设计和配套为金府机电大世界点睛。在为政府打造金府机电大世界战略，提供最好的形象支持的同时，获得政府战略背景的最大借势。其实，在政府打造金府机电大世界的整个战略谋划中，万贯集团本身就是最主要的思想和行为发动机。对于金府机电大世界来讲，万贯人可谓先兴风，后借风。

（十一）打造“机电迪斯尼乐园”

机电五金产品的最大特色，在于其“粗、大、笨、重、冷”，而传统机电产品交易的最大特色，在于其“大金额，少次数、低人流”。这两大特色，使机电市场的人气普遍低落。这对于一个将包容贸易、商务、餐饮、休闲、住宿为内容，以机电会展为模式的金府机电大世界的核心市场，将显得极不协调。万贯机电城要将自己打造成金府机电大世界的龙头形象和商贸中心，就必须加强自身的人气制造。

因此，杨健鹰认为，在策划中应充分利用机电产业本身所具备的一切情趣制造条件，和金府机电大世界中的机电生产基地概念相结合，通过声、光、电、影、景等手段，将机电产品与科普展示结合起来，在这里开辟诸如：航模、车模及其他机械游戏设施制造和应用的趣味作坊、趣味工厂、趣味田园、趣味街道、趣味游乐园区、趣味宾馆、特色影剧城、特色休闲世界、机电雕塑公园、欢乐谷盐卤浴等，以一座“机电迪斯尼乐园”的创意，既抢占金府机电大世界的人气中心形象，又使万贯集团的所有旅游产业，获得一个都市中心的宣传基地。

万贯“机电迪斯尼乐园”的成功打造，将使万贯机电城成为金府机电大世界的人气中心，获得巨大的新闻看点和形象记忆点。同时，打造万贯“机电迪斯尼乐园”，也是万贯集团将最大的品牌优势——旅游品牌，顺利过渡到商业地产品牌，实现名牌过渡的最佳契机。

1. 打造工业会展中心，成为金府机电大世界的商业策源地

杨健鹰策划的十数平方公里的金府机电大世界，将作为金牛区双会展概念中的机电会展中心实施打造，并将在这里创办一年一度的西部机电节，这里无疑将成为政府和行业推动机电产业发展的战争策源地。这一切，都将使这里成为西部机电产业的商气台风中心。

杨健鹰指出，万贯机电城应充分利用自己的规模、位置优势和尚未开建的机会，将会展功能纳入自己的设计需求，通过大型酒店、商务、会议、展览、休闲功能的配置，以及广场、现代智能化交易场所、信息网络的建设，抢占金府机电大世界的会展中心形象。

万贯机电城还应利用这一条件，引进政府职能办公机构、行业协会驻会管理机构、产品评审机构、科技研发机构、西部机电节组委会，使自己成为西部机电产业的首都和西部机电出口和进入的“海关口岸”。

在此基础上，万贯机电城还应利用自己的绿化空间，将工业战略森林实施打造；利用自己的低商务性空间，将西部机电博物馆、工业劳模纪念馆、蜡像馆、新闻中心、西部机电科技学术中心等概念纳入场中。使自己成为金府机电大世界的形象代表，占尽东风。

2. 智能化商务中心，抢占西部机电“联合国”总部形象

机电产品，是典型的带有生产与消费循环性的商品。这种商品，既是生产厂家的终极产品，又往往是生产厂家的生产消费品。生资产品的这一属性，确定了工业企业与生资市场之间，有着比其他任何商品交换都更为密切的关联性。在生资市场中，厂家往往既是生产者，又是最大的消费者。

抓住了生产企业，实际上也就抓住了消费企业。金府机电大世界正是基于这一因素，希望将自己打造成为西部机电产业的“联合国”总部。万贯机电城应充分利用自己的时间机遇，将这一概念抢占到自己的市场中。

策划中，应利用市场二楼以上的低价值建筑，设置出智能化的办公空间，邀请机电厂家来此建立办事处、供销处，并与国际国内机电五金市场和重大客商建立起网络交易关系。将自己打造成西部机电产业的“联合国”总部，抢占行业领袖形象，在宏观市场中，创立一个巨大的微观市场。

3. 抢占金府机电广场，让自己成为商圈龙眼

万贯机电城虽然位于金府机电大世界的中心位置，却与该商圈的核心主轴金府路之间有着较大的地块相隔，为此要使自己成为真正的中心形象，就必须抢占金府机电大世界的核心广场——金府机电广场。

万贯集团应与金牛区政府达成共识，将该广场取名为机电会展广场，凭借自己打造的会展配套设施基础与政府协商，将该广场与会展概念配套。争取以政府出地，万贯修建的方式，将金府机电大世界的中心广场据为己有，

同时利用该广场景观的创意将万贯机电城的形象实施提升，实现自己金府机电大世界中“众市之首”的形象塑造。

取得相关条件之后，可采用西部机电泥土纪念坛、品牌纪念柱、企业故事墙、商家名人刻石群与西部地域图形成组合，以西部知名机电企业、机电品牌、机电市场、机电商家的泥土、标志、故事、名字为内容，实施“万涓归流，我为中心”的创意，强化金府机电大世界的西部机电中心形象。

然后，我们再利用“机电与财富”的主题，以钱币与齿轮的形体为雕塑设计，在广场的正中心建立机电财富纪念坛，巧妙地以万贯标志（钱币）为广场的点睛。从而在人们心目中，固化万贯机电城是金府机电大世界的龙眼形象，使万贯机电城，最终成为金府机电大世界这顶西部机电商贸王冠上的最中心的宝石。

4．打造后工业文化，解决二楼商业利用率问题

对于商贸市场来讲，二楼以上空间的商业利用率都非常低。尤其是经营商品以笨重著称的机电市场，如何解决好二楼以上建筑的闲置问题，是一个重大课题。

万贯机电城在创意别墅式商铺的同时，还可利用自己与交大园区的相邻条件和周边房产开发的有利条件，将小户型建筑形式与前卫的“后工业文化”“重金属文化”相结合，在市场的设计中，将部分三楼以上环境设计为相对独立的“后工业艺术”生活区域。从而实现以工业景观、工业文化、后工业艺术、工业休闲为特色的，以小户型为本质的“空中后工业村”。“空中后工业村”的小户型，既可相对独立，又可以升降梯的形式与下面独立商铺相连。

这样，既可以在市场配套中为商家提供办公环境、员工住宿环境。又可以作为特色小户型公寓出售。同时该公寓的创意又与“机电迪斯尼乐园”相互辉映，形成一条文化风景线。

第三章

箴言之三——灵

“灵”是灵动不拘，是生命的最大自由

灵，是思想的游鱼，来往于天地无疆。灵，是一道弧光，是无序世界的焊接点，是飞翔的逻辑链。

灵，是什么？杨健鹰的眼里，灵，首先是灵魂——万物有灵。杨健鹰的眼里，每一个地块有自己的灵魂，每一个项目有自己的灵魂。只有怀着虔敬之心和世界对象交流，才能懂得、领悟

灵，还是灵感，是天才的灵机一动。灵，是府河上筑巢的翠鸟；灵，是宽窄巷子雨夜来访的小猫；灵，是老街老房上的蜂巢，是它们留住了城市的灵性。

灵，还是河中漂动的那一株玉米秸秆，是发财树叶子的叶纹，是游动的一尾鱼，是汶川映秀的大山大河，在杨健鹰眼前飞腾而出的“龙凤呈祥”，是天外之象。

（一）灵的箴言之一：天地之灵的穿越

杨健鹰认为，策划不是做出来的。他相信万物有灵，策划人不过是接受了天地的某种灵光一闪的暗示，成功的策划人则是通过训练和学习，让自己的这种感受力变得异常敏锐。

所以杨健鹰做任何项目，都是去寻找地块的灵魂，通过和地块的灵魂的沟通交流，让地块告诉自己，应该怎样去构思，去表现它的灵魂。这个过程就像等待和一位未曾谋面的朋友，然后和他交谈，这位朋友给你种种启示。杨健鹰说，这样的信仰，让他受益无穷。这也使他的种种策划富有灵性，无比生动和鲜活。比如金玉米的策划，比如金凤凰的创意。

正因为相信有灵魂，杨健鹰得到了许多启发，许多灵性的东西。比如做全兴集团那个盘的时候，突然想到一把扇子，扇面一打开，城市就展现在眼前。当时杨健鹰身边正好有一把折扇，展开一看，真是心目中的那个布局。于是，杨健鹰为项目做了一个扇面布局，获得了很好的效果。

杨健鹰认为，万事万物，只要我们找到它灵性的东西，就能产生新的思想。楼盘和地块也一样，城市和山川也一样，有了灵魂的光芒，价值就必然得到提升。我们要以一种虔敬的心态来做事，不能有一丝自大自满的想法。

杨健鹰困惑的时候，做事遇到难题的时候，他喜欢去一些他所说的有气场的地方，比如山川巨谷，比如寺庙，比如历史遗迹。三星堆遗址区，就是他多年来常去的地方。他不仅相信这里的灵气，而且每一次前往，都能感受到天地之间一种生命的穿越。在这种穿越中，他能感知到生命的天空中，智慧如游鱼。杨健鹰的大三星堆文旅战略和“青铜平原”天府乡村振兴战略，便是在这里获得灵感而完成构思的。

（二）灵的箴言之二：灵异是生命无界的交融

在绵竹工作的期间，杨健鹰住在单位的一座老房子里。和他住在一起的，是定居在他的木楼板下的一只野猫。这只猫经常在屋脊上紧紧地看着他。每年，这只猫都会生下一窝小猫。到了秋天，这些小猫慢慢地都离开了她。春天的季节，这只猫就出去寻找她的爱情。到了冬天，又回到杨健鹰的楼板下过冬。好多年，这只猫就这样和杨健鹰共同生活在这栋老房子里，彼此注视，而互不惊扰。后来，杨健鹰专门写过一篇猫的故事，来纪念这只猫的灵性。

杨健鹰出生在县城里面，但家里兄弟姐妹多，小时候常常在农村亲戚家里生活。叔叔和大孃的家很近，是杨健鹰童年时每天往返的地方。两个院子之间，是一片坟地。叔叔和大孃家，哪一家做了好吃的，就在那一头喊，杨健鹰就会穿过这片坟地循声而去。这喊声很有穿透力，至今回忆起来，很温暖。杨健鹰童年的快乐生活，总是与这片竹林森森的坟地融合在一起。杨健鹰有一位堂哥，二胡拉得很好，还常常去坟地拉，他说拉给鬼听。而晚上呢，坟地里总是传来野猫的声音，风声、虫子的鸣叫声。幼年的杨健鹰听到这些声音又亲切又害怕，每晚都要紧紧地靠着哥哥才能入睡。那些黑色的声音，从院子那边的坟地，穿过黑色空气传过来，既让人恐惧，又总觉得这种声音很亲近。

给杨健鹰留下很深印象的，还有农村的一次葬礼。小时候的记忆不一定准确，但非常清晰。黑压压的一群人，都穿着白色的丧服，于是黑压压的人群，变成了白花花的一大片。人群在村子里穿过，整个世界好像没有声音了。按理说，应该有唢呐等吹奏的声音，但小孩子的记忆很奇怪，杨健鹰无论如何回想，那些记忆的片段里面，就是寂静一片，没有声音。

很多人抬着一副巨大的棺材，棺材没有上过漆，就是木头的本色。棺材上站着一只红色的大公鸡，鸡身上的毛是拔光了的，只留着红红的翅膀和长长的尾巴。但杨健鹰总觉得那只鸡是活的。棺材推下葬坑的时候，发出沉沉的震荡。杨健鹰回忆说，那一瞬间，他的头脑中一阵眩晕，他似乎感到了棺材里那人的深深疼痛。从此之后，他常常有灵魂震撼的感觉。

这些记忆，给杨健鹰留下了不可磨灭的印记。后来，家族里的许多亲人去世以后，也埋在这片坟地。这边土地里，仿佛长着杨健鹰的根。他常常感到他灵魂在这里发芽。

正因为如此，杨健鹰坚信天是有灵性的，地是有灵性的，天地万物都是有灵性的。

（三）灵的箴言之三：灵动的创意来自对生灵的尊重

对于现代小区来讲，要做到车行到家又人车分流，既是人们的愿望又是小区规划的难题，而这一难题的彻底解决，却是由杨健鹰发明的“动静脉双循环活体园区”来完成的，这一发明不仅获得了发明专利和全国金奖，更是成为全国联排建筑的规划模板。

活体双循环，这个模式是怎样想出来的呢？杨健鹰的办公室曾有一株发财树，有时，他会侍弄这株发财树，擦拭它的叶片。有一天他突然发现，发财树的叶子的纹路有阴阳两条线，阴阳两条线完成叶脉的循环却不会交叉，这给了他很大的启发。他想，如果人车分流，就像人的动静脉一样，一个进，一个出，血液通过了细胞，完成营养的交换，双线大循环，不就可以车行到家，人车分流了吗？很快，杨健鹰根据发财树叶纹的原理，发明了动静脉活体双循环模式，并申请了国家专利，并且获得金奖。这套模式现在已经在全国被作为常态做法，而被广为采用。现在的联排别墅，包括普通的联排式建筑大多采用了这种方式。

在做秀水花园那个盘的策划时，杨健鹰眼前常常浮现一个画有鱼纹的陶罐的图形，脑子里反复出现一句话就是："加一滴水，鱼会游起来"。这句话后来提示杨健鹰创造了该楼盘的最佳卖点。为了在推广中传达好这个主题，杨健鹰决定用游鱼做表现。

为了拍出鱼儿游动的感觉，杨健鹰去市场买了一条鱼，亲自来拍广告的图片。照片拍好以后，杨健鹰不忍心把鱼吃掉，又抱着一颗感恩的心，另外买回三条鱼与它做伴，把四条鱼放生到府南河中。望着游去的鱼儿，杨健鹰的心也仿佛随它进入到旷古的游弋。

正是因为对生命的尊重，杨健鹰的策划，总是能被一个个生命点化，而做到灵气逼人。他会用一只辣椒去创意一个小区，他会用一对孵化的鱼去设计一座商城，他会用32只翠鸟去营销32栋水岸别墅，他的大脑中思想盛开如繁花，灵性穿越如蜂蝶。

（四）灵的箴言之四：发乎内心的天地尊重

二十多年前，一对湖南郴州的企业家夫妇，慕名从郴州驾车到成都，拜会杨健鹰先生，希望邀请他为其在郴州的一个项目进行策划，并许以数百万的策划费用，这在当年，几乎算是国内天价了。后来，杨健鹰去了郴州，受到盛情接待。杨健鹰第二天去看现场，发现那地块实在太好了，地块在郴州南边，是典型的文旅商业地块，地虽不大，仅仅几百亩，但以半岛形式，如鸭舌一般延伸入数千亩的湖心之中，湖岸生态环境极好，湖面烟雾缭绕，野鸭成群，水质可以直接饮用，完全仙境一般。重要的价值还在于，因为湖水的隔离，这几百亩地，是唯一可以与对面湖岸数千亩山地资源发生联络的桥梁区域，完全可以控制全部资源，做出文旅商业的大文章。从区位上讲，这里又是郴州通向广州的城市大门，珠三角发达经济区的后花园。

但由于当时郴州的城市发展是向北规划的，与地块方向相反，道路和市政配套也相对落后，虽然，双方已经达成合作意向，杨健鹰也有较好的打造思路。但一番思考后，杨健鹰拒绝了这次合作，他建议这个企业家将项目放一放。他对这位企业家说，根据他的认识，当时郴州向北发展的思路是错误的，郴州应该向南发展，去充当湖南迎接珠三角经济转移的主大门，去充当珠三角旅游休闲产业的后花园，所以他相信总有一天郴州的城市发展规划会调过头来发展，这样这个项目将价值连城。与其花大量的精力艰难开发，不如坐等花开自然获利。这个企业家接受了杨健鹰的建议，将主要精力投向其他项目发展。而这片土地，果真在十多年之后迎来了重大价值提升，湖南省将迎接珠三角产业转移作为重大战略，郴州城市以南城为发展重心，区域配套全面升级。高速入口和高铁站的双重建成，使这里成为名副其实的城市门户地带，与广州深圳直达仅仅一两个小时的车程。这片土地真的已经炙手可热。当年杨健鹰的决定让他少去了数百万的收益，却协助这个企业作出了最明智的选择，这是一种对这片土地的敬意和尊重。

也许正是这种对土地的灵魂深处的尊重，在多年以后，在同样的郴州大地上，赢得了湖南省重点文旅名片“郴州长卷”的成功打造。

（五）灵的箴言之五：灵，是一种担当

这是郴州市郊外，一片名不见经传的乡村山地，虽然有着自然的灵秀和湘南沉厚的人文之美，但对其公正的描述，也不过是郴州这座楚粤孔道、林中之城的基本特质：空山、林泉、古木、旧村、石径，一声鸡啼，半目斜阳……在杨健鹰登临之时，就是山村乡道上一个背着竹筐或者端着洗衣木盆的湘妹子。就其文化旅游的国际影响力，谁也不可能把她与世界著名的旅游品牌张家界相提并论。而今她却因“郴州长卷”的打造，成了湖南与张家界一起拉动国际旅游战略的“双子星座”，成了湖南省旅游与产业发展的“湘粤迎宾之门”，作为湖南重点文化旅游项目，受到省委书记、省长的多次视察和督导，成为第一届、第二届湖南旅发大会的主会场，成为“游遍五大

洲，最美是郴州”“天下谁人不识郴”的“世界级旅游目的地”打造的战略窗口。

这也是冥冥中的缘分，杨健鹰第一次到郴州时，那位企业家非常盛情，几乎每一顿饭都安排以郴州最有特色的地方，其中一次便是在如今“郴州长卷”打造的山林之中一个叫“一头羊”的地方。这里是一个山村、田园、河谷、山林自然相接的地方，翠竹如云，古木参天，山泉瀑布流水淙淙，古老的村落和连绵的湿地，宽阔的湖面和茂密的森林与著名的王仙岭景区的山脊，以及郴州新兴城区的身影，构筑起了一幅“田园—湘村—山林—城市”的天然大卷。漫步在山林和那些残破的古村落遗址之间，在那些巷道、门坊、石墙、壁画、砖雕、木雕、拴马石、古枫树和蒿草之间，杨健鹰的内心有着巨大的亲近、敬意和失落的疼痛，这里不正是一座“林中之城”的天然印痕吗？在这巨大的印痕中，有着这座城市千年不绝的血脉情感和人文精神，有着这片土地的智慧和家族的尊荣流散，有着这座城市未来发展的坚定眺望。这一次不经意的见面，让杨健鹰与这座城市之间有了一见钟情和情定终身的记忆，这应该是一种血液基因的配型，从此让他对这片土地念念不忘。

郴州人与成都人有非常相近地方，说话的口音、吃饭的口味、生活的逸趣、为人的性格，几乎一致。这是楚粤文化的交汇地，是“南方丝绸之路”的重要节点，一条“盐茶古道”穿越山谷田园和林木之间，由北向南，将百越沿海与中楚腹心连为一体。这里有“楚粤孔道”之称，是自古的商贸咽喉。郴州人文荟萃，帝舜在此南巡，炎帝神农在此发现野生稻谷，并将其驯化，养育天下，楚王义帝以此作为帝都所在，三国蜀中大将赵云在此有过驻守，留下许多生动的故事，韩愈、苏轼、黄庭坚、徐霞客……南来北往的文人墨客在此留任或长驻，留下“昌黎故径”等太多的人文遗痕。郴州是楚粤文化的交汇地，楚地人的王霸之气和百越的生猛之气，让郴州人天生有着火一样的性格和责任担当。著名的“湘南起义”就发生在这里，朱德、毛泽东、陈毅、萧克、肖华、黄克诚在这留下战斗的火种和丰富的红色文化，共产党著名的“半条被子”的故事便发生在此。郴州又是山水秀美极具旅游养生价值的地方，东江湖、飞天山、蟒山、王仙岭、苏仙岭、汝城温泉，良好的生态环境让这里成为长寿之乡和修生之地，这里是中国“九仙、二佛、三神”的出生正果之地。著名的政治人物张学良，曾在这里被软禁101天，而最终又以101岁辞世，这样的神奇不能仅仅看作巧合。这里是中国最好的国际赛事训练基地，中国女排最辉煌的五连冠历史，便是从郴州走出的。除了天下知名的矿石资源外，郴州的地方产业更是各具特色，嘉禾的稻米、临武的鸭、永兴的白银、桂阳的杨梅、汝城的温泉、资兴的梨……十多个市县，几乎每一个市县都能拿出自己独具特色的拳头产品。郴州被称作“林中之城”，仅从一个“郴”字的造型，就能看出它天下唯一的生态内涵。

一个民谣，生动地展示了这座城市的绝无仅有的生态条件、贸易地位和不屈向前的生命能量：“船到郴州直，马到郴州死，人到郴州打摆子”（注：打摆子为地方语，意指染上瘴气疫疾）。这本来是第一次杨健鹰到郴州时，郴州的朋友自谦表达自己家乡落后一面的交流，却让杨健鹰听出了这座城市在“商贸地位”“交通接驳”“生态环境”“旅游资源”“康养条件”“经济门户”方面的绝对优势。

俗话说：念念不忘，必有回响。十多年之后，这片土地真的与杨健鹰续了前缘，他成了这片土地的策划人。在接手郴州长卷这个项目的策划后，杨健鹰率队不仅跑遍整个郴州的城市和乡村，跑遍了十多个市、县、区，而且对长沙、广州、深圳和整个湖南和珠三角地区的城市战略、城市产业、文旅资源、消费趋势、经济走向、市场需求、文化个性、人文记忆、建筑风貌、竞争态势等进行了全面的调研。并最终确定：要站在湖南经济迎接珠三角产业转移的战略高度；要站在粤港澳大市场文旅休闲康养需要满足的高度；要站在浓缩郴州城市文化、串联郴州文旅资源，助推全域郴州地方产业发展和城市品牌的高度，将一座城市文化、产业、战略智慧的“精”“气”“神”，浓缩成一幅大卷，浓缩成一枚指纹，浓缩成一张代言郴州、代言湘南文化发向全世界的城市名片。以一幅串联着乡村、田园、山林、城市的文化产业大卷，将郴州、湖南的文化、产业战略实现聚焦，成为“湘粤迎宾门，郴州前客厅”。

这是一场美好的姻缘，也许从杨健鹰与郴州20多年前的第一个眼神开始，便注定了这场姻缘的完美结果。这个策划，多年来得到了从苏仙区到郴州市再到湖南省各级领导的认可和强大推动。杨健鹰永远都记得第一次向苏仙区领导汇报“郴州长卷”的策划时，当汇报进行到十多分钟时，激动的苏仙区区长李浩，亲自“接管”了杨健鹰剩下的汇报内容，为在座的各部长讲解策划和未来的战略思考，这是一个策划人与一座城市之间的心灵共鸣。城市策划，不是策划人自说自唱的才华表演，而是这座城市自身的血液澎湃和未来的希望燃烧。“郴州长卷”在构思之后，得到企业艰苦卓绝的实施，尤其是得到郴州市委、市政府几届领导的力推，得到湖南省委、省政府的高度认可和支持，得到海内外市场的支撑，无疑是对一个策划人的最大回报。

一、河居时代

（一）寻找河流的思想

杨健鹰说：水是最古老的灵魂。也许正是因为如此，杨健鹰的许多思考都常常是在水边完成。河水给了杨健鹰无边的灵性。这种灵性有如游鱼一般，带着杨健鹰的思想穿越于一条亘古不逝的水系。河流，从此成为杨健鹰永不关闭的智慧之门，成为一个个项目的成功之门。

一个楼盘，打开成都的河居时代。杨健鹰刚到成都时，成都河边的房子卖不起价。“穷人才住河边”，这是成都的固有意识。河边的烂房子多，蚊虫多，潮湿。当时，河边开发的楼盘也不少，比如上河城，但都没有将河居作为一种人居理念进行宣传。杨健鹰做的这个盘也并不起眼，就是河边很简单的两栋楼并排着，看上去恰好构成了两扇门的形象，于是杨健鹰取其象，提出了“打开河居之门”系列策划。

在大家都没有借势的时候，借了河流这个势，提出了人居与河居，人类与自然和谐，人类与河流的生存关系的思考。杨健鹰认为：所有的城市都与河流有关，城市里的每个人的生活都与河流有关，所有的生命都与水有关。在这个过程中，杨健鹰提醒人们思考的是，我们该如何形成一个和谐的生命圈，从而提出了打开成都的河居时代这个理念。

当时府南河改造，并没有提出河居时代，而是杨健鹰在做一个楼盘策划时，率先提出了这个概念。后来政府采纳了这个概念，政府的宣传，跟着一个楼盘的宣传思路在走了。包括新闻媒体、电报纸视，阐释对府南河的认识，都借用了杨健鹰在河居楼盘策划中，对河流的阐释理念。当时做了一个府南河的电视专题片，名字就叫进入河居时代。人们对府南河的印象，才从一个市政工程性的形象，转变成为一种城市精神和城市文化的探寻。这之后，成都河边的房价开始暴涨。

杨健鹰提出的河居时代，掀起了河居热。杨健鹰做了“寻找河流的思想”系列策划宣传，这个系列后来也成为府南河宣传的基本框架。这样，一个楼盘的策划，就上升到了一个城市的思想，小事点化了大境界。在河居概念提出来的那个时期，成都的房地产，有许多年时间，凡是临水的楼盘，必谈河居。

河居文化，在成都市举行的新中国成立60周年城市发展大事的评选中，被提选为影响成都的二十件大事之一。

（二）河居传统

四川是一个有悠久的河居传统的地方，成都平原更是有河居的优越条件。

公元前256年，秦蜀郡太守李冰率领众人修建了都江堰，浩浩荡荡的岷江水从此便归伏于阡陌交错的河道，默默行走于偌大的川西平原之上。从此，成都成为“千里沃野，物产丰富，水旱从人，不知饥馑”的天府之国。

现代城市的河居生活，在成都仅仅演绎了十多年。从杨健鹰在策划顺通河滨公寓时提出河居概念，打开河居之门开始。至今，成都人仍然在追逐“亲水”梦，他们的步伐从锦江到沙河，从沙河到清水河，从清水河步入到了江安河。而如今，步伐依然匆匆，来势更加猛烈。

以锦江为例，顺水而下的楼盘星罗棋布。波澜不惊的新旧交替，也于波澜不惊处慢慢繁衍出变化。曾经梦想诗意一般的河居生活，正在被钢筋混凝土掠夺，各自为政的“围河运动”，让一条自然的河流被分割成奇形怪状。当你漫步在河畔，看见的却是高耸的水泥建筑，纵然是身处悠长假期，心灵又如何能够得到释放？

依水而筑，临水而居，更是千百年来贵族精英与建筑师之间不变的心灵默契。无数水岸名宅如同维纳斯般，从水的幻梦中诞生而后永恒。粼粼波光中，人生的传奇如潮涨潮消。我们的祖先，最早也都是逐河而居。是河水滋养了人类，是河水浸润了我们的心灵。

成都有五大水系，给成都的子民提供了河居的优越条件。

锦江（府河、南河）、沙河、清水河、江安河、毗河，共同构成了成都这座城市的水上动脉。成都也成了一座水上的城市。“九天开出一成都，万户千门入图画”。我们的祖先也就是在这些河畔繁衍，世世代代生生不息。

锦江由府河、南河两部分组成。府河起于金牛区洞子口，止于彭山江口镇，全长97.3公里；南河起于送仙桥，止于合江亭，全长5.63公里。人文历史濯锦之江、源远流长。古往今来，李白、杜甫、李商隐、陆游等都曾在锦江留下游踪和佳句。

沙河，古称升仙水。南北朝的《益州记》、晋代的《华阳国志》及唐代的《成都记》均有记载。起于外北洞子口府河引水处，止于成昆铁路跨府河桥，全长22.22公里。沙河是一条自南宋时期就形成的自然河流，距今已有

1500多年历史。到元代、明代时，升仙水城东下游已有“沙河”之称，河宽约60米。

清水河是南河上游的主流，主要在成都西部，上承走马河，流经杜甫草堂、浣花溪，经龙爪堰在送仙桥与摸底河汇合进入南河。全长31.4公里，由郫都进入金牛、青羊区，流经青羊区范围17.4公里。清水河片区内曾有苏坡桥，东坡井，都是为了纪念苏东坡而命名的。由于环绕在上风上水的城西方向，从20世纪90年代末至今，形成了以清水河为主导的河居生活方式。

江安河，是与府河、南河、沙河齐名的成都市水系之一，污染较少。从地理位置上讲，江安河上游发源于岷江，原名新开河，为后汉时所凿，清康熙年间对在都江堰以下十里修筑江安堰，均其水势，使得温江大部分农田得以灌溉，故名江安河。

4000年前，作为古蜀鱼凫文化的发源地，江安河孕育了一个伟大传奇的古蜀王国，富饶的江安河为古蜀人渔猎提供了丰富的水产资源。后来随着农耕经济的普遍发展，它又以清澈的河水浇灌着两岸万顷良田，润泽着无数的乡村小院。从此以后，人们就在这片流域里生生不息，亲水而生，亲水而长。

毗河源于岷江，从新都龙安乡流入新都区境内，向东流到邵家寺进入青白江区，最后在金堂注入千里沱江。毗河河面宽80－100米，水量充沛，水质清洁，河道弯度较大，素有“九曲回肠”之称。两岸竹木茂密，稻禾盈野，四季风光如画，生态环境优良，川陕国道和成彭古道横跨毗河，一路留下优美感人的故事传说和大量名胜景区。

河水为成都注入了灵魂，河水也为这座城市的策划人，注入了灵魂。

（三）水中游出的绿水康城

绿水康城位于成都华阳府河之滨，占地141亩，建筑面积66000平方米。建筑为TOWN HOUSE形式，每位住户享有独门独户、顶天立地的个性空间。

绿水康城采用以水为主题，人行道与车道完全分离的总体规划，将临府河的亲水优势与园区内水景景观完美结合，充分体现出人的生命本质，环境的自然本质，以“五大共生”思考将人、建筑、自然实现完美的和谐。

2001年，绿水康城一经面世，就在业界引起强烈的震动，成为成都房地产的一大亮点。这个不足150亩的楼盘，立即被视为成都水居主题的代表作，并以每平方米高于本区域同类房产三分之一的售价，实现热销。

该项目以其深刻的水居思考，灵性的活体设计和生动的“鱼”型布局，获得了“可以游动的园区”的称号，并获得“成都市最佳创新楼盘”等系列殊荣。具体设计中也不乏精彩之笔，比如，动静脉双循环交通体系的创意，是绿水康城整个策划中最为精彩的一部分，人们普遍认为，正是这一创造发明使小区真正具有了仿生活性，更安全便捷。

绿水康城被称为“从水中游出的家园”。这个创意来自一条鱼。也是因为一条鱼的启示，杨健鹰发明了全国首座专利园区。正是因为绿水康城项目，一座园区游动起来，一种家园模式游动起来。这种家园模式就是全国首座专利——活体园区。活体园区的模式一经推出，就被众多房产公司仿效，业界称他创造了联排住宅的最佳模式。

绿水康城的布局如同一条游动的鱼，让人感到灵气袭人，被称作打开了“园区仿生学”的第一页。当初，这一创意的产生，并非有意以一种“型”在此强化水的含义，而是来自杨健鹰一次漫步，水中一瞥时刹那间的灵感与神思。杨健鹰是一位漫步水边的思想者，他在绿水康城的策划札记中写道：

世界总是在寻找着最终的和谐，人与人、人与自然、自然与自然、共生、平等勾画着我们最远的地平线。绿水康城的思想由水而起，在“生命·健康·欢乐”的思考中。我们发现真正快乐的水系正是自己的血流，正是每一片绿叶划出的脉络。

一条鱼的结构、一片叶的结构、一种生命的结构，正是我们反复思考的用于收留生命的一个园区的结构。脉式循环体系、五大共生思考。平等、平静、平和可再生的园区模式倡导，这一切都为我们展示着一个共同的梦境，展示着我们一个心灵的倒影，在水之外又在水之中……

（四）寻找家园的水系

从顺通河滨公寓——打开“河居之门”到绿水康城“活体园区”，这是杨健鹰又一个水主题策划的成功，这两个项目仿佛有很深的链接，绿水康城是杨健鹰“寻找家园的水系”的系列作品中的一个，将绿水康城再一次定位为河居版，某种意义上，是出于杨健鹰对河水的偏爱。

杨健鹰不改他的诗人本色，在他眼里，水是有生命，有灵魂的，每一条河流都有自己的命运，对于绿水康城，他说：“这大概是一次水的轮回吧”。

在杨健鹰看来，这两个项目一个在府河的上游，一个在府河的下游，当初做顺通河滨公寓，是为打开一道城市的河居大门，让人们感受到水的思想。这次做绿水康城，却是为了走进水、拥有水，让“水”筑造一个家园的梦境。

当然，真正促使杨健鹰将绿水康城定位于水主题园区的原因，还是该项目的自身环境优势和目标群体——成都市区群体的水居情结。

杨健鹰分析认为，绿水康城位于成都市郊的华阳，距离给了它的优势，也给了它的难点，这个项目自身有三大链接不可忽视，第一为交通链接，南延线的便捷优势；第二为自然链接，府南河的景观优势；第三为人文链接，河居情结构筑的目标群亲和优势。

对绿水康城的布局，杨健鹰思考的重点更多是针对小区康居需求而思考的，比如地块利用、朝向、采光、内外景享用、交通便捷、安全、隔音、隔尘、教化、心灵、满足、指向等等。最初策划营销部设计的布局有如一只扇贝，后来发现现在这个“游鱼”布局更能满足人们的居家理念。

的确，它是一条游鱼的结构，同时也是一片绿叶的结构——也正是这样的生命结构方式，给了杨健鹰思想的活性。如果说这条“鱼”果真是打开了园区仿生学第一页的话，那么这个布局，应该是人居思考被生命形体的一次点化。小区中真正游动的不是一条鱼，而是一种生命与水、生命与环境、生命与心灵共生共融的思想。

绿水康城是杨健鹰的一个得意之作，不仅获得多项殊荣，市民也好评如潮。它不仅吸引住了成都的购房者，甚至吸引住了台湾和香港地区，以及荷兰和美国的客户。绿水康城刚一推出，就受到社会的广泛关注和普遍喜爱，作为开发商自然是一个再愉快不过的事情。

对于绿水康城的成功，三佳房产总经理颜旭并不感到吃惊，他认为，绿水康城取得的成功，是一种真诚努力付出后的回报。为这个项目的开发，健鹰为策划做了非常充分的准备。绿水康城的方案能够获得多个奖项，主要在于策划营销上有它的独到之处。

（五）房地产开发的“唯心论”

对绿水康城来讲，如果仅仅是取得销售上的好成绩，还不能说它就已经取得了真正的成功。毕竟对一个楼盘来讲，设计、推广和营销只是它成功的前期阶段，一个楼盘要真正取得全面的成功还包括以下众多工作的圆满完成：比如修建、比如物管、比如小区服务、比如小区文化建设等等。

当然，良好的销售业绩，得到市场的肯定，就是迈出了品牌建立的第一步，如果说绿水康城的这一步是成功的话，是建立在对以下几大因素的把握：一、环境优势的充分利用；二、目标群体购买动机的准确把握；三、建筑形式的系统思考；四、园区理念的完美提升；五、品牌推广的精心布局；六、社会机遇的明朗把握等方面。

绿水康城的布局形式非常独特和大胆，整个园区不设中心大型景观，而在营销推广上，也极力回避许多开发商竭尽张扬的促销手段。一切都在一种平和、平等、平静的方式中获得了张扬。

仁者乐山，智者乐水，水是最高智慧的象征。绿水康城的思考也正是一种对水的深刻思考，对生命的一种深刻思考，真正的生活是平静的、健康的生活，人与人、人与自然都只有在一种平等、平和、平静的相处之中，才有可能获得美好的共生。

所以，杨健鹰将绿水康城的开发理念，确定为一种“平和、平等、平静与共生”的生态理念。在园区的设计规划、建设，以及服务上，都力图倡导一种平等、均好、可参与、持久和共生关系。为此，杨健鹰在策划中采用了活体园区方案、采用完全联排别墅形式、采用非核心多景观设计以及五大共生的小区理念。

绿水康城的活体园区方案一经推出，立即受到许多楼盘的效仿。有人甚至夸张地说，绿水康城创造了联排建筑的终极样板模式。这种“鱼骨布局”几乎成为全国联排建筑的模板。然而杨健鹰对笔者说：任何一种模式，都应该在发展中谋求变化，房地产也是如此，模式是服务于理念的，绿水康城的模式，并不是适合为所有项目开发提供理念样板。

项目不同，群体欲求不同，就应该设计出不同理念的模式。房地产开发应该建立在一套完整的思想之上，而不应该是一种简单的割裂式模仿和照搬。绿水康城是反模仿和反照搬的一个新模式、新创造，没想到自身却成为模仿和照搬的样板，这是绿水康城的成功，也是一个反讽。毕竟，低成本的简单模仿，永远取代不了自主创新。

绿水康城在五大共生中，明确地将教育共生作为小区的五大核心主题之一，并在小区的健康内涵中明确地将“精神康居”作为最高创造倡导。有媒体评论说，这一点使绿水康城打破了现有房地产开发的“唯物论”，从而建立了房地产开发中的“唯心论”。

媒体对绿水康城给予了如此之高的评价，但仍然有必要补充一句，那就是，绿水康城的“唯心论”，是建立在彻底“唯物论”的基础上的。人类是物质的，同时又是精神的。人类心灵的愉悦，是通过物质作用于心灵的结果。不同的心理欲求、不同的文化积淀决定了人们对同一事物的不同感受。要建立一个真正欢乐健康的家园，仅仅塑造我们的建筑是不够的。开发商在开发建筑的同时，还必须关注心灵的开发。

二、河上漂来的金玉米

作为策划人，像鱼群一样把握你的客户群，发掘他们真正的兴奋点，并使用他们习惯的语言符号，这是成功的关键。不同的消费群体，有不同的人文结构，也就有不同的商品欣赏角度和感知习惯，就像不同的鱼群一样，喜欢不同的诱饵。营销传达也是如此。每一个策划，都应该具备它的唯一性。每一套策划，都必须具备强大的个性。这个个性，就在于它血液之中、灵魂之中的寻找。像在一枚石头中，去获得它深藏的火花。只有在这样的火光照耀下，我们才有可能，获取最大的品牌传达和商业功效。

——杨健鹰

（一）让资金发芽的金玉米

海发商城位于成都火车北站与人北大道交汇处，是1997年成都北门商圈升级商城的代表，商城总建筑面积五万余平方米，商场二万多余平方米，售价高达3.2万元/平方米，这在当时的这个区域中属于天价。

这个项目，最初在市场上却并没有得到肯定，海发商城开盘销售效果不尽如人意。海发商场在营销中问题出在哪里？不足的一环，就在策划营销方面。特别是在广告创意上，工作做得还不够到位，没有点化出这个项目的真正卖点。而这个工作正是杨健鹰所要做的，他通过一株“金玉米”的创意，在适当的时候，以适当的方式，点化出这份大菜的鲜美之处，让海发商城香溢成都，一时食客云集，车马沸腾。

海发商城的口岸不错，但前期开盘并不顺利。海发集团决定重新对海发商城实施营销策划。海发集团销售总经理郑勇回忆说，决心推翻原来的方案，重新营销包装之后，集团几乎收到了当时成都所有知名公司送来的方案。大家第一眼看过之后，就一致定下了杨健鹰的方案，选择这套方案，是因为方案实在太灵妙。

杨健鹰的案子，以一株玉米为核心形象，以“海发商城，让您的资金发芽的地方……”为主题词。海发商城的生意人群体许多人来自农村。他们的生意理念很简单，就像农村种玉米一样，种下一粒种子，收获一包玉米。这些曾经的农民，他们进城以后，他是用资金种下种子，希望像种玉米一样能开花结子，能够发财。

方案根据目标客户群的经济特征和心理特征，将项目的主诉语明确实施数字化，并以一种生长的方式将铺位的总价逐一递增，以启动不同实力的购买群。同时以商城代租、三年租金冲抵房款的方式，明确提出“60%房款获100%产权”的数据化诱惑。并将房产保险、租金回报公证、银行专户保证收益，三大利益点进行进一步的明确。

（二）广告还可以这样做

在成功之前，质疑的声音也不是没有。杨健鹰为海发商城所创意的海发金玉米系列，至今看来都非常新奇。当有媒体问郑勇，作为海发商城的销售负责人，在对这套方案作认定时，是否对市民认知和接受上有所担心。毕竟，这个系列广告在当时还是很前卫很先锋的，甚至在全国也没有类似的广告出现过。以至于广告推出后，不少同行还惊呼：原来，广告还可以这样做！

郑勇本人也是资深房地产专家：当初凭直觉，只感到这套广告与我记得的一套法国著名广告，在内在精神上有着异曲同工之妙，很看好这个案子。有许多策划和广告人士常抱怨说：好的广告，市民不能吸收。郑勇认为，这种抱怨其实是一种自我开脱，我们无论如何不应该看低市民的欣赏水平。好的广告就必须是具有征服力的广告，而这套方案在实施后的成功，也用事实向我们作出了证明。

事实证明，郑勇的直觉是对的。后来杨健鹰接手该商城的营销策划，并以一套金玉米广告系列，成为当年商业楼盘推广中最为抢眼的亮点。广告刊发后的情景令人激动。那天谢亮海先生去海发商城划款，他走进销售大厅，就急忙退了出来，他以为海发公司在开员工大会。原来几百平方米的销售厅，已被客户坐满。得伯乐识马，明眼人识珠，这大概是杨健鹰的幸运吧，更是他的实力使然。

所谓英雄惜英雄，高手之间总是报之以李投之以桃。面对媒体的询问，郑勇说，我选健鹰先生的策划，要说有什么担心没有，确实没有。广告设计出来，海发商城的销售负责人，都为之拍手叫绝。在类似的场合，杨健鹰则讲，应该说没有郑总的眼光，这株玉米是不可能发芽成长的。

策划人必须具备为开发商服务的意识，不能喧宾夺主，必须恪守自己辅助的位置。策划人可以担任导演，但必须尊重投资方和制片人。如果你要搞纯文艺片，做纯粹的先锋实验电影，那就应该做独立制片人。市场是有它不可更易的铁律的，策划人不能逾越。杨健鹰不仅辅助投资方做好了这盘菜，还为喜欢这道菜的客户做好了服务工作。当杨健鹰以一株玉米的创意方案，助海发商城售出数亿的楼盘，那株金玉米给人留下了深刻的记忆。

当然，一个成功的策划创意，会分析出非常具有逻辑体系的理论，而对实战中的杨健鹰来讲，他却相信是一次说不清的直觉，这大概是灵的点化。

（三）像鱼群一样把握你的客户群

杨健鹰说：策划和广告之根，就是你所策划和推广的项目所针对的受众群的属性特征。不同的客户有不同的属性。他们的文化结构不一样、经济基础不一样、生命经历不一样、急迫需求不一样，则自然对他们的诱惑方式和传达方式，就不可能一样。策划人在做什么，广告人在做什么，就是在对您所策划的商品共性中，寻找它的形象个性和表达个性。

作为策划人，像鱼群一样把握你的客户群，发掘他们真正的兴奋点，并使用他们习惯的语言符号，这是一个策划人成功的关键。不同的消费群体，有不同的人文结构，也就有不同的商品欣赏角度和感知习惯，就像不同的鱼群一样，喜欢不同的诱饵。广告传达也是如此，每一个策划都应该具备它的唯一性，每一套品牌传播，都必须具备强大的个性，我们才有可能在有限的推广费用中，获取最大的商业功效。

杨健鹰回忆说，将海发商城与一株玉米联系在一起，首先得感谢河水中一株玉米的提示，或者叫一次灵感的闪现吧。每一次做策划，杨健鹰都习惯到河边去走走，去水边寻找灵魂。那一天，在暮色之中，他望着河水发呆。夏天的河水上涨了，这时候，河里从上游冲来了一株玉米秸，这株玉米秸在水中漂流而下，最后停留在了杨健鹰目光的正前方，在薄暮的余光中，随着水波一漾一漾的，像是在轻轻地拨动杨健鹰的心。

选择玉米作为创意主体，最重要的是针对当时海发商城的主体购房客户——火车北站荷花池区域的生意人所特有的文化结构、个人经历和中小批发商特有的生意习惯所为。当然这里面，也包括了对广告的识别性和记忆性的思考。这株玉米秸秆，不就是海发商城的生意人群体的象征吗？他们的根在农村，就像这株玉米一样，从农村漂流到城市中，开枝发芽，寻求发展。

在杨健鹰的策划故事中，这种非理性的直觉实在太多了，许多看似系统，而来得无理的思路，真的不能用通常的策划学理论和营销学理论来陈述。杨健鹰对许多系统性总结的理论体系非常排斥，甚至到了反感的地步，他认为我们许多营销学理论都是智慧的堕落，是对策划中神性的践踏，是对学生天才智慧的毁灭式培养。他相信策划的最后是有神灵相助的。不然，他无法鲜释他太多的经历。比如，在做亚热带商城时的“鱼的孵化”创意，这个来得无理的创意，一下解决了商城的循环难题，更直接将最难销售的异型空间，以最好最贵的价格迅速完成销售。

他在做“5·12”震中映秀的策划时，仅仅十多天，便完成了当时时间压力最大、政治压力最大、形象要求最高的灾后重建方案，这个方案既解决了项目的高度，又避免前期巨大投入的浪费，还节约了后期建设的时间，同时又完美符合震中的山水格局、交通循环、产业布局和全国全世界人民的心灵期许。这只金凤凰构思，却来得极其简单，有一个十多分钟的时间，杨健鹰的案头上有一张映秀的实测地图，地图的旁边有一本羌绣图谱打开的一页是“龙凤呈祥”，而电脑的展开页面，是网民绘制的“浴火凤凰”的图案，这一切点燃了一个不到半分钟的构思。要知道这三个元素，只要有一个不在，就可能没有这个震中的战略勾画图，要知道杨健鹰是几乎不用电脑的。

在做敦煌国际旅游名城的战略报告时，一个无法入睡的深夜，杨健鹰独自开车，去了三危山下那片巨大的戈壁滩，他置身在这一百多公里的魏晋墓园中，希望获得这片坟地与莫高窟、鸣沙山以及未来大敦煌旅游战略之间的文化表达方式。他在车上迷糊睡去又猛然醒来的时间中，分明见过红手敲窗，分明去过夜宴庭院，在地下的彩绘砖的一个个场景中有过亲切地穿行，后来便有了旱码头区域思考，有了敦博会会场区、有了鸣沙镇、莫高镇敦煌艺术大卷的构想，也有了王潮歌老师打造的“又见敦煌”实景演出……杨健鹰绝不承认，也不敢承认，这是他自己的思考。

三、三佳鱼

（一）“漏水冤案”如何做“消毒”策划?

在成都，说到三佳房产，常常让人想起付玉萍董事长带人在楼顶放水养鱼的故事。这件事给媒体披露后，在成都房产界和市民当中，引起不小的震动。从此，只要有人提到三佳房产，自然就联想到房子可以放水养鱼的故事。这件事之后，三佳公司开发的房产似乎就与“质量保证”之间，有了某种潜在的关联，更加巩固了公司质量取胜的品牌形象。

实际上呢，屋顶养鱼的行为，最初是一个危机处理，是一个“消毒”策划。当我们把事情的来龙去脉搞清楚明白以后，不得不叹服杨健鹰变不利为有利，倒转乾坤的策划能力。

事情是这样的，金城花园楼顶和厨卫放水养鱼这件事，本来是一次无奈之举。当时杨健鹰为金城花园二期服务，项目进入推出倒计时，谁知道就在这个计划实施的前几天，电视台播发了“金城花园住房漏水，业主与开发商起纷争”的报道。

这种报道，对一个新楼盘来讲，其伤害往往会是致命的。杨健鹰得知此事后，第二天即赶到华阳三佳公司。此刻，三佳公司的老总们，正和法律顾问在商讨如何对电视台进行交涉和相关诉讼事宜。

与他们的交流中，杨健鹰得知，所谓的住宅漏水事件，其实不过是一次住户的客厅渗水事件。由于楼上住户在停水时忘了关水龙头，水来后卫生间的一块小木板又被浮起，堵住了下水道，水自然漫到了客厅，渗湿了楼下住房。在房屋施工中，客厅和卧室，本来就不属于防水处理的范围。由此看来，所谓新闻曝光本来就是一个“冤案”。

杨健鹰认为所有的法律方式，都不是最佳解决方式。与媒体之间的官司就算打赢了，也难以消除其不良的社会影响。解铃还须系铃人，要消除这件事的不良社会影响，只能将它的解决方式设计为一种社会性方式。

（二）将计就计，屋顶养鱼

此时，颜旭总经理的一句话提醒了杨健鹰。颜总说：我们的房顶和厨卫是可以淹水的。加上杨健鹰深知公司对房子质量一贯的重视，视之为生存的根本。

杨健鹰回忆说：颜总的这句话使我立即想到了一个社会公关方式。于是我提出了在金城花园房顶、厨房、卫生间进行一次关水48小时的养鱼活动。利用时近春节的机会，邀请新老住户参加“岁岁有鱼”的捕鱼联欢活动。并提请省公证处公证。邀请这家电视台的其他栏目组，以广告形式对这一活动进行追踪报道。为什么要请别的栏目组呢？因为杨健鹰对电视台的经营模式非常了解，不同的栏目组都按时段划分经营独立，各有各的客户体系和经营任务，一般不会拒绝到来的业务。而对于消费者来讲，则看到的是同一电视台前后不一的报道，他们会认为后一个报道是对前一个报道的纠错。这相当于电视台承认前面报道有误的认错，又及时又不伤关系，宣传效果更好。与此同时，将这一活动的图片和金城花园住房“关水养鱼48小时而无一处渗水”的公证书，制成我们的开盘广告，这样一来，不仅消除了前期电视台不良报道的影响，反而更加强化了金城花园的质量形象。而电视台的追踪活动，也变相成了对前期报道的更正。

这一“鱼儿为何游得欢，金城质量看得见”的“消毒”广告一出，立即引发了市民的强烈反响。这在市民对房产质量尤其关注的当时，金城花园无疑一下子成为房产质量的象征。也使公司的形象总是与质量和诚信联系在一起，也因为这次活动的影响力，金城花园被双流评选为唯一的质量示范小区。

三佳公司对于房产质量的重视程度，杨健鹰是深有体会的，这给了做策划营销更大的自信，也给了更大的发挥空间。杨健鹰曾经说起这样一个细节：有一天晚上十点多了，他在颜旭总经理办公室谈事，付董突然披着棉衣进来，要颜总去看一个房产质量的电视报道。原来，当时付董已经准备睡觉休息，临睡前在电视上看到这个报道，怕错过这个谈房产质量的节目，一骨碌从床上爬起来，来不及穿好衣服，批了件棉衣御寒，就过来招呼颜总共同观看。

这件小事给了杨健鹰很深的印象，也为他在“屋顶养鱼”的策划案子埋下了伏笔。策划之妙，简单如一次完美的转身。

四、椒子街辣椒

家园既是生活的栖息地又是情感的浓缩地。千百年来人们居住在各自的家园之中，生息繁衍、婚丧嫁娶，将一生的亲情、友情、爱情演绎并托付在这各自不同的家园之中，演绎并托付在各自不同的建筑形式内。人类的情感和故事便一次又一次渗入这建筑之中，成为建筑的灵魂，成为家园的灵魂。于是，家不再是建筑材料的堆积物。而家园的魅力，也掠过建筑的本身而成为一种文化，成为一种思想，成为一种精神。认识建筑的精神不仅仅是房地产开发成功的关键，也是房地产营销的关键。椒子街公寓能获得市场的认同，正是因为在该项目的营销中，把握住了消费者的情感空间。

——杨健鹰

（一）小型房产项目的推广典范

椒子街公寓，位于成都椒子街，占地仅4000平方米，总建筑面积仅12000平方米，总户数100户，是典型的小楼盘。椒子街公寓这个盘作为一个标准的小盘，恰恰是因为它的小，策划中的一些特点反而表现得更明确、更鲜明。

这个项目的策划营销中，最吸引人眼球的看点是，杨健鹰"用一只辣椒浓缩了一个楼盘"的"椒子街公寓"策划案，也是这个案子堪称小盘推广的经典独特之处。

椒子公寓是不折不扣的小盘，然而当年椒子街公寓在成都房产界的影响度，却是许多中大型房产项目无法相比的。1998年，一只辣椒可以说红透了一座城。这只辣椒也被椒子街公寓的开发商金牧实业公司作为公司吉祥物，佩戴在员工们的胸前，而金牧公司人员在向别人介绍自己公司时，总会强调："金牧公司就是开发椒子街公寓的那家公司。"椒子街公寓的营销，是小型房产项目的典范。

我们总说策划必须要做到人性化，人性化是一个普遍性的精神品质，策划的目标往往是寻找区隔，寻找与众不同，人无我有，人有我新的独特价值。那么，在策划中，普世性的精神价值标准和个性化追求是否矛盾呢？表面上看，两者是完全对立的。实际上，普世性的价值标准，是策划也好，广告也好，是信息发布者和接受者之间达成认同的基础。所有的个性化都是在这个共识的基础上的升华。因此，两者不是背离矛盾的，人性化是个性化和性情主义的基础。这一原则在椒子街公寓项目中表现得十分明显。

杨健鹰在椒子街公寓的营销策划中，就是把人性的温暖和这个楼盘的独特性用一个辣椒的意象整合起来，融合两者的核心是一个"辣"字，这既是生活的味道，也是川人的味道，家园的味道。杨健鹰是策划人，也是诗人，他的笔是温暖的春风，他写道：

家园既是生活的栖息地又是情感的浓缩地。千百年来人们居住在各自的家园之中，生息繁衍、婚丧嫁娶，将一生的亲情、友情、爱情演绎并托付在这各自不同的家园之中，演绎并托付在各自不同的建筑形式内。人类的情感和故事便一次又一次渗入这建筑之中，成为建筑的灵魂，成为家园的灵魂。于是家不再是建筑材料的堆积物，家园的魅力也掠过建筑的本身而成为一种文化，成为一种思想，成为一种精神。认识建筑的精神，不仅仅是房地产开发成功的关键，也是房地产营销的关键。

椒子街公寓能获得市场的认同，正是因为在该项目的推广中，把握住了购房者的情感空间。

（二）盘无大小

椒子公寓作为小盘的成功代表，成为成都精小楼盘的样板战例，今天看来，成功是否来得太容易了？一座花园被杨健鹰浓缩成一只辣椒，似乎不经意间就卖掉了。房子卖完了，开发商仍旧坚持把他的广告载完。这还不算，开发商还把这只辣椒作为该公司吉祥物，佩戴在员工胸前。

事实上，盘无大小，都有它的优点和缺陷，这是杨健鹰的一贯思想。每一个楼盘都应有自己的一套营销法则。椒子公寓这个项目的一些具体困难，也对杨健鹰带来了很大的挑战。

开发小项目的难度在哪些方面呢？椒子街项目的开发单位、四川金牧实业总经理张力对此再了解不过了。张力总经理介绍说：椒子街这个盘规模不大。开发小规模项目的最大难点，在于小区环境配置和资金配置。随着现代生活水准的不断提高，人们对居家环境的要求越来越高。诸如会所、幼儿园、大型车库、康体设施、休闲中心、购物中心等，对一个大的园区来讲，这一切都很容易，而对一个小项目却是一个不可解决的难题。

小的项目在争取客户购买方面，就往往处于劣势。在资金配置上的难题，主要表现在宣传推广资金上。由于项目太小，利润空间有限，小项目就不可能像大项目推广那样实施宣传推广，这样便造成了来客量的限制。小项目营销的难点就在于此：一方面签单率有限，一方面来客量又有限。

张总说："椒子街公寓开发于1998年，总建面积12000平方米，总户数为100户，平均销价近3000元/平方米，开盘不到四个月即全部售完，中途三次提价。这在当年是一个非常了不得的成绩，健鹰先生的这套策划在其中起到了奇效。"

（三）辣椒的味道

椒子街公寓的推广，由一只辣椒将这个项目的形象锁定。杨健鹰的这个创意的确非常大胆新奇，这在当时成都的房地产推广中是闻所未闻的。张力总经理当初也有些迟疑，担心被人误认为辣椒酱广告了。为了这个创意，双方交流了两个多小时。杨健鹰最终说服了张总，这只辣椒得以面世。

椒子街公寓的推广，成了成都精小楼盘推广的样板。跟杨健鹰的非凡策划创意分不开。张力总经理能通过如此大胆的创意，足见他的眼力，可谓独具慧眼。椒子街公寓成功开发之后，张力总经理又成功开发了规模比椒子街公寓大得多的风华苑、九寨沟大酒店等，对于当年开发的椒子街公寓，他仍然赞不绝口，认为椒子街公寓不失为成都精小楼盘开发的象征。张力总经理笑着说："这只辣椒给了我非常愉快的记忆，我至今也对我当时的决定感到满意。"

张力总经理所言绝非客套话，当时，椒子街公寓的广告系列中，版面最大、花钱最多的广告，是在椒子街公寓已无房可售的情况下刊发的，这不是白白浪费资金吗？

金牧公司当初做出这个决定是出于怎样的考虑？张力总经理解释说："椒子街的整个推广费用都非常的少，而最后推出的这个广告费用却有六万多元。没房子卖了，却刊发了最大的一次广告，原因有两个：一是对健鹰先生工作的感谢；二是我太喜欢这套方案了，它的完整推出有助于椒子街公寓品牌形象的完满。”

作为开发商，对广告策划的实际效果是最清楚的。张力总经理认为椒子街公寓这套广告的成功之处，大致有以下这些：

一、椒子街公寓品牌形象与品牌名称的巧妙联系。椒子街公寓与海椒形成了最直接的形象记忆；

二、浓缩概念与院落情结，对小项目房产弱势的巧妙替换。一只浓缩的海椒将川西人文完全浓缩，并以这种浓缩将椒子街这个“小区”的各种环境的不足之处完全替换为一种优势，形成了“浓缩才是精华”的价值取向；

三、院落情结对目标群体的准确打动。由于椒子街公寓广告对院落情结的策动，准确打动了一个椒子街公寓这种较大套型楼盘所对应的中年多人口家庭居住群体。

四、广告的版面节约而冲击力强，椒子街公寓这套广告的创意非常浓缩。这种广告既节约广告版面、节约资金，又有非常强的冲击力，在与其他广告刊于一处时，能起到以小胜大的作用。

五、广告记忆度深，有利于品牌传播。

当那只辣椒刊发后，张力总经理说，他的许多朋友都给他打来电话，对这只辣椒大加赞赏。夸赞杨健鹰的这套广告做得非常用心，可以说灵性袭人，辣味十足。他以一种具有故事传播性的院落识别符号作为支持，在十分有限的广告中，做到了言尽意不止的状态。他让广告自身将少的广告做得多了起来，给广告赋予了一个看不见的再生能力。如同作创意的那只蒲扇一样，以一种缝补破损的针脚，给您一个永远都讲不完的故事，如徐徐清风，让您不断回味，让您不断感动。

（四）小盘是浓缩的精华

有记者采访杨健鹰时，问道："健鹰先生，当年您策划椒子街公寓时所创造的那只辣椒，至今让人回味无穷。椒子街公寓的案例，被业界视为小型楼盘的推广典范，而中小楼盘的运作也正是目前成都开发商最常见、最头疼的问题。您能谈谈成都中小楼盘的一些运作要点吗？"

杨健鹰回答说：绘画界有一种说法，那就是，最难画的画是最简单的画。运作房产从某一个角度上讲，也是如此。有时操作小楼盘的难度的确要超过中大楼盘。

俗话说"麻雀虽小、肝胆俱全"，由于小楼盘的体量有限、利润空间有限，推广费用有限。有的项目其整个推广费用就只有几十万，甚至十几万，这样的费用，几乎无法实施几个像样的广告和活动，不可能给我们留下太多的运作手段和运作空间。也就是说操作这类楼盘，是不可能给我们留下犯错误和改正错误的机会的。

要运作好小楼盘，我们就必须从土地策划、建筑策划、园区策划、营销策划、推广策划这一系列的工作中，把握好每一个环节，使其成为一个完美的统一体，以最大限度实现品牌推广的系统支持。从营销的角度上讲，所有楼盘的营销都依靠个性取胜。

对大型楼盘来讲，其推广的规模性，往往能弥补其个性感知的不足。但对于小型楼盘来讲，个性化的强冲击力、强扩散度和强记忆度，就可以说是其成功的唯一机会了。

由于椒子街公寓规模太小，在小区诱惑力上、在形象的推广上，都无法与中大型楼盘相比，所以我们不得不借用一种"浓缩"的概念。俗话说：浓缩就是精华，我们只能以一种浓缩的精华概念，去消除楼盘的小型概念。在广告当中也尽量使用简洁的、强记忆度的、并具有巨大内涵张力的视觉符号，先让诉求“语言”浓缩下来，传达出去，再让这些语言在客户的记忆中慢慢溶化，滋润心灵。

在这一点上川西的红辣椒，给了杨健鹰的策划方案最大的支持。其浓缩的形体、其鲜红的色彩、其厚重的口味，同时其与川人特有的情缘，甚至包括项目的名称都仿佛被其涵盖了，成为浓浓的回味、成为一个院落、成为院落中的石磨、蒲葵扇、陀螺……成为这些石磨、蒲葵扇、陀螺……之后的一个个永无止境的故事，这就是椒子街公寓的味道。

此外，椒子街的形象推广设计，得到了设计师卓悦女士的鼎力支持，正是这位杰出的设计师，通过她对院落文化的独到理解和把握，才使“这只辣椒”如此川味十足。

正如有评论说，“健鹰的广告一看就能看出来，总是简单得非常丰富。”杨健鹰将椒子街公寓这样小的楼盘，做成了川西人居的缩影。一只辣椒汇集了千般语言，情聚于心，让人欲说还休。杨健鹰说，好的画都是意到笔不到，好的广告也是如此。不过要真做到简单中的丰富也的确很难，自我素养、客户素养、市场素养，都是我们每个策划人所面临的难题。有时静心看看自己的作品，才会发现用笔之繁杂，乱不忍读。椒子街公寓的广告系列，总共只有七个稿子，却给人以十分丰富的印象，仿佛有一个永无结尾的故事，还在不断地向您娓娓诉说。这套广告就像是打开了一个幽深的大院，让您总是转不出来……

杨健鹰是一个多情的人、眷恋生活的人。他说过，他从不做连自己都无法打动的策划。椒子街的广告中，总会让人去联想一些不忍割舍的亲情，这也是杨健鹰做的案子中一个非常普遍的现象。其中也包含着杨健鹰这个方案中所提出的院落情结的自我感动。他的方案中的情感是他对每一个人群、每一个地块、每一个家园的情感的浓缩。

（五）开启川西院落情结

椒子街只有6亩地，在当时的成都都是最小的楼盘。小是椒子街项目最大的缺点。如此小的盘，根本没法和别的盘打竞争战，规模和广告费用的量没法和别的盘比。杨健鹰利用缺点变优点的战法，小，我就不和你比大，我就和你比小。小，我就刻意张扬我小的这种特点。浓缩的就是精华，我把这种小和川西的院落情结结合起来。小，没有距离感，就是一种亲情。

最初，椒子街的广告做的是府河河居的概念，因为当时正是河居热的时候。杨健鹰看了以后，说，不行。椒子街这个盘离河还有1000多米，这个距离不算远，但中间还隔了一条街道，这个概念完全不能推动营销。如果非要打府河这张牌，那椒子街就是府河边最差的楼盘了。杨健鹰转而打起了院落牌。为什么呢？因为当时这个项目单套房最小的都是120平方米以上，其中一部分还超过200平方米。在当时的市场标准看来，不尽合理，有些偏大。杨健鹰把楼盘小、单套房子偏大两个大缺点组合起来，黏合起来，就像用水和了黏土，重新捏出一个艺术品一样，杨健鹰捏出的就是院落家庭。房子不是大吗？一个大家庭住就够了。老老小小，各个年龄段的人都有了，大家团聚在一起，亲情就得到了体现，得到了保证。最后是怎样一个效果呢？6亩地的一个超小盘，被业界和媒体一致誉为“开启了成都的川西院落情结”，成都的川西院落情结就是从这个项目开始发展起来的。而广告传播方面，杨健鹰仅仅动用了一只辣椒，很简单的一个广告。四川的辣椒最能代表川西院落。辣椒是一种生活方式，一种地域文化的浓缩，最小、最够味。在广告上使用，也最醒目、最简洁、最省钱。最后楼盘卖完了，开发商还把这只辣椒作为公司的吉祥物。在这个楼盘销售快要结束的时候，需要拍一个收官的广告。拍这个辣椒广告的时候，杨健鹰想找到一串漂亮的辣椒，像鞭炮一样串起来。但由于季节不当令，好几天没找到满意的红辣椒。正好，杨健鹰出差到万州，万州天气热一点，还有新鲜辣椒上市。杨健鹰在餐馆吃饭的时候，看到半截新鲜的很漂亮的红辣椒，就跑到厨房找到厨师，问万州还有没有辣椒卖，师傅说还有。于是杨健鹰跑了几个菜市，才挑选了几十只红辣椒，专程请了摄影师拍图片，为椒子街楼盘做一组完美的收官广告。

五、府河战略：城市智慧的交响

河水给了杨健鹰的灵性，杨健鹰的灵性，也伴随着他一个个关于河流的策划，而归入到河水之中。岷江、嘉陵江、长江、府河、南河、沙河、毗河、都江堰……，其流淌于杨健鹰思想的沟回中，成为生长文化、生长产业的智慧大树。

水润天府，水育成都。对于成都，对于天府之国的成都平原来讲，河水便是这座城市、这片土地的灵魂。城市和区域的未来发展，首先是从这片土地、这座城市的历史文化解读开始。如何解读成都，如何解读成都平原这片土地，一直是杨健鹰思想的课题。在府南河工程之后，杨健鹰一直希望以府南河锦江水系的系统人文解读，串联提升大成都大天府的文化旅游及城市产业板块，使其成为华夏文明背景下的人文高地和产业高地。为此他以古蜀金沙文化为背景，首次谋划了“中国太阳河”人文战略产业带，又以三星堆文化为支撑，以湔江河谷与龙门山山系构思出古蜀先民迁徙走廊文化产业战略带，从而形成以两大文化水脉为支撑的，以“青铜平原”为整体品牌，以华夏文明精神基座为高度的成都平原战略体系。

对于长期居于成都的杨健鹰来讲，其对府河的思想脉络，是其对一切河流展开思考的原版。从1997年成都市政府展开的府南河改造工程，到2009年受命于继续沿成都市区以下，以双流县境的府南河流域为重心并延至乐山的府南河水系进行文化与产业思考，这无疑让杨健鹰最初的府南河河居文化的策划思想，有了最大的圆满。这个思考也为他多年以后的“青铜平原”四川全域乡村振兴战略，打下了思想的基础。

（一）“广都河——中国的太阳河”

所谓取法其上，而得其中，取法其中，得其下，取法其下，得愈下。在城市区域的未来战略构思上，必须遵循这个道理。当然，立意高，不是漫无边际地胡思乱想，不是信马由缰地狂奔，不是乱放卫星。城市战略策划不能只是搞花架子，搞空中楼阁，在有前瞻性，甚至未来性的同时，必须要有现实的操作性，要落到实处，用杨健鹰的话来说：策划要有落地性，越是气势恢宏的策划越是要落到实地。

双流府河段的战略构想，上承成都市区府河人居文化产业战略，下接眉山乐山旅游产业经济带，在时间和空间上都非常宏大。其中涉及历史文化资源保护、古镇改造、河道改造、房地产开发、农业产业战略打造、城市商圈打造、旅游休闲经济打造、城市未来战略设计等众多课题。杨健鹰在做策划之前，确立了几个基本原则：1、双流府河段的发展战略，必须树立城市发展思维，做强城市经济，为实现跨越发展、和谐发展创造条件。2、双流府河的发展战略，必须统筹推进城区、区域中心镇、一般城镇建设，力争通过3—5年将双流建设成中国西部独具特色的区域性大城市。3、双流府河段的发展战略，一是要科学确定城市发展定位，二是要全力挖掘城市文化。4、双流府河的发展战略，城市发展的首要问题就是城市定位问题，要牢固树立四种思维：一是城市设计思维；二是城市环境思维；三是城市经济学思维（建设成都重要的现代制造业基地、现代服务业基地，提升金融服务业，拓展中介服务业）；四是城市社会学发展思维。

在双流府河的战略策划中，杨健鹰的立意颇具战略性、前瞻性和未来性。

杨健鹰通过地域考察、文献整理和吸纳文化考古的最新成果，提出了“广都河——中国的太阳河”这个核心概念。根据文献记载和考古成果，我们发现，双流府河流域就是历史上古蜀国历史上的广都河地区，是传说中通向太阳的巨树——建木的生长地，是金沙太阳神鸟文化的延伸和解读，是三星堆太阳神树文化的延伸和解读，在远古的广都河，也就是今天的府河沿岸，这里是生长着华夏中心太阳神树——建木的地方，这里是华夏之帝黄帝上下天地的地方，这里是葬着华夏始祖后稷的地方，这是古蜀文明的发祥地，是蜀王蚕从、杜宇的治所之地。杨健鹰指出，广都江，一条比“锦江”品牌更古老，比“府河”内涵更博大的华夏文明水域。打造太阳河品牌，将让双流乃至整个大成都城市的品牌与太阳一道飞升。

府河 - 广都河 - 太阳河的形象建构，是以四川现有的丰厚历史人文资源为依托的，是有坚实的学理基础的。中国太阳河的打造，以广都历史人文为发掘重心，利用建木传说作为支撑点，将太阳精神与三星堆文明、金沙文明实现完美结合。在东方古老的宇宙观和现实的历史遗存中，建立起的双流“华夏人文元点”的城市品牌形象，与一条闪耀着华夏精神光芒、流淌着国际人文风采的太阳之河，构筑起休闲之都的水墨注解。

杨健鹰的构想恢宏大气。在他的构想中——

中国太阳河的打造，有如一首恢宏的太阳交响曲。以中和、华阳、正兴为核心段落，将一个地区、一座城市、一个民族中庸仁和的性格、勃然向上的精神、广纳百川的胸襟，通过一个个旅游景观和产业体系解读为和谐之源、太阳之心、中正源流。

在这条河流之上，《太阳序曲》（中和篇）、《辉煌交响》（华阳篇）、《光照千秋》（正兴篇）三大主题乐章交相辉映、气势磅礴。从“中华和谐塔”开始、从太阳水门开始，一条河流的品牌、一座城市的品牌犹如芙蓉岛——太阳神鸟号巨轮的启航，越过“夸父追日”马拉松绿色跑道；越过国际指纹湿地公园；越过华阳阁、太阳塔；越过水上华阳、欧风美食长廊、华夏之光水幕电影长廊、海岸啤酒公园；越过通济桥广都古城区、二江寺、南湖国际社区、二仙桥、成都港；越过太阳城、华夏元点公园、流水金沙水上展演场、“华夏五千年长河”水陆漂流骑游线、华夏农业观光区、《华阳国志》崖刻公园、体育公园、苏码头古街区、后稷山农耕文化旅游区以及中华河流公园、华夏先贤纪念坛、华夏之光盛世灯塔等数十个重心产业区域和数百个人文自然景观之后，在“中”“华”“正”“兴”的水脉中，实现了最为圆满的归泊。“华夏人文元点，国际休闲水岸”的内涵，在这流光溢彩的现实生活中，进行了生动的标注。

这是一条被太阳点化的河流，这是一条被精神引领的河流。在这条河流之上，有历史、有传说、有古迹、有新景、有古趣、有时尚；有民俗神韵、有异域风情；有自然山水、有人文情结；有时间脉络、有空间推进。这条河流宛如一条巨大的产业纽带，将文化与经济、将自然与市场巧妙地串联起来，成为一个数百平方公里的产业舰队。这条河宛如一条巨大的品牌纽带，将双流与成都、将双流与世界快速地串联起来，成为一个如日中天的焦点。

太阳是唯一的，太阳是至高无上的；太阳是世界的，太阳是双流的。打造一条属于世界，又属于自己的太阳之河，是府河休闲旅游产业带的制胜思路。太阳是双流城市品牌的最高提升，太阳是双流城市品牌走向世界最强烈的闪光点。

（二）成都河流宣言：让河流标注城市

成都这座两千年的历史名城，将以怎样一条河流映入世界的眼睛？杨健鹰用灵动的思想点化千年的府河流水，用府河休闲旅游产业战略写就成都河流宣言。未来的城市竞争，是城市品牌的竞争；未来的城市竞争，是城市战略的竞争；未来的城市竞争，是城市文化力的竞争。在府河的河水中，有巴蜀历史人文留下的不逝光芒，我们应该让河流标注城市。

双流府河改造工程，既是府河水利改造工程，也是府河滨水休闲旅游及沿河区域产业带的打造工程；更是双流的城市品牌战略工程。在该工程的打造中，我们不仅要做好河流改造和相关产业的打造，同时还应充分利用这宏大的改造工程，为未来双流发展创造更好的国际品牌形象和更好的文化竞争力。

因此，在双流的未来战略中，必须充分认识府河的价值。河流是城市的母亲！世界上所有伟大的城市，总是依偎着一条伟大的河流。河流是城市的乳汁，在她的滋养下人丁兴旺、草木丰美。河流是城市的血液，它造就一座城市的文化与精神，并将这种文化与精神沉淀下来，成为这座城市最永恒的基因。

认识城市，从河流开始；解读城市，从河流开始；彰显城市，从河流开始；创造城市，从河流开始。在杨健鹰眼中，府河绝不是地理概念上的河流，他将它看作一条文化与产业的标注线。

1．府河——双流的区域中心轴线

府河双流河段，北起中和镇、南至黄龙溪镇。该河段全长49公里，集雨面积969平方公里，犹如一条巨大的主动脉，穿越着双流的五大乡镇，并将二十五个乡镇均分为东西两半。无论从产业经济、自然风光还是人文历史、交通布局上讲，府河双流河段，都堪称双流区域的中心轴线。它是承载双流过去与未来的巨型画卷。

2．府河——双流华夏文明的标注线

府河双流河段，上接锦江之水，是岷江文明、古蜀文明的流淌之河。三星堆文化、金沙文化将长江文明的两大核心元点标注在这河流的上端。而广都遗址、华阳古城、瞿上城以及后稷、建木的传说更是将这49公里的河流段解读为中华文明的源头之地、元点之地。府河双流段，无疑是双流华夏文明的标注线。

3．府河——双流的国际形象的展示线

历史的府河，是古老的四川与世界联络的航道，现实的府河，是机场高速与城南国际的连接线。

成都的城市发展，以城南为方向，中和、华阳、正兴如同三星伴月一般，构筑着国际城南。三大主镇连同一湾水月，构筑起天府大道的延伸轴线的中心地带。这里是成都南移的起点，也是双流融入大城南的前沿；这里是大成都国际形象的展示平台，也是双流进入国际视觉的展示平台。

双流府河水岸，无疑是双流城市品牌与大成都城南国际品牌的交融之地，是双流城市形象迈入国际化形象的第一台阶。49公里府河旅游休闲产业带，是双流国际形象的49公里水景展台。

4．府河——双流对成都消费市场的连接线

成都作为西部的重心城市，拥有人口2000多万，2008年人均收入达14849元人民币。

成都是一座好消费的时尚休闲城市，私家车的拥有量占全国第二，被称作“休闲之都”“美食之都”。成都又是中国旅游资源大省——四川省的省会之地，每年来自国际国内旅游市场的收益达1200多个亿，且以18%以上比例持续增长。

随着城市重心的南移和主城区水资源休闲区域的锐减，双流府河必将成为成都城市消费市场移动线、连接线。

5．府河——双流对成都城市人文的延续线

成都是岷江文明的产物，作为天府之国的中心，成都的繁庶来自都江堰水利工程的建设。李冰开堰，水旱从人。历史上的成都是一座水城，城内拥有大小河流一百七十多条。“窗含西岭千秋雪，门泊东吴万里船”“锦江春色来天地，玉垒浮云变古今”既是成都自然山水的写照，也是成都人文神韵的表达。蜀锦文化、茶馆文化、美食文化、休闲文化、旅游文化在成都人的骨子里，都无不打下水的印记。对成都历史人文来说，水无疑是最好的显影液。从这一角度上讲，府河双流河段将是双流彰显成都魅力、再现成都人文风采的延续线。

6．府河——双流产业与土地价值的提升线

府河休闲产业带以中和、华阳、正兴为核心打造城镇，向下经永安、红花、黄佛三个乡镇延伸至黄龙溪，总长达49公里。按两岸直接辐射5公里算，府河休闲产业带将直接拉动近500平方公里的产业体系和土地价值。该休闲旅游产业带的成功打造，无疑会带来以七大乡镇为中心的休闲、旅游、餐饮、购物及相关产业的巨大提升，同时还将实现以沿河产业带为轴心，以各街道、道路为串连线的城区区域经济和乡村农业观光产业带的巨大推动。该产业带的打造必将带动所辐射区域的土地价值和乡镇开发价值的巨大提升。双流府河河段是双流沿河产业与土地的价值提升线。

要达成以上的目标，府河滨河改造工程的使命必然是一个具有历史性的重大使命。它包括以下内容：

导入世界文明、彰显巴蜀文化、展示华夏精神、串联成都市场、整合城南产业、铸就双流品牌，并以此为基础，形成天府新区的人文核心脉络和世界级文旅品牌竞争力。

（三）认识府河的历史血统

血统铸就身份，品牌源于传承，对于城市产业战略亦是如此。杨健鹰认为：府河滨河休闲产业带要获得最好的品牌感召力，就必须从这条河流的历史人文积淀上着手。通过对该河段的所在区域和串联区域的自然地理、历史人文的深入发掘和巧妙嫁接，创意出最佳国际影响力的品牌。对于府河滨河产业带的品牌创造，杨健鹰从它的四大血统概念中去找寻气势磅礴的形象基石。

1．府河的地缘血统——华夏版图的中心水脉

从古至今，四川都是华夏民族的版图中心，远古是腹心的泽国，如今是

怀抱中的大盆地。成都平原又是天府之国四川的腹心之地，双流更是成都平原的腹心之地，是老成都的旧址。

双流府河河段在地缘上讲，属于天府之国四川的腹心河流，它浓缩了成都平原、大四川的农耕文明、现代城市文明，是古老巴蜀自然与历史的中轴线和浓缩线。府河是华夏版图的中心水脉。

2．府河的人文血统——华夏文明的源头水脉

远古的四川是中华文明腹心之地、摇篮之地、生命的起源之地，也是人文精神的沉积之地、东方最大的泽国历史与巍巍昆仑山飘移如梦的神话交相辉映（古代的昆仑山是指龙门山、岷山、邛崃山脉及青藏高原部分区域）。人与自然的双重创造力在精神与现实的交互中，化作人神与共的传说。女娲补天、大禹治水、禹分九州及黄帝、嫘母、后羿、后稷、李冰……无数的先贤故事和历史传说，交织在这条人文之河上，在有迹与无痕之间融汇于华夏民族的文化长河。府河是华夏文明的源头水脉。

3．府河的城市血统——古蜀国的最早都城水脉

府河是古广都的腹心之河。成都古称广都，其最早的建城地在今天的双流境内。古广都的人文历史在《山海经》《淮南子》《吕氏春秋》《华阳国志》等历代历史地理文献和著名学者的著作中，均有明确的记载和精彩描述。1998年经考古研究确认，位于华阳府河河岸的古城村，是古广都城的遗址。该遗址被作为成都市文物保护单位，同年立碑加以保护。广都作为古蜀国的最早建都之地，是蜀王蚕丛、杜宇的治所。古瞿上城也在府河区域的牧马山一带。双流府河，是古蜀国最早的都城水脉。

4．府河的民族血统——太阳精神的中心水脉

府河是岷江文明的最大浓缩，岷江文明是长江文明的源头。长江文明和黄河文明是中华民族的两大文明主脉。三星堆文化、金沙文化是长江文明的核心元点。三星堆出土的太阳神树、金沙出土的太阳神鸟，既是我国远古神话太阳崇拜中三大太阳神树——“扶桑”“建木”“若木”传说的生动展

现，也是中华民族乐观向上、积极进取、追求光明的精神写照，更是华夏民族远古宇宙中心观的最大体现。正是因为如此，“金沙”出土的太阳神鸟，被选定为中国文化遗产的标志，并被神舟七号飞船带上了太空。在华夏三大太阳神木传说中，位于宇宙正中心的最大、最高的具有撑天功能的“建木”，就生长于广都之野。也正是因为建木的传说，广都成为华夏民族太阳精神和古老宇宙观的中心。

广都是华夏太阳精神和古老宇宙观的中心，支撑这一形象的中柱就是建木。

在梳理和传承以上历史脉络的基础上，杨健鹰顺理成章地提出了府河滨河休闲产业带品牌打造的基本策略之一：强化地缘血统——展现人文血统——标注城市血统——抢占民族血统——实现：“华夏人文原点”的形象铸造。

（四）解读府河的当代基因

基因决定健康，产业依托市场。府河滨河改造工程要获得最大的产业成功，就必须从这条河的现实市场着手，通过对该河流所在区域、串联区域市场资源的精心提炼，设计出最具市场支撑的业态体系。对府河滨河产业系统的创造，杨健鹰希望从它的五大基因概念中，去创立自己繁荣稳定的消费主题。

1. 城市休闲基因

府河产业带以中和、华阳、正兴为核心区域。该产业带以南延线为陆地交通轴线、以府河为河道交通轴线。该产业带从陆上交通来讲是成都城市向南发展的南大门，是未来新城市中心之地；从水上脉络来讲，是“休闲之都”“美食之都”的灵魂河流——锦江人文内涵的沉淀之地、自然景观的汇聚之地、是有东方水城之称的千年之都——成都都市神韵的传承之地。

2. 产业发展基因

休闲旅游产业被视为未来世界经济的支柱产业。据国际旅游组织研究结果显示，在未来的社会消费中，人们将有50%的时间用于休闲旅游活动。四川2007年旅游产业直接收入约1270多个亿，多年来以18%的速度增长。休闲旅游产业是行业拉动性最强的产业，该产业直接收入一元钱，则会为其它产业带来4.3元的收入。该产业产生一个就业岗位，则会为其他产业创造5.7个就业机会。

目前在成都的西、北、东三面，均已形成了大型休闲旅游产业的品牌，而作为成都未来的新城市中心城南，作为国家级新区天府新区的核心却仍属空白，这为府河休闲旅游产业带的打造提供了市场空间。

3. 国际文化基因

府河是历史上成都走向世界、世界走向成都的国际性人文河流。在这条河流上启航过古蜀国的使臣，输送过旧时海外求学的莘莘学子，也迎接过像马可波罗和洛克为代表的各国旅行家和文明使者。从历史的角度上讲，府河是四川最古老的国际迎客厅；而从现实的角度上讲，府河不仅是西部航都双流的城市核心河流，也是成都国际城南的中心河流。在这条河流岸的轴线上，双流机场、国际会展中心、新领事馆、极地海洋公园、戛纳公园、南湖国际、牧马山、麓山国际等成都重要的国际化行政、商务、旅游、人居板块，为该河流留下了浓烈的国际化底色。

4. 市场消费基因

府河滨河产业带以人民南路延伸线为交通轴线，其间不仅有以中和、华阳、正兴为中心的城市居住区的巨大消费人群，同时还有高新区和南延线各高端商务区、居住小区、国际会展区、行政办公区等不同档次的消费群体，以及双流国际机场为连接的国际市场和成都1200多万人口的中心休闲、美食群体，都将构筑起府河滨河休闲产业带最直接的市场消费资源。

5. 农业产业基因

城乡统筹战略、乡村振兴战略是当前的重大国策，是发展农村经济、创造和谐社会的强大基石，双流作为城乡统筹战略的旗帜，在农业产业打造中有十分深厚的产业基础。农业观光旅游是都市近郊体验式旅游的重点，也是现代农业产业发展的新思路。农业观光旅游不仅有利于农村经济的发展，还有利于整体旅游产业带体系的丰富。四川作为全国城乡统筹的示范区，如何将城市休闲旅游产业的打造与农业经济战略实现统一，是四川省、成都市两级政府的政治取向，也是双流利用府河滨河产业带的打造，使自己的旅游休闲板块与农业观光板块实现整合的战略依托点。

在绘制府河的几大基因图谱的基础上，杨健鹰认为，府河具有的几大基因，她天生就是休闲之都——成都的国际化休闲水岸，因此，他提出了府河滨河休闲产业带品牌打造核心策略之二：借助城市休闲基因——瞄准产业发展基因——彰显国际文化基因——连接市场消费基因——借势农业观光基因——放大水岸产业基因——实现国际休闲水岸的品牌打造。

（五）让河流的品牌在太阳的光芒下飞升

杨健鹰在他的策划中写道：

当金沙的太阳神鸟被确定为中国文化遗产的标志，并被神舟七号载向太空的时候，我们感受到了一个民族的血液中涌动的乐观向上、追求光明的精神，又一次汇聚、旋转、飞升在我们的头顶，成为世界的焦点。它的轨迹是一条河的轨迹，它的轨迹正是我们身边这条融入岷江文化、长江文化、华夏文化的河流。在这一条河中倒映的是一棵古树的影子，浮不起，也流不去。在这一条河中闪耀的是太阳的光芒，是历史，更是未来。

当第一个远古的蜀人，在比云梦古泽更深、更大、更为神秘的东方泽国的森林边，系了船，一步一步攀上那浓荫蔽天的巨树，仰头望见太阳的瞬间，他该是怎样的惊喜和兴奋，该是怎样的目眩而怅然！此时，水天无界；此时，光芒无边。世界在太多的无知，太多的疑问中，呈现出极致的清朗。上升的希望和下跌的渊薮，都在头顶的天空和身下的湖水中澄澈，透发着一种无依无靠的忧伤。

此刻的先祖啊，这个世界唯一能支撑他的，该是脚下让他略感生痛的树枝，和那天空中驮着阳光的飞鸟。

这，也许是大树、古蜀远祖和太阳之间的第一次随意地交流。这次交流所留下来的造型，却在千万年的人类发展史中定格下来，成为一个民族永恒的图腾。正是凭借着对太阳与巨树的无限崇尚，东方三大太阳神树所撑起的华夏文明史，从此枝繁叶茂。

“扶木在阳州，日之所曊，建木在都广，众帝所上下。日中时日直，人上无影晷，呼而无响，盖天地之中也。若木在建木西，末有十日，其华照下地”（《淮南子·地形训》）。

“有木，青叶紫茎，玄华黄实，名曰建木。百仞无枝，上有九欘，下有九枸，其实如麻，其叶如芒，大暤爰过，黄帝所为，有窫窳，龙首，是食人。有青兽，人面，名曰猩猩”（《山海经·海内经》）。

“白民之南，建木之下，日中无影，呼之无响，盖天地之中也”（《吕氏春秋·有始览》）。

由此可见，作为三大神树之一的建木，不仅与扶桑和若木一道充当着太阳的栖息之所，同时更被视为了天地间的中柱，有了撑天的功能。而生长建木的都广之野，在所有的中华历史神话著述和自然地理著述中，都被看作天神上下天地的天门之地，看作太阳照射的中心之地，看作天地正中轴线的支点之地。

双流，这是一个生长传说的国度中心，这是一个生长神话的国度中心，这是一个生长着进取、生长着希望的国度中心，这是一个让太阳穿梭回旋，让人类精神攀缘飞升的国度中心。

“东有扶桑，西有若木”，十个太阳在十只三脚乌的驮负下，每天转换着由东向西飞行，它们的飞行线，便构筑起了远古宇宙的轮廓。

在两棵太阳树的中间，生长着一株更大更高的神树，它是人类与众神沟通的天梯，是宇宙中至高的地方，更是十个太阳的中心居所。“一日居上枝，九日居下枝”，构筑起“都广之野”如日中天的图腾。

这一棵最大的太阳神树叫建木，在三星堆的青铜树上，留下了它的身影。在这远古的神树上，十个太阳以十只鸟的形象栖落着。它们被称作玄鸟和太阳鸟，是十个太阳的父亲帝俊的化身。在这些太阳神鸟的下方，神树的树干上，铸着一条姿态矫健的神龙，它被看作河流、看作生命、看作一个族群生生不息的繁衍力，更被看作第一个古蜀先祖攀上巨树仰望太阳的历程。

时间是奔流的河水，将一切如影随形的故事，都化作无法倚重的虚空；河水是沉淀的时间，每一滴晶莹的水珠里，都能回映出一个精彩的世界。当那栖息着远古太阳神鸟的巨树，在河床下亿万年的沉淀并化作乌木之后，我们是否相信我们的城市品牌，正是在寻找着一棵承载太阳的建木，我们是否相信我们脚下的这片土地、我们身边的这座城市，正在因为一个思想而飞升，在太阳的光芒中，凝聚成世界的一个焦点。

无论从古老的华夏传说，还是从现实的古迹遗存上讲，广都之野都是华夏文明的中心，而标注这个中心的核心聚焦点，就是太阳。

（六）品牌与战略方向定位

品牌是战略的旗帜，名称是品牌的基石。所谓名正则言顺，从某种意义上讲，所有的品牌战略，都是一种系统化的名称塑造战略。府河滨河休闲旅游产业带的名称定位，有两种方向可以采用。

一是延续借势，二是抢占创造。对于第一种方法，杨健鹰认为可考虑对原有“锦江”“府河”品牌的延续和利用，该方法的优点在于能较好地借势于原有河流品牌的影响力，但缺点则有以下几点：

（1）对原有品牌的不足点有一并延续的缺陷，不利注入新内涵。

（2）对原有品牌的成都区域段的打造，缺少品牌区隔，将来难以形成独立品牌区域，一荣俱荣，一损俱损。

而第二种方法，则要求我们具有强大的区域品牌归纳能力，能从双流、成都、四川以及锦江、府河的品牌内涵中，提炼出具有国际形象感召力、区域人文影响力、市场品牌竞争力的更高思想境界，更高战略目标的品牌名称，以实现双流国际化休闲旅游名片的创立。

府河滨河休闲旅游产业带的品牌打造，以“华夏人文元点，国际休闲水岸”为主题，借势古蜀文明和“休闲之都”“美食之都”的国际休闲旅游品牌和市场消费力，以府河河道改造为契机，以美食休闲、旅游观光为核心产业，打造展示华夏人文魅力，彰显国际人文风采的“中国太阳河”。该产业带的打造将实现双流城市产业、城市形象的全面提高，创造国际休闲旅游名片。

（1）手法：

调动古代历史传说，让这条河在华夏精神之光的照耀下，获得形象高度的升华。

显影沿河人文故事，让这条河的旅游看点和产业经济在最真实的场景中落地。

（2）方向：

以一条穿越太阳元点，闪耀着太阳精神的河流，将华夏文明、古蜀文明、成都魅力、城市产业发展串联起来，成为一个地区的国际休闲旅游品牌，成为双流的城市名片，是府河改造的品牌设计方向。

（3）形象定位：中国太阳河

一条流淌于长江文明、华夏文明源头的河流。一条流淌着华夏民族血脉的历史河流。它包容着一座城市、一个民族乐观向上、积极进取、追求光明的人文精神。它是一条拥有千万年过去、拥有千万年未来、拥有自我而又包容世界的国际性的河流——太阳之河。

（4）内涵定位：华夏人文元点　国际休闲水岸

A．关于“华夏人文元点”

这条河，是华夏文明史的显影、浓缩和标注；是以广都和广都江为背景，以建木为支撑，以太阳精神为核心的岷江文化、长江文化的源流；是一个民族乐观向上、积极进取、追求光明的精神聚焦点。

B．关于“国际休闲水岸”

这条河，是锦江的延续、总结和升华；是千年水城成都城市魅力与西部航都双流世界风情交融的巨型水书；是“休闲之都”“美食之都”所构筑的国际客厅的水墨注解。

（5）备选名称：

锦江、府河、广都江、广都河谷、太阳河谷、金沙河谷、流水金沙、水上金沙、金沙水岸……

（6）形象连接词：流水金沙

（7）名称及形象连接方式：流水金沙——中国太阳河；广都江——中国太阳河；锦江——中国太阳河……

“流水金沙”是一种形象的嫁接、一种形象的点化。“中国太阳河”是一种品牌的提升、一种品牌的抢点。

（8）项目主题内涵定位：

府河滨水休闲旅游产业带

（9）主要业态定位：

美食休闲产业、水上旅游休闲观光产业、农业观光休闲旅游产业、旅游地产。

（10）主要市场目标群定位：

以成都为核心的近郊休闲旅游观光群体；以南城国际为核心的高端商务群体；以西部航都为连接的国内国际旅游观光群体。

（七）太阳的交响：太阳河的三大区域战略定位

双流府河滨水休闲旅游产业带，从中和至正兴，全长约28公里，整个水域如弧如虹。在这条河流上，中和、华阳、正兴三大镇犹如三颗吉祥之星，斗拱着成都这座繁华的千年名城，呈现“三星伴月”之势。

双流府河滨水休闲旅游产业带要打造成功，不仅依赖于整体形象及功能定位的成功，同时还必须对整个水域的三大核心场镇实施好分段主题功能定位，以实现整体战略的互动和市场特质的区隔，以一个个精彩的章回，铸就鸿篇巨制的辉煌。

对于中和河段来讲，它既是以成都城区为核心的锦江段水域的第一节点，也是双流府河滨水休闲旅游产业带的第一形象点，是整个产业带的产业打造的起始点，是开篇之地、序言之地、点题之地，从战略形象、文化脉络、产业塑造、旅游动线、生态资源各个方向的需求上讲，中和河段的打造都有着开宗明世，承前启后的职责。

中和河段，如何做到对锦江文化的传承和解读，做到对成都千年历史内涵与巨大产业市场的链接，做到使整个双流府河滨水休闲旅游产业带的炫彩出场，做到对其中下游生态资源、产业资源、人文看点的助推，既是其巨大的使命，也是其与其他区域段形象区分和市场区隔的关键，更是其个性化产业与消费市场建立的机会点。

对于华阳来讲，它既是双流府河滨水休闲旅游产业带的中心水域，也是南成都的核心板块、双流县在城南区域的腹心区，更是成都人文历史的重要沉积区域。其繁华的商业基础、高端的人居条件、宽阔丰富的水岸条件、厚重的历史文化传说，以及该区域对南成都及双流其他旅游休闲产业带和农业观光板块的辐射力，都使其具备了担当整条双流府河水域休闲产业带“发动机”责任和条件。它是整个双流府河水域休闲产业带的天元之地。它的成功对中和、正兴旅游休闲产业段以及周边双流旅游观光区域，都将形成巨大的拉动。华阳生辉，光照两极！

华阳河段，如何利用自身的区域地位、文化地位和产业资源做到对中和旅游文化、旅游产业的延续、支撑、丰富、提升；做到对正兴及其他区域的旅游文化、旅游产业的导引、铺垫和人流传输、资源传输，既是其自身市场的打造机遇，也是其作为整个战略中心的职责所在。

对于正兴来讲，它是双流府河滨水休闲旅游产业带的三镇之尾；是该产业带向着黄龙溪和双流农业旅游观光带延伸的连接之地；是成都平原向着南部丘陵山谷的纵深之地；是现代都市文化与传统农耕文明的交汇之地；是以中和为首、华阳为心的整个双流府河滨水休闲旅游产业带的压轴之地；是双流府河滨水休闲旅游产业带向着其他旅游观光区域的接力之地。其肩负着总结、大成、继往开来的历史使命。

正兴河段，如何利用好自身的资源特色，利用好中和、华阳所传下的休闲旅游文化主题、市场产业机会、旅游消费资源，提升人文、创造产业，以实现自身区域旅游市场的发展和繁荣；实现对双流县委、县政府打造旅游休闲产业战略思想的总结和彰扬；实现双流县委、县政府对发展经济、拉动内需、促进和谐、推进城乡统筹战略思想的总结和彰扬；实现双流县委、县政府对打造区域品牌、推动城市战略思想的全面解读，将是其立意的关键。

中和——承前启后；华阳——光照两极；正兴——继往开来。

（八）中和、华阳、正兴三大板块核心词提炼

三大板块名称内涵的解读机会

中和、华阳、正兴三镇，不仅是府河滨河休闲旅游产业带的重点产业打

造区域，也是整个府河休闲产业带整体产业脉络和整体品牌脉络的商业主题和人文主题的核心串联区、引爆区和支撑基石。如何将三大板块的区域形象加以解读、提升、创意，使其服从于、服务于整个府河滨河休闲旅游产业带的战略方向，是该段府河旅游休闲产业带品牌创立的关键。

1．和谐之源——解读中和

中、正、仁、和，乃华夏民族人文精神的源泉。中和镇以“中”“和”为镇名，既是这里千年区域价值观的总结和归纳，也是华夏人文血脉的地域暗合。

这里是孕育天府之国富足的岷江水系下游，也是辉映着锦城繁华的锦江神韵接口。古老移民文化的包容与和谐，当代城乡统筹战略的包容与和谐，在这里再一次沉淀，融入蜀人与华夏民族的血脉基因。

将中和纳入锦江文明进行解读，将中和纳入岷江文明进行解读，将中和纳入华夏文明进行解读，将中和纳入城乡统筹战略、纳入和谐社会战略进行解读，不仅有利于其人文看点的丰富、产业主题的丰富，同时，更有利于整个府河产业带战略形象的提升。

2．华夏元点——解读华阳

有专家提出“华阳是中华文明起点”一说，引起广泛关注。华阳是不是中华文明的起点，从科学的角度上讲，我们是很难考证的，但是从文化、从旅游、从市场创意上来讲，予我们却是无限的机遇。正如连云港打造孙悟空故乡、海南打造观音故里、云南抢占了“香格里拉”品牌一样，利用中华文明起源多元性理论，从长江文明和三星堆、金沙两大考古发现中寻找依托，将华阳打造为“华夏文明之源”的旅游文化品牌，是有充分的借势点。华阳地名与金沙太阳神鸟、三星堆太阳神树及“中华”“华夏”之名的完美交融，以及《华阳国志》和“广都”传说，都为我们创造了巨大的人文想象空间和消费创意空间。

光耀为华、花盛为华、绚彩为华，日午为中、日聚为中、日心为中，阳多为夏、阳盛为夏、旷广为夏。从中华版图之心的四川，到四川版图之心的成都新中心之地华阳，再从《山海经》中众神治水的中心泽国，到“蜀犬吠日”自然环境下的太阳崇拜、船棺葬俗，都无不将一个滨水的华阳，推向了华夏人文交织的旅游品牌和创意元点。

将华阳纳入金沙文明进行解读，将华阳纳入三星堆文明进行解读，将华阳纳入长江文明进行解读，将华阳纳入华夏起源文明进行解读，不仅有利于府河水脉三镇之心的形象提升，有利于整个府河品牌高度和影响力的提升，同时，也是整个双流水域创造看点和产业机会的重要依靠；是引进国际化旅游消费、创造国际一流品牌的重要依靠。

3．中正源流——解读正兴

大度、中庸、和谐，是华夏民族五千年来安身立命的内心操守。以中为尊、以正为品、光明正大、行端礼正，正是这不偏不倚的国民精神的不断传承，为我们创造了一个又一个兴旺繁荣的太平盛世，创造了源远流长的文明长河。逢湾取正，遇斜抽心，不仅是我们治水的经验，更是我们治国的方略。“正兴”之名，在不知不觉之间，为我们折射出一个民族内心深处的光芒。

正兴位于府河滨河休闲旅游产业带的三镇之尾，是中和、华阳旅游休闲产业区的下游承接区域，也是黄龙溪休闲旅游产业区的上游传送区域，更是整个府河休闲旅游产业带品牌战略圆满收官区域。它是整个府河品牌思想，借着滔滔水流形成传递，并将通江达海的末端场镇。

将“正兴”之名，置入一个民族的历史长河之中，以“中正之流，国运正兴”为解读，与整个府河旅游休闲产业带实现统一，创造出丰富的人文看点和社会热点。

（九）太阳河的三大主题篇章

杨健鹰认为府河休闲旅游产业带以中和、华阳、正兴三镇为核心，将来可沿河推进，直达黄龙溪古镇。该产业带的打造，如何做到各镇、各区域板块间的形象共筑、产业共生、规避市场同质化竞争，是本战略产业打造获得最大成功的关键。各镇之间、各区域河段之间、各产业项目之间、各景观看点之间的主题互动、品牌辉映、形象递进，是整个府河战略品牌不断提升的阶梯。

府河休闲旅游产业带，以“华夏人文元点，国际休闲水岸”为主题，通过对长江文明，古蜀文明的充分借势，以三大太阳神树的中央神木——建木为支点，以太阳神鸟为精神浓缩，利用都广之野的历史文化传说与当代城南沿河生态环境治理工程、生态农业观光打造工程、城市战略及房地产开发工程的建设机遇，打造“中华太阳河”。旨在满足以成都都市近郊旅游为目的的都市旅游群体的休闲旅游和以四川古蜀文明、华夏人文旅游为目的的国内、国际旅游群体的消费需求。

杨健鹰希望他所创造的这一条河，从它的第一个主题篇章开始，从它的每一个主题节点开始，让每一个音符和旋律，都在至高无上的战略思想中实现交响，去完成一部伟大的《太阳颂》。

所以他将项目的人文脉络，按中和、华阳、正兴的河段分为了三大章节：

第一乐章　太阳序曲（中和篇）

1. 中华和谐塔；2. 回望港；3. 太阳水门；4. （芙蓉岛）太阳神鸟号公园；5. 启航码头；6. “夸父追日”马拉松绿色跑道；7. 国际指纹湿地公园……

第二乐章　辉煌交响（华阳篇）

1. 迎宾牌坊；2. 华阳阁；3. 太阳塔；4. 临江阁；3. 伏龙廊桥；4. 水上华阳；5. 欧风美食长廊；6. 戛纳国际风情区；7. “华夏之光”水幕电影长廊；8. 海岸风情啤酒公园；9. （通济桥）广都古城区；10. 二江寺；11. 南湖国际旅游区；12. 二仙桥；13. 流水金沙—大型水上剧表演区；14. 成都港休闲旅游区；15. 太阳城——华阳国志；16. 华夏元点公园；17. “华夏五千年长河”漂流轴线；18. “华夏五千年长河”骑游轴线；19. 华夏农

业观光区；20. “华阳国志”崖刻公园。

第三乐章　光照千秋（正兴篇）

1. “华夏五千年长河”漂流轴线；2. “华夏五千年长河”骑游轴线；3. 华夏农业观光区；4. “华阳国志”崖刻公园；5. 体育公园；6. 苏码头古街区；7. 华夏之光盛世灯塔；8. 中华河流公园；9. 后稷山—中华农耕文化旅游休闲岛；10. 后稷纪念坛—中华先贤坛。

在以上三大主题乐章项目打造的基础上，各地还应充分调动自身人文资源，如：红色码头文化、汉墓文化、寺庙文化、宗教文化、抗战文化、民俗文化、林盘村落文化及河岸景观、山地景观、绿岛景观、坡地景观、河滩景观、农业景观等打造各种分主题旅游休闲项目，以实现整个府河沿河旅游、产业、景点系统后的不断丰满，创造最大的产业资源，让整个府河休闲旅游产业带这首交响曲精彩纷呈，又气势磅礴。

（十）府河奏鸣曲：府河河岸人文景观改造及产业设置

府河滨河休闲旅游产业带的河岸改造，既肩负着府南河防洪泄洪、水利灌溉、生态改善大任，又肩负着城市旅游休闲、水上航运和城市产业带的推进大任。

对于现在的府河河滨岸堤的不同区域段来讲，其建设进程、河岸质量、打造手段、防洪泄洪、航运条件、景观特色、产业基础都各不相同，需要对一些重点区域段进行整治，以实现整个河流工程的系统打造。

对于未来的府河河滨岸堤的不同区域段来讲，由于其整个府河休闲旅游产业带的整体战略的需要，每一个重点河段，都将承担起不同的城市功能需求、人文景观需求、产业打造需求的全面满足。

杨健鹰心中的府河滨河改造工程，既是水利设施的系统建设工程、人文思想的系统再造工程，又是城市产业的发展工程。府河滨河改造应做到：因地制宜、因水制宜、因景制宜、因文化制宜、因产业制宜，抓住重点、凸显主题、借势力量、总揽全局，在有限的资金和空间进程中最快地实现品牌形象的展示。

（十一）中和区域的河堤改造

中和镇，是双流与成都主城区域的第一接口，是城南国际的主题区之一，是新的领事馆区所在地。新的政府行政中心与之相邻，新的国际会展中心与之隔河相望。中和镇的府河河段，是整个府河休闲旅游产业带打造的第一段，肩负着为整个府河产业带展示品牌形象、串联成都文化、连接成都市场、治理下游水质的开篇重任。

中和是成都城市化进程和城市南移战略的第一镇，该区域的河岸已受到城市建设的严重挤压，目前城镇滨河带展示面较窄，缺少道路连接。

中和在历史上，是以成仁路为轴线实现与成都主城区的连接。随着天府大道和红星路南延线的建成，中和与成都主城区的最佳连接线发生了移位。而在以红星路延伸线为联络的现代城市主轴线上，中和镇的展示性和道路连接性却相对较弱。如何利用府河滨河产业带的打造，增加中和及府河与大成都的道路连接和形象展示，是中和河岸改造工程的首要任务。如何利用府河滨河休闲旅游产业带的打造，使其滨水产业带获得孵化和串连，则是中和滨河改造的系统工程。

杨健鹰要求中和的河道及景观改造，应做到承前启后。承前，是要承接成都的文化、天府之国的文化、华夏民族的文化，是要承接大成都的市场，承接大四川的市场，承接国际旅游观光的市场。启后，则是要为下游的产业发展做出铺垫，要为下游的人文主题做出铺垫，要为下游的山水品质做出铺垫。在这里要完成展示品牌形象、连接市场脉络、提升河水品质三大工作目标。

中和的河道及景观改造，以“华夏人文元点，国际休闲水岸”的总形象为内涵，以“中国太阳河”的总品牌为依托，以“和谐源岸”“启航源岸”为解读，创造自己独到的人文看点和产业支撑点。

中和的河道主题景观打造，分为三个章节：一、市场接口及形象展示；二、战略思想启航；三、区域联络和河岸导引。

在中和河段的人文景观和产业链的打造中，还应将十八步岛、竹岛与芙蓉岛的主题思路和人文脉络实现延续和发挥，形成三大绿心岛的思想和产业的交相辉映。

（十二）华阳区域的河堤改造

华阳是成都国际城南的中心区域，是双流县除城关之外的最大镇，既是府河休闲旅游产业带三大城镇的中心区域，也是府河旅游休闲产业带的人文核心区域。华阳滨河休闲旅游产业带河堤改造的成功，是整个46公里滨河产业带品牌树立的核心。华阳滨河休闲产业带，对于整个府河滨河休闲旅游产业带来讲，是中心，有光照两极的作用。

华阳滨河休闲旅游产业带，既是中和滨河休闲旅游产业带的传递承接区域，更是以南延线为主轴的大成都中心城区的直接连接地；是成都休闲旅游市场的南大门，是四川国际旅游休闲市场的南大门；更是双流休闲旅游及农业观光的南大门。承接府河历史人文脉络，连接南延线市场消费脉络，是华阳府河滨河休闲产业带取得打造成功的两大关键。

对华阳的人文形象提炼，充分利用广都人文历史的大背景，以府河休闲旅游产业带的总形象定位“华夏人文元点，国际休闲水岸”为服务目标，以“中国太阳河”国际休闲旅游品牌为总战略，塑造自己“华夏元点”“太阳中心”“国际水岸”“休闲后港”的个性形象。整合、提升放大自己已有的强大休闲美食产业基础，使自己成为整个府河产业品牌的擎天之柱。

华阳滨河休闲旅游产业带的河堤打造，分为八个章节：

一、南延线形象展示和市场引入；二、华阳主城区休闲美食水岸线的连接；三、传统滨河休闲产业带的改造；四、国际水岸滨河美食休闲产业带的展现；五、历史文化底蕴的凸显；六、国际休闲文化与华夏人文精神的对话；七、太阳河品牌核心形象打造；八、品牌的彰显和人气的引导。

（十三）正兴区域的河堤改造

正兴镇，是双流府河滨河休闲旅游产业带三大主镇的最后一站；是城南国际社区，向着双流农业旅游观光产业带实现旅游休闲产业扩张的前沿区域；是府河滨河休闲旅游产业带，向着黄龙溪旅游古镇延伸的连接区域；更是整个府河滨河休闲旅游产业品牌打造的形象收官之地、主题压轴之地。

正兴镇的府河水域，是整个产业带当中水质最好、景观最自然、水面最宽阔，是山水两相生辉的水域。深厚的历史人文资源、生动的红色文化资源、自然的山水资源、鲜活的生态农业资源，是正兴打造休闲旅游产业的四大支柱。码头文化、农耕文化以及自然山水与后稷传说的巧妙呼应，为正兴这台府河休闲旅游的压轴大戏，提供了坚实的创意素材。如何利用府河滨河的河岸改造工程，增加正兴与华阳两大休闲旅游区域板块间的道路和产业的连接性、增加消费者的引入机会，创造人文看点和产业促进力，并使整个“华夏人文元点，国际休闲水岸”的“中国太阳河”国际旅游品牌，获得最终的圆满，是正兴河道改造的重大职责。

正兴的河道及景观改造，其主题以“中正源流，国运正兴”为内涵，将“正流”与“正兴”形成呼应，使“太阳河”成为正流之河、包容之河、奋进之河、和谐之河、大度之河、辉煌之河、兴旺之河，成为一条华夏民族人文元点上的精神之河。

正兴的河道主题景观打造，分为三个章节：一、脉络串联和人气互动；

二、红色码头——地方人文展示区；三、府河滨河休闲旅游产业带的压轴戏。

（十四）太阳河的二十二首主题曲

府河滨河改造工程，在以旅游休闲为核心产业打造的同时，将系统梳理、连接、提升、宣扬，大四川、大成都、大城南的历史人文脉络。这注定了这项工程将成为城市历史人文的连接工程和展示工程。

府河滨河改造工程，在以旅游休闲为核心产业打造的同时，将系统整治建设府河的防洪工程、航道工程、水治理工程、环保绿化工程、靓化工程。这注定了这项工程将成为城市与环境、人与自然的和谐工程。

杨健鹰思考的府河滨河改造工程，在以旅游休闲为核心产业打造的同时，将充分调动自然生态环境、历史人文故事创立丰富旅游休闲的景观看点，形成对产业的巨大支撑。这注定了这项工程，将成为历史人文景观和自然人文景观下的产业创立工程。

在具体规划中，有以下22个板块，就像组成府河交响的22支曲子。

（1）芙蓉岛——传承历史和启航未来的“太阳神鸟”号巨轮

（2）关于“夸父追日”马拉松全民健身长道的打造

（3）关于华阳阁滨水美食长廊的打造

（4）关于“水上华阳”河鲜水镇风情段的打造

（5）关于“水映华夏”水幕电影长廊区的打造

（6）关于通济桥及广都古城意境商业街区的打造

（7）关于南湖国际社区水岸风情的主题看点打造

（8）关于成都港核心主题区的打造

（9）关于太阳城——“华阳国治”的打造

（10）关于大型巴蜀人文剧《流水金沙》的打造

（11）关于著名史书——《华阳国志》崖刻长廊及石雕公园的打造

（12）关于“中华五千年长河”人文观光带及漂流区的打造

（13）关于红色名片——苏码头的打造

（14）关于华夏河流公园的打造

（15）关于“后稷山”——华夏农耕公园的打造

（16）关于“太阳河”水上旅游线的打造

（17）关于“太阳河”主题核心旅游区的打造

（18）关于桥梁和码头的打造

（19）关于主题纪念品的开发

（20）关于府河休闲旅游产业带的交通循环设计

（21）关于“太阳河”打造的投资模式设计

（22）“太阳河”休闲旅游产业带打造的意义

第四章

箴言之四——绝

“绝”是绝妙，是唯一性

绝，是一切问题的正解；绝，是山穷水尽地跋涉到柳暗花明的路径。此时，你的思想体系必将完美成为轮回独到的世界。

绝是绝妙，策划之绝是唯一之策划，是绝对，别无他选。绝是敢于挑战，化不利为有利，化大不利为大有利，化无用为大用。

（一）绝是劣势向优势转换的轮回

在杨健鹰眼里，没有不好的项目，只有不好的策划。项目就像孩子，没有不好的孩子，只有不好的父母和老师。越调皮的孩子，培养得好，往往越有大出息。

在策划中，杨健鹰不大用优劣势分析法。他喜欢用特质分析法。所谓寸有所长，尺有所短。如何用好寸之长，是项目成功的真正关键。他认为，优点是共有的特点，而缺点往往是特质，是创造绝对优势的资源。用好了缺点，就是优点。用好了缺点，优点才更加精彩。要懂得用缺点创造优点，要懂得将劣势变为优势。

每一个项目，每一个地块都有自己的个性，我们必须顺应它们自身的特点，深入了解它们的灵魂，和它们自由恋爱，给它们寻找最美满的婚姻状态。如果不能了解它们的特性，那就是包办婚姻了，就很难得到幸福。

缺点和优点的关系，就是峰和谷的关系。没有谷就没有峰，没有喜马拉雅大河谷，就没有喜马拉雅山上的珠穆朗玛峰。峰和谷，就是大地的阴阳，有峰必有谷。当你发现谷的时候，是一件值得高兴的事情，说明你也发现了山峰。所以杨健鹰做项目，喜欢有缺点的项目，缺点越多，说明优点越多。另一方面，缺点越多，成本越低，利润空间也越大。占领缺点就是创造优点的前提。一个优秀的策划人，必须摒弃世俗的观念，在通常人眼里的缺点中去发现优势，放大优势，使其成为这个项目的核心竞争力。

对每一个事物来讲，做到绝，便化解了所有的谷底，获得了唯一的竞争优势。这和配置钥匙的思维，如出一辙。在每一个机巧之处，创造最准的卡点。杨健鹰以“绝”为策划的一个核心，就是希望找到一个事物最好之解。

西昌这个项目也是一样，50多亩地，被切割成不规则的两块。正是这一规模小区打造中的缺陷，被杨健鹰的“日月同辉”概念点化成为西昌城市精神的代表性楼盘，在商住分明中创造了市场竞争优势，缺点变成了优点。

亚热带商城项目也是。一个三角形的地块，被杨健鹰设计成一个大鱼肚子里包小鱼的布局，这样的布局很好切割，又很吉祥，在投资心理上很讨巧。

宽窄巷子的打造早期，许多领导和专家提出打造“成都的新天地”，结果杨健鹰发现宽窄巷子并不具备打造新天地的资源优势。他利用宽窄巷子的建筑特征和文化个性，创造性地提出打造“新会馆经济院落”。这使宽窄巷子的资源优势获得了空前的放大，为最终成为一张城市的世界性名片，打下了强大的基础。

（二）绝是绝妙无比的创造

常言说，文无第一，武无第二。策划也是这样，真正绝妙的策划是唯一的。只有好策划和不好的策划，没有第二好的策划。好的策划案给人的感觉就像恋爱中的一见钟情，越看那人越觉得风致动人，除了眼中之人，再没有看得上眼的人物了。

无论是房地产开发商，还是购买者，当年并没有想到华阳的房地产有如此的发展速度。当年，杨健鹰在顺通河滨公寓的品牌推广中，提出了“走进河居时代”。“河居热”在成都从此一发不可收，而在金城花园及华阳的品牌推广中，提出了“系上府河链坠”。从一条河的上游到一条河的下游的串通，现在的华阳更像是一座水映繁华的河居之城，这个府河的翡翠链坠也算得上名副其实了。

现在华阳的地理环境优势，可以说是路人皆知，可是在当时，却不是这样，所以在当初的策划中，杨健鹰不仅要考虑对建筑与环境的传达，也要对区域位置进行一个较为准确地传达。当时对华阳来说，府南河像项链一样系在成都的胸前，华阳正是它的那只翡翠链坠，这其实也是一幅交通位置图，就像逐河而居的“府河翠鸟”一样，把它转化成房产与区域品牌理念，就像一枚灵动的购房指南针。

杨健鹰用“翡翠链坠”这个直观形象来定位华阳区域的核心形象，其目的就是通过府南河与华阳的连接性，放大华阳的人居优势，承接成都的河居热点，创造华阳与成都周边其他区域的独特竞争力。他的文案大纲是这样的：府南河将绿色的项链系住蓉城，而将翡翠般的链坠留在了华阳。这条绿色的项链是生命的吉祥物。这条翡翠的链坠，果真为华阳的房地产开发和城市发展，带来了多年来突飞猛进的好运。

鸟是河居的象征，是华阳房产的一大特点。在河滨别墅广告中，杨健鹰用三十二只翠鸟代表三十二幢河滨别墅，真是灵气袭人。而在华阳金河城小区的那套古桥广告，则让人感受到了华阳最深沉的古典诱惑。好水必有好桥，华阳的古桥的确给人的印象太深了。通济桥、二仙桥常常给杨健鹰以无穷的创意灵感。

（三）绝是绝无仅有的正解

杨健鹰认为最好的策划不是最精彩的，而是最适合的。最精彩的策划案可以有无数，而最适合的策划案却只有一个。追求策划案的绝是策划人的品质所在，却是非常艰难的，这需要在策划中找到城市元素、产业元素、区域元素、投资者元素、消费者元素、开发商元素、实施团队资源元素等众多元素的最佳平衡点。

亚热带商城被誉为我国第一座仿生学商城，杨健鹰做这个创意有他自己的理念为基础。亚热带商城的主体布局，是一条大鱼孵化小鱼，这不仅完成了亚热带商城良好的人流动线体系，而且给人以巨大的商业投资回报暗示，明确地张扬了亚热带的商业主题，形成了鲜明的形象个性记忆。整个商城的大鱼嘴正对五路交汇口，以吸入大量人流，大鱼鳃"T型通道"与中庭沙滩广场，正是鱼腹中心步行街的入口和休闲、餐饮区——小鱼的鱼嘴对接点，人流、车流在鱼嘴、鱼头、鱼鳃、鱼腹和鱼尾之间形成自然的流入和聚集，并最终又通过电梯及步行梯、楼道的脉管系统，完成整个商城的全部循环。

杨健鹰认为，规划是建筑的躯体，而创意是建筑的灵魂。传统的建筑规划更多是停留在建筑学范畴内的思考，它更着重于建筑本身的元素设计，如：结构、空间、立面、容积率、材质等等。对于商品化较重的建筑产品，尤其是商业化建筑产品来讲，这一些元素是远远不够的。

我们必须将这类建筑的规划思考，纳入市场学、人文学、传播学、投资心理学、消费心理学等众多的商业元素中进行思考，使其与所置身的市场达到最为完美的交融。当建筑专家以建筑的语言方式，构建出一个建筑的基本形体之时，策划人应发挥出自己的创意天才，赋予这个建筑以思想和灵感，使其获得生命。一个好的建筑应是拥有灵魂的生命活体。

亚热带商城的创意，必须针对以下几大元素进行思考：一是，商铺投资者的增值暗示。一是，商业经营者的收益暗示。同时，还要兼顾自身作为餐饮、休闲、购物和商务办公空间各个层面的现实和心理需求的满足，更要满足本项目形象品牌推广的需求。“鱼跃龙门”“孵化财富”是本项目创意的思考原点。而这一切又必须与城市背景、市场背景、开发综合背景，以及系列可能出现的产品销售难点、招商运营难点达到最好的协同研究。

的确，亚热带商城通过“鱼群的孵化”这一创意，将项目的品牌形象、商气动线、业态布局等等众多的商业内涵实现了充分而巧妙地传达。

亚热带项目地块是一个三角形地块，当时有不少人担心其顶端的异型商铺，尤其是异型写字楼的销售会出现积压。当时这些异型的区间，一直是大家担心的销售难点，尤其是写字楼部分。

后来杨健鹰利用了“鱼跃龙门”这一概念，将其创意为鱼头之地，当“鱼跃龙门”这一创意出来之后，“鱼头”即“龙头”，这在后来的营销中起到了很神奇的作用。这些在传统营销中的难题——异型商铺和异型写字楼，却首先成为人们的争夺点。由此可见，绝，是所有难题的正解。

（四）绝是一种专业的信仰

几十年的策划生涯，杨健鹰对策划有着深深的信仰，仿佛这种职业已是他的宗教，他不像一个策划公司的老板，更像一个教徒守着一座小庙和一盏智慧的烛光。他不像一般的企业老板那样，为企业规划一个宏大的发展蓝图，并在经营中为一单单生意的到来欣喜若狂。他告诉笔者，他最大的痛苦时间，恰恰是签回合同，客户将第一笔款项打入他的账户之后，因为别人已经遵守了诺言，而他的公司还没有思考好方案，让他常常产生要欠来生债的感觉。他说一切都是信任和诺言，是那些相信他的老板和领导，在用自己的信誉为他的职业信誉担保，就像朋友们为他担保的银行借款，还未归还的那种感觉，这段时间，他会压力重重。往往别人对他条件越好，越有信心，他的压力越大。直到有了自己满意的方案，他才能如释重负，自己告诉自己：终于不欠账了。所有的生意，对杨健鹰来讲，就是一场苦痛。

多年以前，健鹰公司的小会议室，接待了几个手捧鲜花，身背双肩包的年轻人，这是贵州某国企的董事长、总经理一行。他们是慕名前来，邀请杨健鹰为他们的一个文旅项目做策划的。他们开门见山地告诉杨健鹰，他们的项目遇上了麻烦，困难太多，做了很多方案，都不满意，实在不知道怎么解决了，才来找他，知道代价会很大，只要能做好，由杨老师开价，他们不还价。这是杨健鹰第一次遇到如此有活力有担当也有眼光的年轻人，自然有了亲近感，希望真能为其解决问题。杨健鹰在策划上有着对自己的绝对信仰，越是有难度的项目，反而会激发起他的嗜血性，在策划上，他有鲨鱼和野兽见血即兴奋的特质。杨健鹰非常爽快地答应了这场邀请，这便有了后来的贵州省重点文旅项目“龙里水乡”的打造。

龙里水乡这个项目，当时并不大，项目地位也不高，仅是当时龙里县的一个占地几百亩的项目。该项目距离贵阳市23公里，距离龙洞堡机场15公里，不仅没有明显区位优势和文旅条件，而且地块在高差、道路、河流、农园、天然气管道的分割下七零八落。这几百亩的土地，为一高和一低、一小一大两大板块构成，高而小的部分是一个数十米高的山头用地，低而大的地块是一个低平的河滩用地，两块地的近百米红线连接区域是仅有二三十米的悬崖绝壁，这自然就造成了两块地的割裂，原规划院只好将这个狭长悬壁走廊，规划为停车区。与此同时，整个地块以长弧面与快速通道相接，路连接区域主地块有着二十多米的高差，也就是说整个项目主体区，都在主临道路的二十米以下。同时地块规划中，还夹杂着几百亩的农田。这些还不是最主要的难题。其最难规划的，是这块土地的中线地下，有着国家战备级的天然气传输管道，左右一百米宽的长带状分隔区不能有任何动土建筑体。在这些严重的先天性不足中，前期的规划设计虽说做出了很大的努力，其方案仍旧难以令人满足，更经不起市场的推敲。

杨健鹰带领团队到贵阳后，几乎用了半年多的时间对整个区域及贵州的文化和产业资源进行调研，并最终明确利用龙里区域与贵阳城和龙洞堡国际机场的窗口价值，利用贵州多元旅游资源尤其是黔东南州国际旅游的战略需求，在古老的“龙里卫”和“龙里驿”的文化内涵挖掘中，放大客栈文化，利用温泉资源，调动贵州产业文化，打造以会议经济和旅游博展经济为主题的面向黔南、黔东南和贵州旅游的国际化窗口。

战略与产业方向明确之后，杨健鹰又带领策划规划团队对项目地块进行主题规划创意。通过龙里阁文旅论坛会务酒店区的打造，将高地的山体层层进行镂空式亲水酒店建设，使其成为贵州及黔东南州文旅产业战略的策源地，既增加了文化看点，又获得了战略高度，又解决了产业难题。通过“夜郎商贸古道”的悬崖山街的创意，以亲水吊脚楼和悬崖商铺为手段，形成一条贵州人文的商业游线，既创造了商业口岸，又增加了旅游看点，又串联了两大地块的商气。通过美丽贵州乡村画卷区的创意，以梯田文化和时间休闲村落艺境相结合，既打造了贵州全域乡村文旅品牌的展示地，又满足了现代城市休闲市场的需求。将农田以梯田画卷整合出来，既为大旅游规划腾出了更完整的空间，增加文旅看点的同时，又能解决游客进入的高差难题。对于天然气管道的隔离保护问题，杨健鹰将其与朵花河水系一并思考，将其引水成湖，以湖为大型沉浸式水上演出区，形成项目的核心文化引爆区，巨大的水区湿地既保护天然气管道的安全，又形成项目的人文中心主题，然后在街、坊、馆、院和巨大的产业主题中，构筑起一幅巨大而完美的文旅产业画卷。

龙里水乡的打造，可谓化腐朽为神奇的典范之作。他的策划方案又为企业争取了更大的资源，据说当时贵州省委书记视察现场听取方案汇报后，非常高兴，当即要求在工地两端各设一个摄像头，他要亲自督促项目的进程。

一、日月新城——阴阳幻化的土地思想

（一）分割地块日月同辉

杨健鹰化不利为有利，化大不利为大利的“绝地”战法不仅体现在博客公社项目中，西昌的日月新城项目、五块石商圈等项目无不或隐或现地施展了类似的移花接木、点铁成金的手法。以西昌水岸国际花城为例，这个盘以西昌地产市场创纪录单价、利润和品牌效益双丰收的方式圆满结束。

一位开发商曾说越是麻烦多的地块，在杨健鹰手里就能越出彩。他常常是将一个楼盘天生的缺陷，点化得无与伦比的神奇，并最终成了这个楼盘不可复制的核心竞争力。对此，我们在西昌水岸国际花城的打造中可见一斑。一块完整的土地被市政道路切割为两块互不相连的地块，既不可规划更不好推广，最终却在他的“日月同辉”的主题创意的下，成为西昌最高居住品质的代表性楼盘，成为西昌人居形象的象征。

水岸国际花城的最大难点来自两个方面。

一是，地块的切割性因素；二是，房价的压力因素。首先，对于住房开发来讲，小区的规模性往往决定着小区的品质形象和价位。水岸国际花城总用地面积有50余亩，这样的规模在当时的西昌算得上顶级大盘了。然而，这50余亩的地块却被一条市政规划道路一分为二，成了两块小地。这就为打造西昌的高端大盘形象留下了一道难题。

第二，则是当时西昌的房价压力问题。西昌属地震多发区域，当地

人对投资房产心存芥蒂，建筑要求九度抗震，成本很高而住房的价格却在一千三百元左右，顶级的楼盘世纪花园售价，也就在一千五百元每平方米左右。这个价与水岸国际花城的成本价相差不大，所以水岸国际花城要取得开发的成功，则必须将其打造成西昌划时代的代表性楼盘，以创造划时代的单价。于是怎样做好本项目的规划和策划，使其在西昌人的心目中创造无可争锋的楼盘形象，也就成了本项目成败的关键。

据开发商人员讲，水岸国际花城在健鹰策划接手之前，已设计了十三套方案，而最终也不敢动工，后来才找到杨健鹰。针对地块分割成两片的特点，在深入考察这两个地块的品性，以及它们在西昌的地理位置之后，杨健鹰推出了著名的“日月同辉”的创意主题方案。

“日月同辉”，看似简简单单的四个字，让西昌的城市灵魂聚焦于水岸国际花城，这是一个多么美妙而又近神秘的创意。从实际效果来看，我们完全可以说，杨健鹰写下这份策划案的时候，写下“日月同辉”四个字的时候，他那双手真的是有点金的魔力。

杨健鹰谢绝了这些溢美之词，他并不认同起死回生，脱胎换骨之类的说法。他的观点很朴实，策划就是发现项目的独特性，然后尊重项目的特性，随性顺势而为。策划是沿着矿脉找金子，而不是神仙的金手指。这个世界上从来没有点金术。策划只是去发现、发掘本来就存在的价值和美。

杨健鹰认为：“策划绝对不是起死回生，也不是点石成金。一个人死了肯定是救不活的，所以我更喜欢说的是去发现金子。这个世界就是这样，既然我们知道美，美就是肯定存在的，关键是你要有发现美的眼睛。我一向反对把策划的力量夸大，有些策划人为了各种原因，喜欢把自己弄成半人半神。”

（二）“国际鲜花大使”点亮西昌城市品牌

杨健鹰的真实目的，就是要以“日月同辉”的主题，解决土块切割的问题，形成品牌的整体能量，同时，借“日月同辉”获得西昌日月之城的城市灵魂，并成为其城市人居高度的代言品牌的能量。

在产品创意完成之后，杨健鹰利用自己作为“中国第六届国际鲜花博览会”策划总顾问的身份，向花博会主委提出，在全国选评一个“鲜花与人居”示范城市，并成功将这座城市选定为四川西昌。这事得到西昌市委、市政府高度重视。与此同时，杨健鹰又向花博会提出，策划了“国际鲜花大使”巡查西昌人居环境，并为西昌授牌的活动。为了配合西昌政府迎接“国际鲜花大使”代表中国第六届鲜花博览会组委会给西昌授予“全国鲜花与人居示范城市”的工作，“水岸国际花城”主动请缨，打造国际人居鲜花纪念坛，供政府和第六届花博会代表举行奠基仪式，并作为西昌鲜花与人居示范小区的形象，迎接“国际鲜花大使”。这事当即获得西昌政府的赞许。当西昌被选定为中国第六届国际鲜花博览会“鲜花与人居”示范城市，几十个国家的金发碧眼的鲜花大使，配着绶带，带着自己国家的泥土和国花种子，专机抵达西昌时，西昌政府举行了盛大的迎接活动，西昌主要领导在水岸国际花城的鲜花人居纪念坛前，完成奠基，迎接花种，播下花种，西昌媒体尽出，举城轰动。这群国际鲜花大使，成为西昌最靓丽的一道风景，水岸国际花城成为西昌“鲜花与人居”的代言品牌，自然成为西昌最好、最贵的项目。

二、亚热带商城——孵化财富的鱼群

不同的海域生长不同的鱼群，而不同的区域生长不同的商业业态。要做好商业地产策划，我们必须认真研读该地产区域的个性特质，然后，根据该区域的个性特质设计出与该区域的生态环境相适合的商业鱼群。策划人的职责在于不仅要看清那些看得见的商业元素，将其整合起来为我们的开发服务，更重要的是要面对纷繁复杂的商业现象，实施聪明的取舍和创造，以点化我们的商业背景、以创造开发商最大的商业回报。其实，一座城市就是一片海洋，不同的经度和纬度，决定着它不同的季风和洋流，决定着它不同的潮汐和水温，而这一切又决定着它不同的海底植物和浮游生物，更决定着与它匹配的海洋鱼类。开发商不是大海的主宰，策划人也不可能创造一片自己的海域。对于商业地产的打造来讲，策划人要做的不是创造点石成金的海洋童话，而是准确地测试出这片海域的潮汐、水温以及各种滋养成分来，并根据这一切，在这片海水中孵化自己的财富鱼群。

——杨健鹰

（一）亚热带商城的仿生经济学

大家都知道，道家的阴阳八卦，是由一白一黑两尾游动的鱼首尾相衔组合而成，杨健鹰的策划强调“活性”，既符合道家阴阳流转不居的特点，讲究四象方位，也讲究风水和吉祥之兆，同时又符合仿生学的科学原理。亚热带商城的策划中，用鱼群与海域的关系来思考商城的定位和功能，是仿生学在商业地产中成功运用的一个典范。

“亚热带”商城的成功开发，使龙泉迅速地形成了“亚热带”休闲购物商圈。该商圈的形成，打破了龙泉传统的城市核心广场和城市中街的商业布局，使龙泉的商业品质有了划时代的提升。这个项目的成功，在健鹰策划的成功案例中，又增添了一个具有理念和操作两方面重大价值的标本。

目前的“亚热带”不仅成了龙泉新兴商业中心的代名词，也成为现代都市人的休闲聚集的核心区域、成了龙泉时尚和品质的象征。可以说“亚热带”商城创造了龙泉的一片海域。不说别的，仅从“亚热带”这个名称上，我们就感受到这个区域的商业特质。

由于本项目位于龙泉的新旧城区的交汇处，是商业中心的次热带地区，为此杨健鹰选择了具有“次热带”含义，又同时具有餐饮休闲内涵和时尚意义的“亚热带”概念来作为本项目的主题名字。将本项目的整体业态形象，提炼为“欢乐的亚热带海滩”，以“鱼群的孵化”为商业布局创意。

“亚热带海滩”所具有的海派文化特征和鲜亮阳光的时尚感，与高层电梯公寓目标购买群的个性特征相贴合，鱼背上的骑游的诗化境界，正是这种住宅最具神韵的点化。

“亚热带海滩”所包藏的餐饮、休闲、购物的快乐感，正好给我们的消费者给以最准确的暗示。对于商铺的投资者来讲，这一组孵化的“鱼”，又能带来投资收益“以钱生钱”的暗示。对于商场商铺的经营者来讲，正好给人以“鱼群的捕获”概念。欢乐的亚热带海滩，使本项目的所有有关群体，都能获得最大的商机设计空间和最大的心灵满足感。

名称是内涵的全部浓缩。对于任何一个项目产品来讲，名称都不只是一件漂亮的外套，而应该是从这个项目的树干上生长出来的花朵和果实。真正好的名称应该拥有项目或产品的全部基因。

“亚热带”这个名称不是取定的，而是在这个项目的前期思考和项目策划中生长出来的。它是传统商业中心地——“热带”的对应概念，也是休闲商业黄金水域的主题张扬。对于传统的商贸业来讲，城市的中心区域是其商业的“最热带”区域，而这个区域对于现代休闲商业来讲，却未必是真正的热带区域。

（二）鹰眼细查

选择“亚热带”作为项目的名称，是根据本地块的区域特质和项目的商业业态特质所决定的。

当年有许多策划公司都建议在这里建一个大型的建材城，杨健鹰却一反常态，要在这里建以休闲商业为主体的休闲购物商业中心。对这里来讲建材城已有很好的商业背景，而以休闲餐饮购物为主体的商业中心，却似乎没有太成熟的商业基础。

杨健鹰的决心来自他的现场考察和独辟蹊径的思考方式。杨健鹰通过考察发现，人们认为建材城有支持点，主要是这里的永安路建材商业一条街已相对成型。这是大家都看得见的，但大家忽略了这样几个问题：

第一，本项目相邻的是建材一条街的商气最弱的末端，其独立门面的租金每平方米也仅有三十元左右，本地块又是一大型三角形地块，若以大型商场的摊位出售，其租金和回报会低于它们，这在战略上无疑是一个失败的选择。

第二，一旦建成建材市场，那么一二楼以上的建筑品质，将受到严重的影响，这会大大降低开发商的综合回报。

第三，这样以建材商城为定位看起来风险小，实际上将因这一定位使开发商形成巨大的看不见的损失。同时，由于开发商在这一地块的后面连接区域，已有大量已开发待售门面，这些门面要获得价值提升，需要有一个可作为龙头的主题业态来带动。若该地块选择商气呈递减式走势的建材行业，则无利于开发商在该区域的其他物业的价值提升。

在做这一策划时，杨健鹰带队反复对该区域进行勘察，发现龙泉在休闲购物商圈上的缺乏，而本区域属龙泉陶然村高档居住片区，街道宽阔，又有休闲广场相连，居住群品质非常高，这里完全适合打造一个高档次的大型休闲购物街区。

该区域与龙泉传统城市中心音乐广场相隔也不足两百米，又有大型餐饮的小街相连，于是将亚热带定位成为龙泉休闲购物商业的龙头，并以永安路为休闲夜街，形成龙头对龙身的全面带动，为新龙公司原来在永安路区域的存留商铺的品质提升带来了巨大的支撑。也正是因为如此，亚热带的商铺推出的价位，高出了同区域商铺价位近一倍。

（三）捕鱼“亚热带”

鱼，对于中国人来讲，有着丰富的吉祥寓意，它与财富、人丁、事业、好运有着紧密的关系。鱼跃龙门，锦鲤化龙，岁岁有鱼。鱼，是中国人心中的吉祥符。而亚热带水域的特质，正是鱼群丰美、繁殖旺盛的生态表达。

“亚热带”商城，之所以叫亚热带，是根据当时商业口岸热度进行的定位，它不在口岸的热带区域，却是最具生活气息的休闲商业水域，这样的区域，更有利于商业财富的繁衍。

由于“亚热带”商城的口岸位置相对较偏，交通条件还没有完全成熟，开业之时，门前的一条主街都还在修建中。对于亚热带商城开业活动，自然不能按常规的方式展开，必须另辟蹊径，制造人气和影响力。“亚热带”商城的开业，极具创意。杨健鹰根据亚热带的区位特质和街道建设条件，建议与市政沟通，临时增加隔水材料，改街为池，并将门前街道区域注满水，并投放几千斤鱼群，开业之时，邀请市民在水中自由免费捕取，一时间整个“亚热带”区域，鱼翔人欢，有如盛大节日欢腾，瞬间让整个商城人气暴涨，成功促成了整个商城的开业营销活动。捕鱼“亚热带”成为龙泉人快乐传播的一大喜讯，以最低的费用，最好的效果，将“亚热带”的商业主题迅速扩展开来。

（四）建材区域不卖建材

本项目，是龙泉驿兴龙房产公司即将开发的融高层电梯公寓、商铺、写字楼为一体的复合式房地产项目。该项目位于龙泉驿新旧城区的连接地，其地形为永安路、商业前街、龙平路五路交会处的一个三角形地带。由于该项目属于旧城区边缘，面对新开发区，所以相对清冷。

本项目的开发两大主要难点，一是由于本项目所处的位置是龙泉新旧城区交汇带的五路交叉口，政府规划该区域必须建高层建筑，而对于龙泉的消费现状来讲，高层电梯公寓是一个人们不太愿意接受的建筑形式；二是由于该区域的地价和建筑成本，本项目必须要有充足的商铺开发才能获得正常的开发利润。

然而，怎样对本项目的商业地产进行定位，却是一件颇需思考的事情。就该区域的商业行业布局来讲，其主要的商气连接，应是本项目直接相接的永安路建材市场，这是本项目连接最大的也是最现实的商业业态。

然而若以建材作为市场商业定位，在此建建材市场的话，那么这个建材市场的交通条件，却不是最好的，口岸也就成为建材一条街的最尾区域。因为永安路建材市场的真正好口岸是在永安路的另一端，该处以老成渝路强大的交通条件为依托，形成了繁华的交易环境和稳定的客户群。以建材市场定位本项目，很难拉动一个可与之抗衡的市场环境，无法获得更好的商铺售价。

该项目并不是新龙公司的一个孤立的房产项目，在本项目沿永安路以下的相邻区域，是兴龙公司房产开发的中心区域。在数以千亩的区域内，新龙公司已开发的项目和将开发的项目完全连结在一起，陶然村、紫云轩、雅云轩，以及后期将开发的区域，正是以永安路为主轴，华凌路为辅轴，以新龙公司修建的陶然村休闲广场为中心的房产集群。

由于该区域的新区因素，这些项目的一层沿街商铺中有大量积存待销。如何形成该区域的整体商业模式，促成原商业门面的经营和销售，也是摆在新龙公司面前一道急需解决的难题。由此可见，本项目不仅是新龙房产公司提升形象塑造品牌的龙头项目，就商业业态和新房产项目的连接关系上讲，也是处于一种形象引领的龙头位置。

这样，对本项目的商业业态的定位，我们就绝对不能以一种表象环境业态作为支持，以建材一条街的龙尾商铺作为定位，而应该站在新龙公司的整体房产利益上，从而形成一个可以带动整个区域商业模式和商气聚集的行业龙头，实现该区域商业铺位的一兴百兴，一荣俱荣。

（五）“亚热带”就是次中心

要对该项目的商业业态实现成功的定位，就必须从该项目的地域环境进行分析。本项目位于新旧城区的交汇处，其地域特性自然就是这两种城区概念的复合体。

首先，就该区域的新区概念进行思考，本项目背靠旧城，面向新域，是龙泉城市发展过去和未来的交融点。就新区而言，这里有比旧城区更为宽阔的交通组织，有更为合理地规划配套，更为完善的住宅开发，这些住宅开发又将吸纳越来越多的、层面更高的消费群。对这个新兴的居住圈来讲，随着新迁人口的大量涌入，其满足日常生活消费的商场、餐饮、休闲、娱乐环境就会越来越显示出它的需求性。而新区的相对宽松环境、宁静氛围、车位空间和建筑档次，也为这一切提供了最为有利的前提。

就龙泉的旧城而言，由于其受原有格局的限制，许多商业环境都无法实现最理想的配套。龙泉的传统商业中心，仍旧集中在以中街为轴线，以水景音乐广场、桃花仙子为核心的旧城中心区域。这种沿街为市的商业模式，随着人们日益提高的消费档次、购物习惯的改变，同时伴随着越来越突出的汽车时代的到来，一个新兴的实力消费群，正以一种都市的消费引领者的姿态，将原来的城市中心活动方式，变为一种层次更高的“次中心”活动方式。

对于较高层面的商业消费环境来讲，商业“次中心”的价值形象，已经开始超越商业的正中心价值形象。在这种次中心价值超越正中心价值的商业环境变换中，餐饮娱乐业和高品质购物商城，正是最杰出的行业代表。因为现代人的消费心态和停车环境的促动，都市的餐饮休闲行业成为从城市正中心走向次中心的行业龙头。为此，就应该进一步地对这一行业实施关注。

对龙泉驿的餐饮、休闲、娱乐行业来讲，除了存在上述传统都市中心的缺点外，还有一个较为突出的现象就是各商家的分散现象。正是因为这种分散使龙泉驿的餐饮、休闲商家各自为政，没能形成一处具有包容性，针对不同消费群的集中消费中心区域。这些因素为本项目的商业业态提供了机遇。

本项目位于龙泉驿新旧城区的次中心区域，与龙泉驿城市最繁华中心水景音乐广场相距两百米左右。以龙翔酒店为代表的龙泉最高档的中心广场餐饮休闲体系，与皇城堰餐饮区和商业后街相连，这为打造本项目与都市中心广场区的餐饮通道提供了脉向，也为现有的中心餐闲消费群向次中心餐饮区移动，提供了交通和心理的通道。这正是我们寻找的商城商业脐带。

通过这一商业脐带，有可能完成龙泉高档餐饮休闲业由都市的商业中心——人气交织的“热带”区域，向着都市的次中心“亚热带”区域的移动。这个以超市、中小型商铺为形式的、以餐饮休闲为主题的、集中了高、中、低不同档次的购物、休闲、酒店、咖啡屋、茶楼的商业模式，正是本项目应选择的最佳模式，也是启动以永安路为主轴的、新龙公司过去开发的大量商业门面营销的最佳方案。

这样，可以以本项目为龙头，以永安路为龙身，以陶然村广场区域为龙尾，打造出龙泉第一条以餐饮休闲为主题的，由高、中、低档层次为组合推进的，餐饮休闲一条街——亚热带夜街，以激活该区域已有雏形的餐馆、茶楼和休闲产业。

（六）像生命体一样布局功能

亚热带商业综合体的开发中，不仅包含了商业地产、住宅和写字楼三大地产类别，而且在其商业地产部分又包括了超市、酒楼和店铺等多种形式。如何使这些功能不同的地产得到最好的功能发挥，是本项目设计的重要课题。也是本项目能否最好地利用自己的地利条件，创造最大卖场的关键。由于本项目地块属于三角形布局，且体量不小，在对本项目的开发中，杨健鹰认为，应以内部商业街的方式实现分区切割。我们在充分利用永安路宽大时尚的交通环境的同时，也兼顾商业前街和商业后街的商气连结，以“T”字结构内街，将本项目的裙楼均分为三大区域。

对于第一区域来讲，由于其位于五路交叉口，内接旧城中心区域，外连新城居住区，是本项目的龙头之龙头，对于本区域的功能安排，既要考虑到它的形象性，又要利用好它对新区的强大辐射性，我们应该将本区域的一楼和二楼定位于这里档次最高的商场超市，将三楼定位于龙泉实力企业的写字楼。

对于第二区域来讲，该区域内依两条内部的商业街，外靠宽大的永安路，该区域是最方正的地块，两面临街，有利于小商铺和住宅的分割，且永安路区域属于较为宁静的、龙泉驿住宅档次最高的小区。为此，我们将其一、二楼设计为可分割的两面开门的中小商铺，以供中小投资者和经营者投资使用。将三楼设计为可分割的办公写字楼区域。对于住宅来讲，该区域是三大区域中，最具户型设计优势和居家档次的区域。我们应将该区域三楼以上部分开发为高层电梯公寓。

对于第三区域来讲，该区域背靠内部商业步行街，前临相对脏乱的商业前街，由于该区域是本项目与水景音乐广场最近的区域，也是本商城和广场餐饮连线的第一连接点，且本区域也相对独立于其他两个区域，为此我们将该区域的一二楼，定位于本项目的重点餐饮休闲区域，将三楼以上定位于茶楼、水吧、娱乐区域、办公写字楼区域。

对于本项目来讲，以上三大区域的划分，既是经营业态的划分，又是营销行为的划分。对于大型商场和餐厅，由于该类业态的经营特色，不允许进行小面积划分，这样该业态商铺的营销客户群体就相对较少。对该类商铺，我们就必须以定向招商和定向营销为主，对于个别商家甚至可以考虑租转售的方式，不以短期营销为第一前提，而应以引进商气为前提，将其看作商城的优势配套，以其为整个商城提升形象，带动其他商铺的营销和增值。

对于中小型可分割商铺来讲，我们应在尽量的小分割中，以双门面商业铺面的低首付的方式，使其尽快地吸引众多的购买者，促成销售。这类商铺，是公司短期内回收资金的重点。对于电梯公寓的购买者，应将本项目的复合式业态结构，如商场、超市、咖啡厅、酒吧、酒楼，看作是对该住户群的最直接、最完美的小区配套，使其成为本电梯公寓自身诱惑点之外的另一更大诱惑，促成营销的尽快完成，回收资金。

（七）游鱼与祥龙

在完成以上几大功能布局的同时，还应根据自身条件，最大可能地设计出停车环境、休闲环境和交通组织的情趣环境，以形成对本项目各大功能的最大支持。本项目的停车环境，是开发商与旧城中心区域高档餐饮休闲行业竞争的首要前提，应利用好地下停车场的设计空间和陶然村广场的自然空间，建立大型地下停车和生态停车的双重停车概念。利用好永安路宽阔的大街之利，塑造自己无与伦比的交通形象。利用本项目的屋顶花园平台、两条商业街的连接点中心区和本项目与商业后街的连接处空置区域，建立小型休闲广场，聚集人气。

此外，杨健鹰认为，在策划中，还应将本项目的人气运作空间在有可能的情况下，与永安路后面的几大新龙公司地产项目的促销活动以及陶然村广场的推广活动呼应起来，实现龙头、龙身、龙尾的形象联动，创造人气、商气，塑造新龙公司项目的整体形象，促进全面销售。

亚热带商业中心对于新龙房产公司来讲，是一个龙头项目。亚热带的商业业态，对于新龙公司以永安路为主轴开发的陶然村、紫云轩、雅云轩及后期开发项目的商业业态来讲，更是一个龙头项目。高层电梯公寓对于龙泉来讲也是最高的龙头，该项目既是新龙公司的龙头项目，也是龙泉新城区商业地产和高层电梯公寓的龙抬头项目。对于本项目的形象创意，不仅要结合这一项目特有的商业内涵、居住内涵实施提炼，使这个项目的理念在迅速提升区域商业内涵的同时，形成品牌传达。还必须遵循这一主题，并将本项目的各功能区的布局，调整到对整个商业环节的最大有利上来，使整个项目的功能和形象，达到出神入化的统一。根据整个建筑的“T”型内街布局，将整个商业区结构，创意为一组“孵化的鱼”的结构。

首先，利用永安路与商业后街的连接通道，将本项目的顶端三角地带划分为供大型商场使用的鱼头，商场的人流循环为：从鱼嘴进入商场完成购物第一程序，然后人流再通过鳃出来，进入大鱼腹前的广场，进行选择，是进入餐饮中心的小鱼嘴巴？还是进入两个不同的商业内街？在鱼头的一二层，是大型购物超市，这种外小内大的口袋式商城布局，既解决了三角形地带的布局难题，又使整个商城符合生意的“风水”观，形成“海纳百川”“独饮人流”的聚财概念。商城以玻璃为墙体，晶莹剔透，将内外繁华形成呼应。此鱼头正对区域为新兴住宅区，鱼头商场既是本大厦的形象区，又是该小区的配套区。鱼头的三层以上为豪华写字楼，由于有鱼跃龙门的龙首气象，且相对独立于顶层景观式活动空间。这种写字楼，已被鱼头隐去了异型房的弱点，而会变得吉祥而抢手。

第二，利用两条内设商业步行街，一条作为鱼鳃、一条作为鱼肠，将商业前街与永安路和商业后街的商气连通，使人们在鱼腹中快乐地游动，完成所有商业行为。

第三，利用两条商业内街的交接处宽阔空间，通过儿童戏沙池、旱喷水景和儿童游玩设施的设置，建造沙滩广场，在商城的中心腹部聚集人气，成为商场的人气丹田。

第四，将分割后的小三角区，作为大型餐饮的核心区域，这条小鱼、鱼头正对沙滩广场人气、鱼嘴吸财、鱼腹营业，而小鱼尾接的正是龙泉水景音乐广场的餐饮商气连线。小鱼背上是茶楼、水吧、娱乐区和办公写字楼。入住单位既有鱼背创业的吉祥，又有顶层花园享受。

第五，在本项目的鱼的脊背区域，是两面临街的可分割商铺，商气由鱼肠至鱼背，内外商气贯彻。在该商铺之上的三幢电梯公寓，有如巨鱼驮着的楼台一般，在这条吉祥之鱼的背上领略着海风，徐徐前游。对于小区的居住者来讲，有如一群鱼背上的骑游者。

第六，在巨鱼的尾部是地下车库的大门，一队队爱车由此进入了巨大的鱼腹之中。鱼尾正对是与沙滩广场相呼应的水灯广场，这是人聚集的又一中心，也是与商业后街商气的连接点。

以上可以归结出一个要点，那就是，本项目中，杨健鹰以一组孵化游动的鱼为主题，形成整个商圈的引领和鱼跃龙门的意境。

三、博客公社——绝地中的智慧刀锋

关于狗的记忆，那是三十多年前当知青的姐姐返城的日子。受母亲委派如同特使一般陪姐姐回乡，一个村一个村地与乡人告别。此时正当三月，乡村桃红李白，田野菜花如金，阳光迷离，蜜蜂嗡嗡，令人浮入梦游之中，若不是那一声狂吠，我是断然不会惊醒，也是断然不知我小小的屁股已被偷袭，而发出空洞的号啕。那遁逃的狗我几乎没有看见。它所留下的唇印，也只是轻描淡写的一个红印。最后被急急赶来的农妇，满怀歉意地涂上一层黑黑的缸脚泥（农村人常用水缸脚的湿泥治疗狗咬伤）之后，一种狗的野性和攻击力伴着隐隐的灼痛，由表及里放大起来，在我的脑海中存盘。

——杨健鹰：阿猫阿狗的地产时代

（一）“绝地”才能争胜

杨健鹰是公认的策划江湖的野战派领袖，这种野性和原始冲动似乎找不到家族基因。

杨健鹰是一位有狼性的策划人。对此，杨健鹰在《阿猫阿狗的地产时代》这篇回忆文章中，通过一个片段作了一个绝妙的回答，也是一个有趣的自我解密。

如果说杨健鹰是从命运的“绝地”中一路拼杀，重生之后，脱胎换骨的话，他的策划的绝妙之处，在于往往用点睛之笔，妙手回春般，把一些公认为是什么缺点都具有的楼盘和地块盘活，使“绝地”的致命缺陷，转换成为唯一性和独特性的优势。

杨健鹰深知，最好的策划，是不见策划痕迹的策划。他的策划方案，具有一种化腐朽为神奇的能力。这种力量不是大砍大杀，而是一种四两拨千斤的巧力，是一种便于实施的，精巧细微的系列操作动作。

杨健鹰之所以被尊为野战派领袖，他不仅是盘活“绝地”的高手，更是一个对“绝地”有偏好的策划人，对极限挑战上瘾的策划人，这大概就是他血液里流淌的嗜血本能驱使的作用吧。

有个典型的例子，曾经有个项目来找杨健鹰，开发商见面的第一句话就是：“那块地很尴尬，不知道怎么做才好，所以才来找你。”

当时，这个盘的基本情况是：长方形的地块，西面是高架桥，北面是高速路，东面是高压线和热电厂大烟囱，唯一剩下的南面，是一条铁路。

杨健鹰去了一看，地块的基本条件的确很难进行好的开发。如果按照通常说的缺点的话，该有的缺点都有，每一面都有重大问题。一面是高架桥，第二面是热电厂的大烟囱、高压线，第三面是机场高速公路，剩下一面则是铁路。

面对这么多缺点，能有什么办法把缺点变成特点呢？杨健鹰认为，问题的关键在于如何解读铁路这个符号。另外三面的缺点都不是主要的缺点，且杨健鹰已有了化解手段，而铁路是致命的，因为在很多人看来，铁路就等于噪声。

但在杨健鹰看来，其实铁路不仅仅等于噪声，它还等于文化。人类一个永恒的话题就是人在旅途，这个旅途前面是理想、梦幻，来处是经历、回忆和依恋。对于我们工业文明的人而言，铁路就是旅途的意味。如果能够从这个角度来看，铁路就成了这块地最好的标志，完全可以这么说：政府为你配置了一条铁路，其他任何小区都不会有。

这就是被业界公认为可以编进教科书的一个经典案子——博客公社。

（二）心随剑舞

面对这样一个盘，杨健鹰这样表述他做这个案子的基本思想，他说：一位日本著名的武士，在向人们讲述他的格斗经验时说——“他每一次与对手进行搏杀，都感到是剑领着他的手在走，而不是自己在舞剑。仿佛手里的这柄剑有自己的灵魂，有自己的思想、有自己的主张。”这些主张是自己不能违背的，这就是剑的主张。

对房产开发商来讲，土地就是自己手中的剑，这柄剑也有它自己的灵魂、它的思想、它的主张。对于我们要搏杀的市场来讲，这些主张我们是不能违拗的。每一块土地都有生命，都有个性，有如一群孩子，它们的历史不同，积淀不同，自然将来的发展方向也就不同。

育人要因材施教，用地也要因地制宜。当我们面对一块土地时，我们不能单凭自己固有的概念，对其进行主观取舍和定性，而应该同时站在土地的角度，去点化它的个性，去发掘那些超乎常人思想的个性潜质，使其在市场的竞争中占据别人无法取代的位置。对于房产开发商来讲，认知自己土地的个性和认知市场同样重要。

从具体思路来看，在博客公社的项目策划中，杨健鹰将人们都唯恐不说的铁路，放大为项目的最大个性。并以铁路文化为背景，创意酒吧文化一条街。这不仅消除了房地产客户自身对铁路的恐惧心态，而且为开发商创造出了大量高回报的商铺。这样的操弄手法给人异峰突起又峰回路转的感受，堪称颠倒乾坤的大挪移手法。这种点铁成金，化腐朽为神奇的招法，一直是健鹰策划的招牌动作。

为什么当时杨健鹰能产生这样大胆的想法？杨健鹰认为，这样的想法看似大胆，却是情理之中的事。通常人们对一个地块的优劣势判断，是以现有的可参照市场对应体为标准的。这样，就首先在自己大脑中定下了一些固有的价值观，然后他们再以这种价值观来考证一个新的项目，也就很容易对新项目作出带取向性的优劣势定论。这种定论看似客观的，其实是很容易掉入主观陷阱的。

事实上，这世上没有任何两个地块的开发元素是完全相同的，每一个地块都会因不同的时空条件和开发商自身条件，表现出巨大的个性差异。对于开发商来讲，我们不能首先将一切差异现象都看作了缺点，而应首先将其看成个性，看成特点，然后再想法将它点化为优点，点化为别人无法复制的竞争优势。

（三）点化业态

在破了铁路文化这个题眼之后，杨健鹰的策划动作可谓一气呵成，妙手连发。

杨健鹰计划在这个小区中铺设意境式铁路，并购买小火车设置于园区。这样的设计是围绕铁路文化这个创意主题，从主题的需要出发，力求实现现实铁路到铁路文化的提升。意境化的铁路和小火车的设置，是为了承担与铁路文化相对应的特定文化承载体的功能。

第二，为了捕捉新闻媒体的关注，买一列火车进园区，这在国内都是大新闻，这会迅速提升小区知名度，节约大量广告费。

第三，营销现场的需要，我们将这列小火车作为道具和玩具，再配套相关的儿童娱乐体验行为，这将是攻击我们这个特定小家庭群体的有效手段。当然这也包括，市场的现实性，目前在成都周边的一些山区，都有废弃了的小火车，我们可以以废铁价购得。

对周边大环境、社区居民的社会阶层、市场因素几个方面综合考虑之后，杨健鹰把这个项目的商业业态定位为酒吧一条街，而不作其它业态的考虑。

之所以将这个项目的商业业态，定位为酒吧一条街，铁路文化当然是一个非常重要的原因，但不仅仅出于这个原因。这里最根本的问题还是源于市场因素。

杨健鹰解释说：从表面上看，我们可以看到城市南移后，科华北路酒吧一条街的延伸性，但我们必须从本质上找到答案，去找到为什么科华北路会形成酒吧一条街的真实原因，并证实这个原因未来是否会支撑我们自己，于是我们发现了支撑科华北路酒吧经济的是两大核心元素：一是财富；二是文化。

在科华北路聚集的是两大板块群体：一是玉林、棕南、棕北为主的富人居住区；二是川大、川音、社科院为主的文人居住区。文化与财富的最佳商业形态自然则是以体验经济为特征的酒吧经济。这两大板块也正是本项目的主要客户支撑点，当然选择酒吧这种业态还有一个原因，就是该业态有利于增加二楼口岸的含金量。

（四）后期营销不容忽视

作为辅助手段，作为后期营销动作的一部分，杨健鹰还为项目的开盘设计了众多的情节性活动，如赠送二手自行车，赠送单程火车票，为旅途故事设奖等等。也体现了杨健鹰注重细节的一贯风格。这些活动全是情景式的，功能也是双重的。

总体立意方面，这是一个以发生故事为情节的楼盘，它的目标客户群具有强烈的故事潜意识，所以针对楼盘的目标群体的特色，设计了单程车票赠送、奖励旅途浪漫故事的推广手段。希望更好地增强楼盘的传播性，并与客户行为形成主题互动，为项目注入更丰富的人文内涵。从活动的大众可参与度、成本控制方面来讲，这又是一个小成本的组合动作。

博客公社一经面市就获得不错的市场回报，开盘十分火爆。

四、宽窄巷子——寻找城市的指纹

走进宽窄巷子，才知道自己不可能成为它的策划者，五年多来的改造工程中，真正改变的不是宽窄巷子，而是自己。五年多与宽窄巷子这张成都老底片的心灵相守，让我和每一个参与者都备受煎熬，也在这种煎熬中脱胎换骨，获得思想与灵魂的飞升。

成都有如一个巨大而久远而又包容百味的紫砂壶，在这壶中，茶与茶相互熏染，茶与壶相互熏染，早已构筑起了它深深的底味。而最终这壶的底味，又将为每一个流入成都的人们都浸出生命的暗香。

——杨健鹰

宽窄巷子项目，是杨健鹰呕心沥血之作，也是最能体现他城市文化和策划思想的一个典范之作。宽窄巷子项目，是杨健鹰从商业地产转向城市战略的一个代表作，是他策划思想和策划技术的一次总结和升华。

（一）最成都的宽窄巷子

成都是一座来了就不想离开的城市，到成都不能不到“最成都”的宽窄巷子。2008年6月14日，也是第三个中国文化遗产日，历时五年多策划、修复、保护性重建的成都宽窄巷子历史文化保护区在地震后一个月开街，成为“5·12”地震后成都旅游业复苏的标志性事件。

中央电视台国际频道、四川卫视、成都电视台3和5频道、搜狐网等媒体，现场直播了开街仪式；中央电视台新闻联播、香港凤凰卫视、东方卫视、新华社、中新社、《人民日报》海外版、《光明日报》、21世纪经济报、三联生活周刊、新周刊以及省市媒体近100家报道或转载了开街新闻。

宽窄巷子作为城市休闲胜地，从开放之日起至今，一直保持超高人气。如今，宽窄巷子作为“最成都”的代表，已经具有和上海新天地、北京南锣鼓巷、后海酒吧区、丽江古城、南京1912等全国知名文化休闲街区一样甚至更高的知名度。

从更高更深远的层面来看，宽窄巷子以文化为根，连接了成都这座城市的过去、现在和未来，堪称活态文化保护和文化地产开发的成功样板。作为城市名片、城市文化品牌的代言形象，宽窄巷子在成都的城市战略经营中发挥了巨大的功能。我们完全可以预见，这种影响将是持续的和长期的。从这个角度来看，宽窄巷子无疑全面超越了全国类似项目。

在宽窄巷子，历史人文不是文化化石，而是一条流动的河流。在宽窄巷子，商业和文化相互补益，又各得其所。在宽窄巷子，文化和商业是一体两面，休闲和人文连接在一起，历史和现在连接在一起，传承和未来发展连接在一起。作为休闲之都、多彩之都、美食之都、成功之都的一个形象窗口，作为成都的第一会客厅，“宽窄三品”将宽、窄、井三条巷子各自的精神提炼为闲、品、泡，全面展示和涵养了“最成都”的生活样态。

这里的环境氛围和商业表现，完全体现了“最成都”的特点。在这里有最古老的成都建筑，有最原汁原味的成都人的生活，同时又能够感受到最现代的都市成都人的生活气息。这里是国际化的业态，是拥有世界眼界的时尚中心，这里又是最成都的生活，是老成都生活的“原真生活体验馆”，是历史底片上显影的“成都生活标本”，宽窄巷子使传统的和现代的成都生活得到集中展示，滋养了成都人，也滋养了天下来客。

“闲在宽巷子”，开街后的宽巷子以蕴含深厚文化特色的餐饮、茶馆等业态为主。宽巷子，是老成都的“闲生活”。比如坐落于宽巷子8号的“成都原真生活体验馆”复原了1935年成都一个五口小康之家的生活场景，将成都独有的地方民俗、市井风情充分展现在此。

“品在窄巷子”，窄巷子的业态以西餐、咖啡、会所、主题文化商业等为主。窄巷子，是老成都的“慢生活”。这里是最成都的生活，在巷子里品味缓慢的下午和时光的停驻。

“泡在井巷子”，井巷子的业态则以酒吧、夜店为主。这里是成都的夜晚，是香车宝马、名媛大士的集散地，是华灯初上的成都风华。井巷子，是老成都的“新生活”。是宽窄巷子的现代界面，是开放、多元、动感的消费空间——在成都最美的历史街区里，享受丰富多彩的美食；在成都最精致的传统建筑里，享受声色斑斓的夜晚；在成都最经典的悠长巷子里，享受自由创意的快乐。是以酒吧、夜店、甜品店、婚场、小型特色零售、轻便餐饮、创意时尚为主题的时尚动感娱乐区。小洋楼广场是井巷子中最具特色的建筑，这座法式风情的小洋楼，展现了成都兼容并包的开放心态。这里已经成为婚恋主题消费场所，成为恋爱、婚庆的经典场地，成为甜蜜、时尚的不二代言。

（二）成都的指纹与基因

杨健鹰要打造的宽窄巷子，将是成都人情感的依附地，是老成都的指纹，是成都的基因图谱。同时又是新成都的第一会客厅，更是文化与经济的核反应堆。宽窄巷子不仅是成都的，它也是中国的、世界的。

杨健鹰说：宽窄巷子有如一道成都的心灵之门，让他真正地走进并融入了这座城市的精神之中。宽窄巷子也是杨健鹰认知成都的一艘时光之船，将他从流于空泛的成都概念中，领入鲜活的街巷、宅门、院落、泥墙、老树、宅院之中。杨健鹰深深地感知到：成都有如一个巨大而久远而又包容百味的紫砂壶，在这壶中，茶与茶相互熏染，茶与壶相互熏染，早已构筑起了它深深的底味。

（三）石磨上的成都

杨健鹰的思想总是有强大的扩张性，总能从一个细小的事物中，去发现那些宏大无比的城市内核。宽窄巷子最终能成为成都的城市名片而走向世界，最初源于他对一扇小小的石磨的解读。

宽窄巷子是“最成都”的代表，寻找到宽窄巷子的个性，也就找到了成都的个性。杨健鹰在《石磨上的成都》一文中，用一扇石磨来取像成都。

寻找宽窄巷子的个性，是非常艰巨的。108亩的核心保护区，500亩的间控区。太多的建筑形式分布其间，太多的文化内涵依附其上。皇城、大城、少城、锦官城、满城、兵丁胡同，在宽巷子、窄巷子、井巷子、柿子巷、支矶石街，不同历史阶段的太阳，在那成片的瓦屋和树冠上，投下它们的光芒，斑驳而无序。

寻找宽窄巷子的个性。无论你是在宽巷子还是窄巷子，无论你是在井巷子还是柿子巷，无论你是在支矶石街还是在同仁路，也无论你是在哪一号院落的哪一处檐角，或者面对的是哪一片落叶和哪一块石阶，你都会感受到一种看不见的文字在将你引向深远，让你坚信，这是一座城市为你留下的一部巨大的辞典。

做宽窄巷子的策划，是从宽窄巷子的阅读开始的，要将宽窄巷子铸造成成都的城市名片，我们首先就得读懂宽窄巷子，读懂它过去的文化，读懂它过去的文化对未来经济的承载力。读懂成都，读懂这座城市的人文属性，读懂它现实经济对历史人文的依附力。成都贵姓，宽窄巷子贵姓？要让未来的宽窄巷子能够真正代言成都，我们就必须从宽窄巷子中去寻找，去提炼这座城市的文化基因，去寻找去提炼这座城市的性格。

（四）慢生活下的城市质地

成都人的生活，就是在石磨上的生活。成都人的精神，就是在石磨上构筑的精神。成都人的历史，就是在石与水两大文化揉搓中，沉淀下来的历史。对于成都人来讲，蜀山、蜀道所构建的大石文化，将最刚毅的质地凝聚在其骨骼中，而与史俱来的绵绵不断的移民历程，在历经无数生离死别、漫漫旅途、疾病、野兽、饥饿、绝望之后，所形成的知足与旷达，有如在骨骼上刻下的一道又一道的齿痕，使其在面对世事之时，具备了强大的研磨力，于是成都人总能将大事化小，小事化了，了事化好。成都人吵架多，而斗殴少，所有的吵架，也都是“田头散”，少有记仇记恨。这是成都人独有的隐忍和睿智，也是成都人独有的力量与胸襟。这种力量与胸襟来源于道家的和谐思想，更来自天府之国物阜年丰的财富，来自一年一年岷江都江堰为我们送来的水米底气。

石磨的推动是有讲究的，不能急于求成，不能急功近利，不能心浮气躁，更不能贪婪。你的心只能跟了那份石磨的持重，而气定神闲。那些急于玩耍的孩子们推出的食品，往往都会太粗糙而在老人呵斥下返工重来。石磨中推着的可以是稻米，可以是苞谷，可以是大豆花生以及一切的五谷杂粮，也可以是海椒、花椒、香料、麻油以及一切调味品。石磨是成都人生活的包容，石磨也是成都人毅力和品性的历练，是一种融于生活的禅境。石磨的真谛，只能在一种慢中，你才能体味。

成都人的生活，就是石磨上的生活，就是一种慢的生活。这种生活是以生活本身为圆心的，守着家的圆点，成都人的轨迹划着蜗牛一般的轮回。生命就是生活，生活就是家，家就是石磨，石磨就是日子，日子就是太阳，这个太阳有着手柄，手柄都握在成都人的手上，成都是一个能把时间都磨细来过的城市。成都是一个能够将生活的节奏把控在自己手上的城市。2300年的龟城，以一种慢的步履勾画着这个城市的轮廓。

慢的成都，不是缓慢的成都，这种慢不是怠惰与迟钝，这种慢，是来自于内心的一种阅尽人生百味后的沉稳与淡定，一种山随平野，江入大荒的平和与练达。慢的成都是心性的成都，慢的成都是精神的成都，慢的成都是生命的成都，慢的成都是将丰富的内心世界与多姿多彩的生活空间完全对接的成都。慢是一种丰富，是一种沉淀，是一种对人生和世界更为主动更细致的研磨。

正是因为对生命的研磨，成都人有了道，有了都江堰，有了天地共生的和谐思想。正是因为对生活的研磨，成都人有了川菜，有了川酒，有了名小吃。正是因为对文化的研磨，成都有了诗歌，有了汉赋，有了蜀刻和蜀绣。正是因为对精神的研磨，成都有了太阳神鸟，有了保路运动，有了川军抗战。因为研磨，成都更加包容，因为研磨，成都更加细腻，因为研磨，成都更加精致。

成都是石磨上的成都，成都是在石磨上，石磨又在成都人手上慢慢转动的成都，成都人的石磨是由天府之国的大盆地构筑的。在这个石磨中研磨着的，是成都人生活的根。

（五）"向宽窄巷子学习"

从养在深闺人未识到一朝闻名天下知，在短短的一年多时间里，宽窄巷子已经成为举世公认的最成都、最时尚的"老成都底片、新都市客厅"。成为城市文化遗产产业化和商业营销的成功案例，成为各地同类项目竞相学习观摩的典范之作。

如今的宽窄巷子已对外开放院落50多个，控制面积为479亩，核心保护区108亩。目前，前往宽窄巷子参观学习的政府、企业、专家团队络绎不绝，宽窄巷子已成为中国乃至世界的文化保护与城市战略的教科书。

现在全中国到处都在做类似的特色街、商业街、旅游文化街，但真正能成功的实际上没有几条，宽窄巷子能在2008年开街以来，取得这么大的游客量，达到如此之高的商户满意度，同时在对成都市名片的塑造等多个方面都能交出一份相当满意的答卷，宽窄巷子项目是一个难得的成功典范。

宽窄巷子跟一般的文化产业项目相比，有一个最大的特点就是把文化传承、建筑、保护、旅游、商业这几位一体融合得最好。目前在成都市，甚至放在整个中国去看，能把这几个关系和谐处理，各个元素能相互扶持、相互支撑的同类项目，这是非常少见的。

宽窄巷子表现出极好的经济和文化双向的包容性和延展性，一方面，各类外来商家的业态丰富，另一方面，原先的居民的经营、居住，延续了自身传统的经营模式。宽窄巷子把文化的传承、建筑的保护、商业的开发、旅游的运营，这几者都处理得很好。从这个方面来说，很多同类项目是没有办法突破和实现的。这也是为什么全国这么多的人来参观、交流的原因。

这个项目在文化保护与传承，在文化品牌的维护与城市形象的培养，在人文历史和经济开放各个方面都实现了高水平的融通，实现了项目策划和营销高标准的立意和目标，项目进入长期良性发展的轨道。宽窄巷子不可复制，但宽窄巷子的模式和经验值得业界进行全面总结和学习、借鉴。

在开街后短短的一周年的时间内，宽窄巷子接待了两千多万世界各地的游客，而今的宽窄巷子，早已经是代言成都这座城市的世界级城市名片了，是真正的浓缩着这座城市文化与产业、情感与精神的城市指纹。上级领导在视察宽窄巷子之后，写下了“巷子可以窄，但造福老百姓的思想一定要宽”，并作出指示，要将宽窄巷子的打造过程，写进成都的历史。为此成都市地志办专门发文，恳请健鹰策划公司提交了近六年的工作记录。可以说杨健鹰的策划思想，已经是成都城市思想密不可分的一部分。

第五章

箴言之五——伟

“伟”是战略的高度、宽度和深度

“伟”是生命境界的最大升华，伟是策划的最高境界。

“伟”不是简单的求大求全，更不是铺排奢侈。伟是战略的高度、宽度和深度。杨健鹰一贯注重整体策划，长于整合资源，对政策方向吃得透、立意高、落实深、后续有力。目前，基于强大的区域整体战略策划能力，健鹰策划和全国各地多家地方政府和机构保持了良好合作，大思维、大手笔已经成为健鹰策划的标签性特征。

（一）伟的箴言之一：地产商要做政府战略的基石

杨健鹰说过：当你心中有了太阳，你的眼中自然有光芒。策划的大气磅礴，不在于你面对着怎样的题材，而在于你内心的境界。要有一双鹰的眼睛，我们首先要有一颗浩气如虹的雄鹰的心，这是实现“伟”的关键。

杨健鹰是策划圈内公认的，将政府的区域战略和房地产开发具体项目结合得最好的策划人。在杨健鹰的策划中，既能展示大气磅礴的宏伟思考，又能在具体项目的实施中处处归位于产业的利益细节。一个商圈、一个项目，既能展示政府的大战略、大思考、大利益，又最终将这些大利益、大思考借势到具体的开发商利益上来，形成既能上天，又能落地的圆满。一座城市、一个地区的宏大构想不仅展示着政府高屋建瓴的战略视觉，更是将这种战略的价值，体现成无数的产业利益基点，让政府思想推进落地有根。这种思想体系的建立，和杨健鹰长期与政府合作区域策划不无关系。

杨健鹰工作中接触最多的是两个层面：一是政府群体，二是商人群体。多年来，在与政府交往中，杨健鹰获得了宏大的思维方式，而在与商人群体的接触中，他则获得精打细算事事落地的思维习惯。

杨健鹰认为，在当今的政府中，有许多高思想群体，他们早已不是过去传统概念中的官员，而是大经济、大市场的谋略者，是他们导演着这个时代的经济走向。这种走向，就是我们所有的产业经营者必须依附的大道、大势。对这个大道、大势的熟视无睹，将使我们陷入最大的商业被动。而任何一个产业项目的开发，又是一个个动力十足的产业齿轮，这些产业行为的成功，都必须落实到它特有的投资和回报环节中。不然，我们宏大的政府战略将陷于一种“安乐死”的梦境。真正的政府城市战略离不开产业群的参与，产业群的商业行为离不开政府的政策支持。聪明的产业商人要学会做政府战略的基石，并在这基石的形象中，获得更大的战略利益。当然对策划人来讲，他必须有能力满足这两大群体的愿望，他的策划既要有上天的思想，又要有落地的手段。

（二）伟的箴言之二：融入城市与民族的未来意境

杨健鹰说，写文章有三重境界：第一重为炼字；第二重为炼句；第三重为炼意。做策划亦是如此。在现代房地产实战中，我们常常会发现有许多项目，无论自身怎么做策划，却很难形成质的变化。其主要原因则是其区域背景和行业背景中市场支持的不足。对于项目策划来讲，我们不仅要有炼字、炼句的功夫，使自己的项目自身打造得光彩照人，卖点丰富，还应该将自己的视觉和思想放大开来，从大区域战略的角度，从行业战略的角度，进行更高、更深、更为广泛的思考。对于产业项目的开发，产业项目自身元素的思考，只是一个非常小的基础概念，如何利用好政府的城市发展战略和行业发展战略，将是自己走向辉煌的最大助飞跑道。反之，对于区域战略、城市品牌战略的策划，我们又不仅要将一个地区、一座城市的未来品牌打造与国家战略、民族精神相融合，而且要在战略构想的同时，认真地置入房地产开发、旅游开发、产业打造、经济发展的具体利益点。从大处着眼，在小处落地，使一切伟大的构想，获得最终的实现。策划中的“伟”，不是“假、大、空”，不是伟大的梦想，而是辉煌的现实。

华阳的城市策划，可以说是全国最早的城市策划之一，也为华阳的发展提供了巨大的助推力。1997年，杨健鹰就为华阳提出了这个理念。而在这以前，华阳处在一个散乱无序的发展模式之中，没有一个全面的和长远的规划。杨健鹰的华阳战略策划，可谓立意高远。

杨健鹰为什么会很早提出城市思考的问题呢？这还得从1985年说起，那时候，杨健鹰还在四川绵竹工作，那时候，他就提出了绵竹2000年的城市策划。杨健鹰的思路，调动了绵竹的竹文化、人文历史、沿街沿河的人文风情，包括马尾河等河流风景、河边的吊脚楼、河边的佛塔等等要素，来形成具有《清明上河图》那种味道的休闲旅游产业带，打造商业街，用竹文化塑造绵竹城市形象，从而来发展地方产业。

当时，杨健鹰用手绘了几张效果图，20世纪80年代，还没电脑，绵竹县政府就用复印机复印了杨健鹰做的手绘图，分发到各个部门。当时还没有电脑设计，政府就请了四个油画家，根据杨健鹰的2000年的绵竹手绘图，画了一幅巨幅油画，架在广场上展示。说起这件往事，杨健鹰感叹说，可惜当年没有用照相机，把这幅油画展示时的情形拍下来，做个纪念。

与此同时，杨健鹰又提出了德阳如何利用它的旌湖、绵远河、传统龙舟赛、石刻公园等有利条件，以旌湖为核心，打造城市。杨健鹰之所以无论做房地产，还是其他商业策划，总是从大处着眼，跟他早期从事政协委员的责任感，和全局思考是分不开的。杨健鹰的策划很大气，从宏观出发，立足长远，这跟他的人生历程有关。

杨健鹰22岁做了政协委员，当时是德阳乃至于全省最年轻的政协委员，这一段历程对他的成长影响深远。当时政协里有许多老领导、老干部、专家学者，和这些有思想的群体精英人士交往，对开阔杨健鹰的视野，提升他的思考问题的境界有莫大的帮助。杨健鹰的思路之所以打得很开，前辈的耳濡目染是一个极大的原因，也是他人生成长的机缘与福分。当年这些前辈的责任心，从天下的高度来参政议政，又能落实到人居、城市发展、文化保护等等方面，杨健鹰策划中的大气与高远与这个群体的影响是分不开的。所以，杨健鹰在策划中思考的，绝不仅仅是具体商业项目，还包括产业发展的思考，以及自觉上升到整个城市、地区和国家民族的未来发展。

（三）伟的箴言之三：大任于肩的人生担待

让一场地震，串起了四川的旅游产业带。这不是一个童话，而是一个痛定思变的智慧。

“5·12”汶川特大地震的发生，让身在四川的杨健鹰，真正摆脱策划人的身份，开始以一个有血有肉的人的形象，投身到抗震救灾之中，去真实面对身边这同宗同族的灾难与血泪，策划对他来谈，已不再是职业，而是真实的情感和强烈的心愿。

地震之后，杨健鹰潜心做了四川大旅游的思考，然后接手了龙门山的旅游产业重振策划。让杨健鹰深感意外、深感惊喜，同时也深感意义重大、深感责任重大的是，他没想到在灾后一年之后，他再次被选中承担了“5·12”汶川大地震灾后重建的战略策划人，和“5·12”震中映秀灾后重建的总策划。杨健鹰说，他从来没想过自己能有这样的机缘，得以担当这样的大任。

参与映秀的规划，当时有同济、清华，甚至国外的一流规划机构，以及贝聿铭、安德鲁、何镜堂这样的顶级大师，震中映秀的重建策划、规划工作受到党中央和国务院的高度重视，其方案最终要由国务院办公会通过备案。杨健鹰能被作为策划负责人，既是认定、是殊荣，更是挑战。

映秀的策划不仅仅是一个区域策划，更是一个世界层面上的策划，全世界有无数的目光都在关注映秀的重建。当时，正因为全世界都在关注映秀，意见多了，观点主张多了，不统一、不协调的问题也就显现出来。映秀的灾后重建方案也就成了各种观念的矛盾焦点。灾后重建一年后，让杨健鹰重新担纲映秀的策划，就是要杨健鹰提出一个总的思想纲领，整合提升各种观念，调动产业资源，使映秀未来的产业打造和品牌形象，成为世界瞩目的亮点。

杨健鹰在映秀的时间里，不断和相关领导、专家交流，不断地走访灾民、踏勘现场、查阅资料，拿着映秀的规划图登上山头，他没有时间推翻已有的规划和正在施工的建设基础，只能在现有基础上，调整整合。他俯瞰着山谷，俯瞰着岷江、渔子溪。看着看着，这群山河谷竟在杨健鹰眼前，飞舞起一只金色的凤凰来。“大爱磐石·天地映秀”，映秀最终以一只金色的凤凰为核心标志，进行了重建。

杨健鹰说，这不是他的构思，这是一份灵气的注入。

杨健鹰说，我们不能让灾区的老百姓，永远停留在灾难和悲痛之中，我们要让这里产业重生、欢乐重生、幸福重生，让灾区越过苦难和阴影，走向重生和光明。

于是，在映秀的规划中，杨健鹰提出了三重门的创意，第一重是苦难之门。但我们必须掩埋苦难。第二重门就是奋斗之门，这是一种熔铸精神的大门。第三重门是重生之门，这是让百姓通向幸福的大门。“5·12”抗震救灾让映秀跨越了三重门，也让每个中国人跨越了三重门，最终让精神得以重塑。在杨健鹰眼里，映秀的山，成为一座座丰碑，是民族的脊梁。河是一种情感，一种历史，一种文化。天，是一种境界，一种希望。地，是我们奋斗发展的蓝图。

一、金府商圈——上兵伐谋

（一）打造金府商圈之得道多助

以金府商圈为例，我们来看一下杨健鹰区域策划的特点。所谓“成都商贸看金牛，金牛商贸看金府”。金府商圈作为市区两级政府打造的最大核心商圈，如今已成为西部机电的贸易中心，成为四川工业的助飞跑道。而在十多年前，这个商圈却并不被人看好，几家大型市场都是风雨飘摇。而在整个战略实施之后，这个商圈的形象获得了陡然上升，不仅在国内，甚至在国际上这个商圈都形成了巨大影响。其商铺的价格更是暴涨六到十倍，成为一个神话。

杨健鹰讲：金府商圈的打造的确算得上一个神话，但这个神话不是任何个人所能启动的。金府商圈这个大策划，不是他杨健鹰所能完成的，也不是健鹰公司所能完成的，它的总策划应该是金牛区委、区政府，是以金牛区市场办为核心的，以开发商、媒体、专业公司为组合的团队共同努力的结果，更是省市许多重要领导关怀的结果。上至省委书记、省长，市委书记、市长，下至客户、商家，有为数众多的人参与到了这三平方公里商圈的打造中。金府商圈的打造工作由刘应勇区长亲自挂帅，金牛区商务局全程运作。金府商圈的策划是一场大策划，这个策划包容了太多人的智慧和辛劳，商务局的练树高局长、张喜副局长、何文南科长等领导在我们的工作中，给予了太多的指导和帮助，整个商圈的打造方案凝聚了他们太多的心血。

杨健鹰的话当然有“搞好关系”的溢美之词的一方面，所以对每一尊“菩萨”都一一请到。但政府和相关部门和相关领导在商业地产，特别是城市区域的商业地产开发中的重要性，是不用多说，人所共知的。与其被动地应对政府的规划，不如主动研究和吃透政府的相关发展战略。上兵伐谋，更上一层的境界，则是从政府的战略预期的高度，想政府所想，先期进入政府的未来战略之中。杨健鹰在对金府商圈的策划和打造中，在立意上，就充分考虑到了政府未来战略，他的出发点站到了很高的高度。“妆罢低声问夫婿，画眉深浅入时无”大型商圈的开发商和策划人，能对政府这位夫婿的心思了然如新，描画出夫婿喜爱的妆容，自然家和万事兴，和气生财。换个角度，政府在地产开发中是最大的利益获得者，政府也欢迎开发商和策划人能从政府战略的高度来想政府所想，急政府之所急。

据说，在打造金府机电商圈之前，杨健鹰曾拒绝了另一个区政府策划机电商圈的邀约，而对金牛区政府的邀请却欣然应诺。同样是对机电产业的大商圈策划，也同样是政府战略，几个区都想建机电商圈。一样的邀约，杨健鹰最后之所以选择的是金牛区，而不是其他区，原因有几个：一是，金牛区深厚的商贸基础，金牛区是成都商贸的核心区，其年贸易额比其他几个区的总和还多。二是，金牛区政府的市场战略意识非常强，办事的节奏非常快，其商务局、市场办从领导到员工的办事都非常干练，在市场打造方面经验丰富，眼光长远。当时策划中提出的一些观点，连一些开发商都提出了反对，而他们却给予了最大的肯定和最有力的支持。没有他们，策划人是不可能完成这项工作的。任何一个商圈的打造，都必须具备它一些必不可少的元素，策划不是万能的，它不能抛弃一切条件，对于机电商圈来讲，金府路区域是最适合的。

（二）金府商圈的思维模式：把果子放在一棵树上思考

业界评论说，金府商圈的模式，是将一个商圈的打造与城市发展和国家的经济战略融为一体。金府商圈的打造能在短短三年内，在国内形成巨大影响，其关键在于该商圈以“西部机电产业的会展中心”“西部机电节会址”和“四川工业助飞跑道”为形象定位，从而获得了政府和行业协会的高度重视。杨健鹰说：一个商圈的打造，不是一个孤立的商业行为，就像一个果子的成长绝不是一个果子的本身一样，创造一个果子，得从创造一棵树开创。金府商圈的打造，正是将一个果子的思考放在一棵树的思考上的运作范例。要做好一个商圈，我们必须深知政府的战略需要和行业发展的战略需要，并根据这些需要去整合我们的需要，从而获得自己的发展大势。金府商圈的打造，正是紧紧依托于城市发展需求、机电行业的发展需求和“工业兴省、工业兴市、工业兴区”这一政府的重大战略的结果。所谓“得道多助”，得大道，则自然得大助。其实金府商圈的打造，是在几年前就开始了。当时由于整体战略并不统一，处于自发形成状态，业态较为杂乱，商气非常低迷。正是因为如此，金牛区政府站在区域战略的高度，高瞻远瞩实施了全面包装打造金府商圈的计划。

自从金牛区发布了“打造西部机电航母”的新闻后，这里的商铺一下子热了起来，涨得很快。据媒体报道，有一家开发商在接受采访时说，金府商圈打造的新闻发布不到两天，他的商铺就涨了一半，原来的四千多一平方米的价位，一下子涨到了六千多。商业上取得如此巨大的成功，开发商和经营商说了许多感谢的话，他们是发自内心地感谢金牛区政府。如今的金府商圈，已俨然成为西部乃至中国最大的机电航母集群核心区域，达到近十平方公里，经济活力以数千亿，这个成就里无不包含杨健鹰最初策划的贡献。然而杨健鹰却对我们说出了这样一番话：诚然，是金牛区政府实施了这块区域商业的品牌战略，从而抢得了行业战略和区域经营战略的先机，实现了区域商气的高度聚集。但是没有政府的战略方针，没有政府的品牌思想，没有政府的运作手段，仅凭一纸策划方案，是不可能带来这个商圈一分钱的增长。

二、华阳——城市新中心战略

（一）领风气之先的华阳城市策划

杨健鹰最早的城市策划案产生于1985年，那时刚刚分配到绵竹县工作的杨健鹰便利用业余时间，通过一年多对绵竹和德阳市的历史文化、自然资源、产业资源、旅游资源、城市建设的系统研究，提出了2000年绵竹县和德阳市城市建设和品牌打造的构想。这份报告得到了市县两级政府的高度认定，并启动实施，这在当年引起了不小的轰动。

当今像杨健鹰这样，从产品策划、产业策划、新闻策划、广告策划、房地产策划，转向区域策划，转向城市策划的策划人并不多见。这让杨健鹰的策划不仅具备了恢宏的气度，同时更具备产业的落地性和项目的可实施性。使他在一个区域、一个城市的策划中不仅能激发政府的战略优势，而能将产业群体、新闻群体、市场消费群体达到最佳的整合，形成一条完整的区域发展“生态链”。在成都的七大周边区域中，目前的华阳是发展最好的区域，被誉为成都的新中心，被视为成都未来发展的指南针。但当年的华阳，完全泯然于众区域之中，毫无特色。据杨健鹰回忆，当时的地价仅仅三万元一亩。要知道，华阳同地段的地价，如今早已飙升到上千万一亩。

杨健鹰在华阳做第二个楼盘的策划时，就已经敏锐地看出了问题的核心所在。华阳的房地产开发，如果不能在整个华阳区域开发得到提升的前提下进行，那么，华阳的房地产只能长期维持在一个低端的水平线上。当时还没有南延线，从石羊场或是成仁路到华阳，当时要走一个多小时。在老百姓印象中，华阳是一个小桥流水的古镇，华阳和成都是两个分割的区域。杨健鹰深知，华阳要兴旺，开发商在华阳才做得好。华阳整体不能“起势”，单独一个开发商是不可能在华阳取得商业成功的。

在这样的情势之下，杨健鹰就提出，是否能和政府一起研究，如何开发华阳的问题，华阳怎么办？在和华阳的书记一起交流之后，杨健鹰受委托，做华阳的区域策划。从此，杨健鹰的房产策划和他的区域策划站在了同一个高度。

要提升华阳的区域形象，首先要把华阳和同级的其他区县区别开来。当时，和华阳地理位置相当，和成都等距离的区一共是七个。如何找到华阳的唯一性优势呢？

当时，1998年，成都的河居热已经热起来了，沿河居住已经成为居住首选。杨健鹰利用河居热的势头，看到成都的母亲河府南河汇合后正好在华阳形成最好的水镇。府河南河相会后的华阳水镇，用一个形象的描述，就像给“成都系上了一条美丽的翡翠项链”。华阳就是成都的翡翠链坠，这样，华阳在形象上，就完全超越了其他同级的区域。杨健鹰乘势提出了利用“府河翡翠链坠”的概念，打造“七大卫星城镇之首”。

把华阳打造成为七大卫星城之首，只是华阳形象提升的一个阶段。过了一段时间，华阳的建设又有了一个契机，那就是南延线开始规划修建。当时成都市政府提出方针是：向东、向南发展。这样的话，华阳虽然也有机会，但毕竟还是和东向开发是同级的。杨健鹰就思考一个问题，如何才能把“向东向南发展”，实际阐述为“向南发展”，也就是向华阳发展。

很快，杨健鹰有了突破性的创意，这个创意如今都还在被广为使用，时时见诸报端杂志和政府工作报告。向东向南发展，并非只向南发展。杨健鹰和华阳政府的领导商量以后，认为，最好把向东发展巧妙“砍掉”，把城市开发的未来方向，在市民的意识中改变为向南——向华阳发展。结合南延线的修建，杨健鹰就对南延线进行了创意。南延线是什么？南延线是成都未来发展的指南针！用“指南针”这个唯一性，这个形象记忆，就把城东撇开了。这个创意用“指南针”包装了华阳，赋予了华阳唯一性。

于是天府大道“南延线——城市发展指南针”这个主题，成了成都新闻宣传的热词。“南延是金”成了城南所有楼盘的宣传语，华阳在成都大开发的未来格局中赢得了最大的关注。杨健鹰的两个策划动作有效地把其他的六个竞争对手抛在身后，赢得了先机。在这个基础之上，杨健鹰进一步提出了“副中心”这个概念。城市重心南移，华阳的未来就是成都的副中心。

某种意义上，杨健鹰的华阳战略不是简单地顺着政府的思路走，而是主动创造机会，引领着舆论，引领着更高政府的一个又一个新决策。随着华阳日渐成为开发的最热点，华阳在城市发展的规划中的地位也日益得到重视。政府的向东向南发展，无形中变成了向南发展。向南发展，是一个方向。发展的目标是什么？华阳的定位是什么？这是杨健鹰思考的新问题，答案就是，华阳要做成都城市发展的“副中心”。

“副中心”还只是一个过渡概念，“副中心”的提出，是为了最终抛出“新中心”这个概念。如果翻开成都的历史，有两个篇章：旧成都和新成都。以前的成都中心是天府广场，新成都的中心是新会展中心。

几年后，在华阳的宣传中，还有人提成都的“副中心”这个概念，杨健鹰马上进行了纠正。杨健鹰指出，现在华阳，要提“新中心”才对。因为此时新的成都市政府，已经决定迁址城南了。华阳已是货真价实的“新中心”，是成都未来真正的中心。

这样，杨健鹰的城市战略策划，不仅是引领着华阳，也是影响着市政府新的战略决策。从向东、向南发展，到城市发展的指南针，再到城市副中心，再到城市新中心，在不断地迎来“南延线”“新会展中心”“金融后台中心”“市委、市政府行政办公中心”等超级利好决定中，华阳仿佛在进行一场一场的蝶变，最终成为“国际城南”的代名词。而十年间随之而来的是华阳的城市价值的迅猛提升，其地价上升100多倍，房价上升30多倍。与同方位的中和相比，中和近成都一半，也是南延线与府河的交界区域，而其房价地价不到华阳的一半。华阳的区域策划让华阳实现了真正的“跨越”式发展。

（二）区域策划是多维策划

在成都所有的区域策划中，华阳的区域策划应该是最成功、最经典的案例。在华阳最初发展的六七年中，其地价跃升了上百倍，房价由每平方米五百多突破过一万，杨健鹰是当年华阳区域的重要策划者，是和华阳一同成长的策划人，对华阳的区域战略与房产开发一荣俱荣一损俱损的关系，他是最熟悉不过了。

杨健鹰说：华阳的区域打造应该是非常经典的案例。在这个区域策划中，我们不能忘记的是当时华阳的书记徐双贵先生。可以这么说：没有他，华阳至少不会像今天这样繁华。1998年的华阳是一个让成都人感到非常偏远的小镇，从成都出发乘车要一个多小时才能到达，房地产市场非常冷清，地价五万多，房价五百多都很难卖掉。

当时，杨健鹰每到华阳做方案，都会在面对一座座古桥和一片片竹岛之后，沉浸于一种怀古的幽思中。正是在这样清冷的背景中，华阳制定了围绕“一条河”“一条路”“一座山”的城市开发布局方案。并结合未来成都的发展大战略，制定了前期抢点“卫星城之首”，中期由“卫星城”过渡“成都副中心”，后期由“成都副中心”过渡为“成都新中心”的三段式形象战略。也正是凭借这一战略的制定和坚定不移地落实实施，华阳也才有了今天的繁荣。华阳的房地产产业也才有了今天的繁荣。

由此可见房地产开发的最大成功，也应该是政府城市和经济战略的最大成功。关注市场，是房产商的一只眼睛，关注政府，应该是房地产商的另一只眼睛。无论是政府、开发商还是策划人，关注成都，关注成都的发展，关注成都的繁荣，关注这座与我们休戚相关的城市，共谋发展富强，是我们共同的心愿。

政府与开发商之间、策划人与他服务的群体之间，如果能建立一种至深的思想认同和情感支持，予这座城市都是一件极有意义的事情，可谓善莫大焉。我们很欣慰地看到，政府、企业家与策划人的互动生态环境正在成都形成，正在成熟，正在释放着它巨大的能量。这无疑是我们这座城市的幸事，也是策划人之福、之幸事。

杨健鹰做过这样一个比喻——

写文章有三重境界：第一重为炼字；第二重为炼句；第三重为炼意。做策划亦是如此。最初，我们会在产品的推广细节上，反复推敲，从一行文字、一个色彩、一个造型、一个图案、一个创意上去打磨，希望以每一个闪光的细节，去博取整个世界的眼光。后来，我们开始懂得市场细分，懂得在差异化区分中去创造自己个性化的市场空间。于是，我们更关注于自己的形象定位，并以此为支撑，形成了一个项目系统战略，这也就是通常说的全程策划。

但是，在现代房地产实战中，我们常常会发现有许多项目，无论自身怎么做策划，却很难形成质的变化。其主要原因则是其区域背景和行业背景中市场支持的不足。对于房地产策划来讲，我们不仅要有炼字、炼句的功夫，使自己的项目自身打造得光彩照人，还应该将自己的视觉和思想放大开来，从大区域战略的角度，从行业战略的角度，进行更高、更深、更为广泛的思考。

对于房地产开发，房地产自身元素的思考，只是一个非常小的基础概念，如何利用好政府的城市发展战略和行业发展战略，将是自己走向辉煌的最大助飞跑道。

出道多年，杨健鹰和他的策划团队以房地产策划为龙头，涉及食品、医药、保健品、文化、旅游、餐饮娱乐等多个领域策划和城市区域策划。其中，城市区域策划和文化旅游商业策划，是健鹰先生的最爱。

当与友人品茗聊天，看着自己在成都曾经参与的一个个城市区域：五块石商圈、红牌楼商圈、金府路商圈、春熙路商圈、太升路商圈……回想这些区域的曾经，再看看这些区域的现在，作为成都的策划人，是有着很强的成就感和自豪感的。与城市同发展，是一个策划人最快乐的事情。而放眼全国，从东部到西部，这个被授予“中国十大策划专家”和中国唯一的“西部策划先生”杨健鹰从天空中掠过机翼，看身下一个个被他策划过的城市时，又该是怎样一个心境呢？

说到区域策划，不得不提及如今全国正大行其道的城市品牌战略。近年来，很多政府都有意识对自己的城市进行一番策划和包装。这无疑是城市发展的幸事。对于城市、区域品牌的打造，杨健鹰有着自己的看法。他认为一个区域的推广首先应该找清症结所在，知道自己需要做什么，然后找出该区域的特色，即这个区域区别于其他同类区域的最本质的东西，并有所取舍地进行策划和推广。同时，区域策划还是一个多层面、多空间的策划，仿佛是一盘围棋，不仅需要完整的构思、清晰的路径、正确的步调，还需要一场又一场的拼杀和绝妙的手筋，最后才能形成完胜。城市需要的不只是一句口号、一个广告语、一个愿景，还需要对政治、历史、文化、经济的全面认知、把控，尤其是对不同产业、市场、消费的系统操控能力。没有具体的“点”来作支撑，区域策划与城市战略只能是美丽的谎言。也许正因为对当今城市策划的深刻认知和担忧，十年前，杨健鹰将自己策划的工作重点，放到文旅产业和城市战略上，他计划在有生之年，在全国打造出一百张代言城市人文精神和未来发展的“城市名片”。

三、区域化休闲旅游联动：缙北钓休闲绿港

草街航电枢纽工程，是嘉陵江上最大的航电枢纽工程，由重庆市交通投资集团公司和重庆市航运发展集团公司联合打造。由于投入巨大，为解决其近十亿的资金缺口，重庆市政府为其划出了一大片土地资源，供其获取开发收益。然而这片山地，却位于嘉陵江岸的绿保线内，只能进行农业种植和森林绿化。如何将绿化土地解禁并成为大量的商业和房地产开发用地，是提升该土地价值的关键。接受委托后的杨健鹰，通过对重庆城市精神、城市文化、城市产业和城市品牌战略以及该区域土地特色的全面深入研究，为重庆勾画出了一幅融会议、旅游、休闲、商业、人居为一体的“都市大后港”画卷。并以此为核心，将缙云山、北碚、钓鱼城及嘉陵江沿线的旅游休闲产业实现全面的串联和提升。这一方案获得了重庆市政府的高度首肯。这不仅可以解决这片土地的开发禁锢，同时还使此项目成为重庆旅游产业打造战略的“太阳工程”。

（一）休闲经济概说

著名经济学家道尔指出：休闲产业是现代工业化城市的减压器，伴随着现代工业化程度的加剧和城市化进程的提高，休闲旅游产业将成为未来城市经济的又一重要支柱。

国内著名休闲学研究专家马惠娣的定义是：休闲旅游是以休闲为目的的旅游。它更注重旅游者的精神享受，更强调人在某一个时段内而处于的文化创造、文化欣赏、文化建构的存在状态；它通过人的共有的行为、思想、感情，创造文化氛围、传递文化信息、构筑文化意境，从而达到个体身心和意志的全面而完整地发展；它为激励人在当代生活中的许多要求创造了条件。

休闲旅游产业是为满足人们休闲旅游需要而形成并发展起来的相关产业领域，特别是以旅游业、娱乐业、服务业、体育产业、文化产业为龙头形成的经济形态与产业系统；主要包含核心产业和支持产业，核心产业包括直接为旅游者提供休闲旅游产品与服务的企业，例如风景游览区、主题公园、度假农场、野营中心、高尔夫球场、网球俱乐部、主题休闲吧、饭店；支持产业是为主体休闲旅游企业提供各类休闲物品、器械和组织旅游休闲活动的关联企业，例如旅行社、旅游交通企业、休闲食品公司、广告策划公司等。

休闲旅游产业，不仅是未来城市经济发展的一个巨大的产业系统，为城市带来巨大的产业收益，同时由于休闲旅游产业巨大的文化精神承载力、传播力和调节力，不仅有利于城市人文精神的升华、城市品牌的推广，更能为一座高速运转的城市机器获得身心与思想的润滑为滋养，使城市的发展获得长期的、可持续的、健康的动力。

目前，休闲旅游已经成为世界旅游市场的热点与趋势之一。据世界旅游组织在全球范围内的调查显示："今后15年全球参加社会工作的人们每年将有50%以上的时间用于休闲，休闲经济将在旅游产业体系中占据首位，休闲旅游产业将是第三产业中第一重要的产业"。

随着我国经济持续增长，人民可自由支配收入增加，闲暇时间增多以及旅游消费观念的提升，我国旅游市场也逐渐由观光旅游向休闲旅游转型。休闲旅游产业将成为我国旅游业新的经济增长点，它将在促进国民经济、社会发展方面发挥着越来越重要的作用。正是因为休闲旅游产业巨大的综合效益，国内很多城市例如杭州、大连、成都、桂林等，都将打造"休闲旅游都市"作为未来城市旅游业发展的方向。

（二）草街航电枢纽配套工程

重庆市拥有发展休闲旅游产业的良好基础，在资源条件、区位条件、产业基础等诸多方面都拥有明显的比较优势；但是潜力条件优势并没有被充分挖掘与利用，导致重庆休闲旅游业明显落后于国内旅游发达城市。

虽然重庆休闲旅游业已经有了很大的发展，但从总体上看，重庆休闲旅游的质量仍然处于较低的发展水平，与国际知名休闲旅游城市相比仍然存在着很大的差距。而随着我国人民生活水平的提高、旅游者消费观念的成熟以及对旅游信息选择范围的扩大，旅游者对休闲旅游的产品类型、相关设施、服务水平提出了更高层次的要求。因此，提高重庆休闲旅游产品质量水平已经刻不容缓。

重庆高速发展的城市经济，对城市的休闲旅游产业，提出了更为强力的呼唤，也为未来的休闲旅游产业的发展提供了巨大的市场。

在这样的大背景之下，要尽早展开重庆后花园的扉页。

草街航电枢纽配套工程，位于重庆北碚澄江镇区域，占地2平方公里，该地块南边相邻为澄江镇场镇，经国道212线与北温泉为中心的“十里温泉城”相距2.5公里，该地块的西面和北面与著名风景旅游区缙云山直接相连，该地块的南面是嘉陵江航道的江景，沿江而下9.5公里，则是有“东方卫城”之称的合川钓鱼城风景旅游区。嘉陵江是重庆重要的风景旅游线，以北碚为中心，从巨梁滩到巴豆林，由沥鼻峡、温塘峡、观音峡组成，全长27公里，风景宜人，被称作嘉陵江“小三峡”。

嘉陵江不仅为重庆提供了美丽壮阔的风景轴线，同时它更是重庆人文历史的串联线，是重庆的母亲河，正是因为嘉陵江与中华民族的主血脉长江的汇流，巴蜀文化、巴渝文化才真正地在获得自我完善的同时，获得与华夏文明的大融合。朝天门、解放碑、磁器口、码头文化、陪都文化……，有如她的字水灯影一般，对着世界放出了灿烂夺目的光芒。如果说，嘉陵江是孕育重庆人文精神的历史脐带，那么北碚就是浓缩了重庆人文历史与自然风景的后花园。

北碚是国家级可持续发展实验区，是重庆市的第一个山水园林城区，素有“重庆后花园”之美誉，1982年，国务院将这里的缙云山、北温泉、嘉陵江小三峡命名为全国首批著名风景名胜区。北碚城区前临嘉陵江碧波，后依缙云山秀麓，四季绿树成荫，繁花似锦，全区拥有国家级风景名胜区2个，国家森林公园4个，获国家旅游局命名的AAAA级风景区两个，AAA级风景区1个，AA级风景区1个。北碚历史文化积淀丰厚。有老舍、陶行知、晏阳初等历史名人旧居，有著名抗日将领张自忠烈士陵园，有复旦大学、缙云山汉藏教理院旧址等人文景观和陪都遗址100余处。北碚，在抗战时期为陪都重庆迁建区，新中国成立之初曾是川东行署所在地，被誉为“陪都的陪都”。北温泉、缙云山、嘉陵江、胜天湖、偏岩古镇、磨滩瀑布、卢作孚遗迹……将这里构筑成重庆的人文休闲旅游的核心之地。该区曾荣获全国园林城区称号和人居环境范例奖。北碚区大力实施生态经济发展战略，着力构建“生态高效农业、生态工业、生态旅游、生态城镇”四大体系，推动了经济社会全面协调可持续发展。按照“一个中心、三条热线、五大板块”的战略构想，把北碚建设成为生态特色突出的“中国休闲旅游城”。即是一个中心：以北碚城区为中心，依托“国家园林城区”的品牌优势，进一步营造城市园林景观，突出山水园林特色，发展餐饮住宿、旅游购物、文化休闲娱乐等旅游配套服务设施，形成北碚旅游的集散中心。三条热线：缙云山—北温泉—金果园康体休闲度假热线；静观百里花卉长廊—偏岩古镇—胜天湖—金刀峡探幽访古休闲热线；水天城时尚运动休闲热线。五大板块：一是通过整合缙云山—北温泉—金果园一线的优势资源，结合北碚运河的整治和开发，打造重庆十里温泉城，将缙云山—北温泉—金果园建成全国一流的“温泉康体度假区”。

（三）休闲绿港的六大板块

通过对休闲旅游产业的发展趋势及重庆城市性格需求、重庆旅游产业发展需求的深入分析，杨健鹰对草街航电枢纽工程提出了明确的战略方向。

他指出：草街航电枢纽工程配套地块，所处位置的特殊性，决定了这里不仅是重庆后花园的天元腹心之地，是北碚陆上休闲旅游和嘉陵江水上旅游的交汇点，更是“缙云山—北温泉—钓鱼城”三大旅游板块的连接点。该地块的合理开发，不仅可以获得巨大的休闲旅游市场的支撑，同时更有利于“缙—北—钓”三大旅游板块的整合和品牌的提升。可以说草街航电枢纽配套地块，是“缙—北—钓”旅游巨著的扉页之地，是“缙—北—钓”旅游休闲交响的序曲之地。

如何铸就大重庆休闲绿港？这个规划设计的支持点在哪里？如何实施执行？

杨健鹰说，草街航电枢纽配套工程，要取得开发建设的最大成功，我们就必须站在城市品牌和城市战略发展的高度，以城市未来发展的需求和城市重大配套功能为第一满足。以“缙—北—钓”旅游发展战略和缙云山自然风景保护战略为准则，以发展休闲旅游经济，促进城市内需，增加新的城市增长点，弥补重大功能缺失为宗旨。在彰显城市精神、促进经济发展的前提下，以休闲旅游经济为重心，以适度的房地产经济为配套，实现社会效益与经济效益的双丰收，并最终推动草街航电枢纽重大工程的全面成功。草街航电枢纽配套工程的地块开发，应充分尊重“绿色生态”主题。历史人文主题、旅游休闲主题、健康欢乐主题。利用本地块“一坡”“一台”“一岛”“一洼地”“一江岸”“一山林”的特殊地形构造，以“构筑重庆休闲巨港”“谱写缙北钓旅游序曲”为战略目标，在保护控制用地的规范要求和“绿色”“生态”“环保”的原则中，合理、巧妙、系统且富有创意地布局相关的建筑体系、旅游休闲的产业体系。不仅使整个项目自身实现完美的休闲旅游产业配套、生态景观配套、历史人文景观配套，更要自己成为“缙—北—钓”三大旅游板块的“配套之地”“装订之地”“人气发动之地”“形象提升之地”，成为重庆休闲文化的形象扉页和城市人文精神的展播舞台。

应以缙云山脉和嘉陵江岸为基础，以主题森林、主题花林、主题果林、主题草坡为看点，将山林绿化、江岸绿化与景观美化、健康、休闲融为一体，打造出“缙北钓”最美丽的山水美林长卷。以此作为本项目的开发底色，在此同时，我们充分利用嘉陵江旅游码头的便捷性、嘉陵江航道对缙、北、钓三大旅游板块的连接性和风景资源，开发水上旅游休闲、既增加缙北钓的旅游休闲内涵，又让“缙—北—钓”三大旅游板块，获得更为生动的连接。

对于岛屿板块的打造，我们应尊重该地块在嘉陵江上不可多得的展示条件和强大的临水景观性，充分利用该地块的展示性和嘉陵江的人文历史高度，结合航电枢纽的形象特色，以“灯光”“智慧”“思想”“精神”为内涵，以重庆“字水灯影”的山城夜景为表现符号，以江上展演区为场景，以展现山城历史人文与现代城市精神的大型文艺表演项目“印象嘉陵江”为主题脉络，配搭大型商务区、会务区、会展区、星级酒店区，形成重庆高端创业者聚集之地、调节身心之地、交流思想之地、再造智慧之地，使其成为一座城市智慧、思想的孵化之岛、展示之岛。以巴渝精神之光照亮此岛，以此岛商务之光照亮本项目的旅游休闲之光。

对于洼地板块的打造，我们应充分考虑到铁路、桥梁、高压线、山谷陡坡的影响，做到因地制宜、趋利避害、化害为利。我们应利用该地块成渝铁路的展示性、铁路桥的深谷洼地和坡地景观变化，将嘉陵江水引入其间，制造良好的景观系统，以覆土建筑为特色，以打造生态型有水休闲娱乐公园，将欢乐与人气聚集于此，使其成为本项目的人气聚集地，也成为“缙—北—钓”风景旅游区的客源孵化场。

对于台地板块的打造，我们应以绿色、生态、健康为基础，打造原生态森林型、低密度商务别墅，使其成为高端商务人士调养心灵、蕴化智慧的绿色气场。

对于坡地板块的打造，我们应结合该地块连接澄江古镇与十里温泉城和缙云山风景旅游线、国道212线的门户地位，结合北碚的历史遗迹、人文故居，以老公馆、客栈、山城传统民居为结合，以私人公馆、现代企业会馆、企业文化展示区、商业步行街区为组合，打造草街古镇，使其成为山城历史人文风韵的保存地，本土企业文化的展示地，提升缙北钓旅游区的人文看点和人气。

杨健鹰强调，以上六大板块的打造应做到动静互宜、档次互补、商业共生、景观共增，在建筑风格的设计上，应做到与绿色生态的最大和谐，做到各主题板块之间的风格和谐，以中心岛为圆心形成圆辐式风格过渡。在整个主题的打造中，做到绿色交响（山林、花林、果林、江岸风景的交响）；历史交响（历史文化背景下的休闲交响）；人文交响（地方人文主题背景下的休闲交响）；精神交响（城市精神背景下的休闲交响）；健康交响（健康主题背景下的休闲交响）；智慧交响（商务交流、智慧修养为主题背景下的休闲交响）；光明交响（灯影与水影主题背景下的休闲交响）；欢乐交响（激情游乐主题背景下的休闲交响）；产业交响（城市产业发展与缙北钓三大休闲旅游板块互动背景下的休闲交响），从而实现“六大板块构筑大重庆休闲巨港”，“九大交响谱写缙北钓旅游序曲”的宏大篇章。

（四）草街项目中的嘉陵江战略

重庆嘉陵江草街项目的精髓，是一片荒山如何成为休闲港。杨健鹰是把一个航电项目的“剩余价值”提升到了嘉陵江战略的高度来思考，从而把这个项目的价值最大化了。通过这个策划，草街项目不仅让开发商利益最大化了，而且让政府看到了草街项目的战略意义，从城市文化、城市思想的角度来看，也极大地滋养了重庆的城市性格和文化思想。

杨健鹰的这个案子何以能达到这样的高度？

首先，我们来看看草街项目的真实背景。

所谓的草街项目，其实是草街航电枢纽的“剩余价值”。为什么这样说？草街项目开发的这一片区域是典型的荒地。

政府把这片土地划拨给开发公司，不是没有条件的。这一片土地是完完全全的荒滩沟谷，有交织的高压输电线，有穿梭的铁路桥，有航电工程。总之，这样的地块，虽然面积很大，但根本不适合搞常规的房地产开发。这些限制还算不了什么，政府明确规定了，这是生态保护区，不允许搞房地产开发，等于给房地产开发收回投资的想法判了死刑。

如果按嘉陵江水土保护条例，澄江镇边上的草街配套地就只能种树，如果按照这个思路的话，开发商就无法搞开发，近十个亿左右的巨额资金缺口就完全没法补上。要解决这个问题，首先就得在不违背生态保护的大前提下，打开这片土地不可开发的这个镣铐。

杨健鹰把这个问题放在整个重庆城市精神的高度和广度来思考，重庆需要什么？草街这个项目的开发，能给重庆带来什么？草街项目最初是一万多亩，面积已经不小，但杨健鹰提出，把草街项目搞大，做成整个嘉陵江战略，不局限在这一万多亩的文章上。杨健鹰的思路非常明确，一万多亩的话，是肯定不能不顾生态搞房地产开发的。而且开发商作为企业，再大的企业，也没有这个能力和权力来搞这个开发。我们把草街项目从一万多亩扩大到整个重庆周边的嘉陵江领域来做，在环境保护中适度搞开发是可以的和可行的。

嘉陵江战略的策略提出之后，杨健鹰的这一思路，解决了草街配套土地不能搞开发的这个先决难题。破题之后，才是如何具体细化实施的问题。

（五）用嘉陵江弥合城市精神

要说服政府，就要从政府的立场和角度出发来思考问题。嘉陵江流域对政府意味什么？长江是中国的母亲河，嘉陵江就是重庆真正的母亲河。嘉陵江孕育了重庆的本源文化，是重庆的文化脐带。嘉陵江串联着北碚，也就是草街配套地块区域。北碚是重庆的后花园，在抗战时期，北碚就被称为陪都的陪都，但近年来的经营却并不如人意。根本的问题，是没有把区域内的山水、温泉、历史、人文等资源串起来。

成渝分治以后，重庆这个老工业城市从以前成渝两地格局中分离出来，以前阴（成）阳（渝）和谐的平衡被打破了。就像机器需要一个缓冲电压一样，重庆的阳刚之气在失去了成都这个背景之后，也需要另一种精神气质，来平衡城市文化的气韵。而研究之后发现，重庆丢失的，就是阴柔的休闲的城市文化。重庆作为中国历史悠久的六大老工业区之一，需要这种刚柔相济的精神。

此外，重庆也需要发展自己的休闲旅游产业。于是杨健鹰提出了把嘉陵江区域打造成重庆的后花园这个谋略，把嘉陵江建设成为重庆的旅游休闲走廊，而这个城市走廊的中心点，就放在草街项目这个区域。如果说嘉陵江流域是一条巨龙，草街项目就是这条龙的龙眼，同时也是重庆之眼。汇集水陆山休闲、餐饮、会展，以及高端居住于此，最后形成一个休闲巨港。

这个休闲巨港的打造包括以下项目，比如，一系列古镇的打造，重庆抗战文化的梳理，北碚的温泉、农业文化观光等等相关产业，在此建设港口码头车站，串联起其他产业，其他的旅游点，形成缙云山——钓鱼城——北碚这一轴线。

这个方案提交到重庆市政府后，得到了政府的重视和肯定，很快就批复准予开发了。这样，草街项目就可以做多种产业开发了。休闲旅游、会展、别墅等等项目，都在整体规划中找到了自己的位置。

这个项目也是一个典型的政府、开发商和城市发展多赢的案例。杨健鹰在这个策划中，不仅以小搏大，把草街航电枢纽的配套土地的不可开发放大到嘉陵江战略来思考，而且进一步放大到重庆的城市精神来思考，放大到成渝两地的关系上来思考，结合了历史、人文、地理和产业发展来思考，是一种真正的大智慧。

四、“5·12”汶川特大地震后的城市思考

“5·12”汶川特大地震，又被称作四川龙门山大地震，整个龙门山系成为中华民族的灾难线。抗震救灾、重建家园，“三年重建，两年基本完成”成为全党、全军、全国各族人民的奋斗目标。身在灾区的杨健鹰不仅积极参与到救灾志愿者的洪流之中，同时更以一个策划人独有的视角和思考力，为这次伟大的灾后重建战役，注入了应有的思想光芒。在震后的第三天，从极重灾区回到成都的杨健鹰就写下了《让地震放大龙门山旅游产业魅力》的建议报告。在报告中他将四川灾区的历史人文资源与“5·12”地震文化资源进行了翔实的梳理，提炼出龙门山地震旅游开发的系列路径图，并明确提出灾后重建的工作重心，不仅是居住区域的重建，而应该包含对灾后老百姓未来生产条件、生存条件的产业重建。他的这一观点获得了各级领导和政府部门的高度认同。

后来，他又将这一思想首先在龙门第一镇——通济镇的重建战略中进行全面实施。通济镇灾后重建模式取得很好的效果，得到了前来视察的成都市委市政府领导的肯定和表扬。灾区灾后重建的可持续发展思想，成为四川灾后重建的最大亮点。

考察结束后，针对农村的灾后重建工作，市领导要求规划建设要做到四个结合，体现四性，即要与农业产业结构相结合，与当地农民发展致富相结合，与当地居住形态、产权改革相结合，体现出规划与山水地势、建筑与植被的相融性，创造丰富趣味的公共空间，树立环境的多样性，融入多种建筑元素，体现风貌的多样性，达到自然环境与公共空间、绿化植被与基础设施的共享性，坚持发展生态旅游，保证当地农民生产生活的可持续性。

正是因为各级主要领导的肯定和通济的重建模式的成功，杨健鹰后来被

选定担任“5·12”汶川特大地震震中——映秀灾后重建的总策划，得以担当这一项光荣而又神圣的历史重任。这是后话，也是前缘。

（一）彭州通济镇灾后重建战略导向

温总理说过：“多难兴邦”，大地震给四川带来了巨大伤痛，也给灾区的发展提供了历史机遇。

2008年5月12日14时28分，汶川发生里氏8.0级特大地震，此次地震波及四川、甘肃、陕西、重庆、云南等10省（区、市）的417个县（市、区），总面积约50万平方公里。

中国国务院办公厅2008年9月23日在中国政府网上发布《国务院关于印发汶川地震灾后恢复重建总体规划的通知》，全文指出，中国将用3年左右的时间，耗资1万亿元，完成四川、甘肃、陕西重灾区灾后恢复重建主要任务，使广大灾区基本生活条件和经济社会发展水平达到或超过灾前水平。

灾后恢复重建关系到灾区群众的切身利益和长远发展，必须全面贯彻落实科学发展观，坚持以人为本，尊重自然，统筹兼顾，科学重建。充分依靠灾区广大干部群众，弘扬中华民族自力更生、艰苦奋斗的优秀品质。充分发挥社会主义制度的政治优势，举全国之力，有效利用各种资源。通过精心规划、精心组织、精心实施，重建物质家园和精神家园，使灾区人民在恢复重建中赢得新的发展机遇，与全国人民一道全面建设小康社会。

灾后重建相关政策包括6个方面：

1. 人员安置：就地就近安置。

2. 旅游：加强重点旅游区和精品旅游线、恢复重建及民族特色旅游城镇和村落景区景点建设。恢复、重建旅游交通设施及沿线旅游服务区、服务站。建设旅游安全应急救援系统。加强旅游新资源、新产品的促销。修复及建设的重点旅游区：羌文化体验旅游区、龙门山休闲旅游区、三国文化旅游区、大熊猫国际旅游区。

3. 财政政策：

建立恢复重建基金。调整财政支出结构，保障县乡基层政权机构正常运转，按用途不变原则整合资金，向灾区特别是受灾贫困地区倾斜。

4. 税费政策：

支持城乡住房建设，对灾区给予税收优惠；对农民重建住房，在规定标准内免征耕地占用税。免收部分政府基金。

5. 土地政策：

调整灾区用地计划，适当增加适宜重建区新增建设用地规模，扩大城乡建设用地增减挂钩周转指标范围。实行特殊供地，实行划拨供地、降低地价等特殊政策。

6. 产业政策：

重振旅游经济，把旅游业作为恢复重建的先导产业。促进农业生产，中央财政对规模化种植养殖、良种繁育、农业技术推广和服务设施的恢复重建给予支持。

通过分析，杨健鹰发现通济的灾后重建有以下契机：

1. 《灾后重建总体规划》为通济镇灾后重建规划了战略方向，奠定了良好的政策背景；重点旅游区修复之一的龙门山休闲旅游区的恢复、重建系列政策指导，为通济镇的旅游定位、招商引资、城市经济发展提供了良好的政策背景。

2. 《总规》各项政策导向，对灾后重建的财政、税收、金融、土地、资金都给予了极大的优惠政策，为各地灾后重建、招商引资打开了便利之门；同时根据产业政策的要求，重振旅游经济，以旅游产业为重建先导产业的思路都为各地旅游城镇铺开了一条快速提升的道路。

3. 根据《总规》，彭州市通济镇位于四川的龙门山山前平原地区，资源环境承载能力较强，灾害风险较小，适宜在原地重建县城、乡镇，可以较大规模集聚人口，并全面发展各类产业的区域。

（二）成都市场背景及旅游消费简析

虽然2008年四川受地震重创、全球金融危机影响，很多行业都受到不同程度的影响，但政府一系列积极应对国际金融危机，抓投资、促消费、保增长等策略，使本市的经济依然平稳快速的增长。而金融危机让对外贸易转向提高内需，更多的投资商将眼光从对外投资转向内地投资；而灾后重建、城市基础配套建设也将是近两年的重笔，这些都为四川成都及各城镇的城市发展带来的契机。

四川地震虽然损毁了很多城镇，但在社会大爱面前以旅游著称的四川各处闻名的旅游城镇，地震无疑又为此增添了一笔浓墨。地震旅游热产生在预期之中。

成都每年人口持续增加，2008年末，全市户籍人口1112.3万人，比上年增长了约9万人，常住人口1257.9万人，增长了20多万人，人口的不断增加也意味着对需求的增长，消费不断地扩张与提升，让各行各业都充满了机遇！成都是一座充满机会的城市。

从成都本地旅游情况来分析，有以下特点：

1. 近郊游成为成都中高档消费者休闲度假的重要生活方式：主要以周末二日度假为主；一般选择当地住宿1晚，以农家乐、经济型酒店为主；2—3次当地就餐，以当地特色餐饮为选择目标；消费在100-800元/人不等；

2. 成都景区擅用组合拳，一条旅游线路可有2—3个游玩景点；

3. 主要以成都自驾客户、组团客户为主（车行时间1—2小时/单次），其次是川内及外地客户；客户有一定的消费档次，自驾以2—5人家庭组、朋友组为主；

4. 游玩目的：主要以享受郊县清新、适度的温度气候；欣赏宜人幽雅的生态环境；游历景观锻炼身体；户外特色休闲娱乐运动；品尝当地特色的餐饮、生态美味；

（三）彭州区域经济及城市规划简析

灾前，彭州市域面积约1419平方公里，处于山地向成都平原的过渡区，有“六山一水三分坝”之说，共辖20镇。2007年底市域总人口约79万人，市域城镇人口约26万人，其中中心城区人口16万人。矿产与旅游资源丰富，映秀断裂和灌县断裂两条断裂斜穿彭州。省级工业集中发展区已初具规模，逐步形成以制药、优质建材为主导的工业格局。

灾后，彭州全市80万人口中有52万多人受灾。部分镇乡受损面积达到80%以上，个别镇乡达到100%。其中龙门山、白鹿、磁峰、小渔洞、通济、新兴、红岩、丹景山、葛仙山、桂花等10个镇为受灾严重区；军乐、敖平为受灾较重区；隆丰、丽春为中度受灾区。

震后，彭州交通网络的规划建设将带来新的机遇，新一轮的投资热潮将在各灾县打响；城镇建设发展受交通建设工期速度影响，因此尽快建设成兰高速、旅游快铁、成彭轻轨是发展通济镇最大的推手。通济镇城镇职能提升带来更多机遇，其不仅是规划人口密集的城镇，同时也是旅游服务与游客集散区；作为彭州西北部旅游片区的腹地，其将来的旅游打造、商贸繁荣、房地产居住开发都奠定了良好的市场基础；

道路交通规划方面，提出了“五横、八纵、三环”的规划。

五横：小夫路－蒲新路、川西环线、小马路、彭温路－大件路（规划）、工业大道及沿线（规划）。

八纵：成德大道（规划）、成青路－九犀路、彭什高速（规划）、万白路－迎宾路（规划）、龙白路－牡丹大道北延线（规划）、老彭白路－彭白路－彭犀路（规划）、银白路－彭龙大道（新彭白路）（规划）、兰成高速

（规划）

旅游资源来看，彭州有不少资源可以开发利用：

1. 彭州有“牡丹故乡、宗教文化、地质奇观、古蜀文明”四大旅游主题特色；集中在彭州的西北片区，其中以龙门山景区为最，吸引了大量的游客到访。

2. 根据同类景区接待量的统计，彭州旅游景区对成都市区人民的吸引力属于中等水平，远不及青城山、西岭雪山；而彭州旅游资源、文化同样丰富，因此在旅游产品的开发及宣传上有待提高；

3. 本次受地震影响最深的也是龙门山区域，成都周边旅游景区虽受影响较大，但依然有一定的接待量，而龙门山区的旅游完全处于瘫痪状态，虽在修复之中，但完成时间及效果尚不明确。

4. 彭州主要旅游景点区为“龙门山旅游景区”（银厂沟、回龙沟、龙门山地质公园、白鹿书院），其次是丹景山。这些景区震前可接待游客达20多万人，而通济正处于片区腹地，可以凭借旅游资源吸引人气。

（四）通济镇现状及资源分析

通济镇地处四川彭州市西北部山区的中心，自古为西山七场的中心。该镇总面积7.4平方公里，镇境内山、坝、地形俱全。距成都65公里，距彭州市25公里，处于整个彭州西北部旅游中心核心位置，距旅游景区丹景山12公里，龙山镇13公里，白鹿镇9公里。

1. 气候特征：通济镇属亚热带湿润气候区，年平均气温20℃，年降水量1300毫米，夏无酷暑，秋多阴雨，冬无严寒。

2. 镇区水资源：地处规划关口水库上游，水库面积将达2万多亩；湔江、麻柳河——贯穿通济镇区的河流，其中湔江河面开阔，是片区打造“滨河商贸园区”重要的组成部分。

3. 城镇地质结构复杂，有温泉地质形态。

4. 镇区主要山脉：金景山——山形优美、植被覆盖良好，是通济镇区的靠山；

5. 农林业资源丰富，是优质无公害蔬菜及优质药材出产地。现已有千亩药材基地和果树示范基地以及蔬菜基地等。

从城镇经济状况来看，通济是彭州市北部山区的一个中心场镇，素有“三河七场”商品集散中心之称。辖通济、小鱼洞、大宝、思文、白鹿、磁峰和新兴镇。全镇2007年GDP总值为2.93亿元，一、二、三产业分别占GDP总量的67%、15%、18%，人均收入4685元。由此可见城镇经济总体水平较差，人们收入较低。灾后的传统工业已和规划中的城镇职能相冲突，已很难提升本镇的经济发展，更不容易聚集人气，正逐步淡出视野，随着灾后重建的新规划，城镇职能的提升，本镇第一产业将得到进一步发展；第三产业拥有更大机遇和空间，将逐渐成为本镇的经济增长强有力的支撑。

通济镇城镇面积约73.9平方公里，辖2个场镇，26个行政村，272个村民小组，2个居委会，总人口2.9万人，震后城镇现有人口约6400余人。城镇需要大力发展人口、基础配套建设。根据彭州城镇总体规划，本镇属于重要居住城镇，同时将吸纳龙门山镇、白鹿镇受灾群众约7000人；2010年城镇目标居住人口量约为3万人；约增加了2.36万人，其吃、穿、住、行等消费将为本城镇带来巨大的生产、消费机遇；即使平均每人每年增加1000元生产值，则为本镇创造2300多万元GDP，若年消费达2000元/人，则消费总额增加4600多万；可见人口的增加势必带来城镇的兴旺繁荣，各方面的生活配套、商业配套将提早规划并跟上。

通济镇交通四通八达，是山区六个乡镇的经济、文化、交通枢纽，是省道彭白公路和小夫公路的交会点，其分别通往旅游胜地龙门大峡谷（银厂沟）和白鹿森林公园，而这一大范围包括通济镇亟待开发的丰富旅游休闲资源都属国家地质公园范围。更有全国唯一窄轨铁路——彭白铁路穿越，无论

观景及货运都可。全镇26个村，村村通公路，并有12公里村级水泥路面，加之未来交通道路规划，进出交通非常发达方便，

通济镇距震中汶川约25公里，“5・12”汶川特大地震使本镇受到严重损坏，城镇和农村地区房屋灾毁率达到98%以上，供水/供电等基础设施也严重受损。

通济镇地形地貌多样，城镇错落有致，易形成独特山地城镇建设风貌；该镇自然资源丰富，山地、林业资源、临水资源、动植物生态资源、平坝农业资源等，利用本地资源，可打造通济镇特色旅游及农业经济；加上舒适的气候和地热资源，通济镇具备打造第三产业（即旅游、房地产业、服务业）的条件。

通济镇经济发展农业依然是重头，第二产业所占比重越来越小，呈现萎缩状态；第三产业机遇出现，将逐步成为经济增长的重要支撑并带动第一产业发展。

成彭高速、旅游快铁建设，都具备将通济镇纳入成都邻郊旅游城镇之列的条件，并使通济镇在未来龙门山国际山地旅游区中，具有重要的旅游交通换乘职能，旅游集散功能增加，也为截流旅游客户奠定良好基础。但现有的交通不具备发展第三产业的条件，通济还需一条旅游快速通道拉近与成都中心城市的距离。

（五）通济镇发展战略目标

通济镇在震后如何创建第三产业，如何利用好第一产业，提高城镇持续经济增长？灾后经济不振，民生如何生存和发展？面对灾后破损城镇，如何规划重建对本镇发展更为有利？面对城镇职能要求，如何发挥其更大功效？如何利用本镇现有资源，进行有效开发建设？

杨健鹰指出通济镇发展战略的目标就是“大爱如汤，铸就龙门第一镇”。

杨健鹰设定的通济镇灾后重建战略，充分调动通济镇历史人文资源、交通地理资源、山地产业资源，以“发展性”“多样性”“相融性”“共享性”为打造原则，以大爱为背景，以绿色食品需求、冬经济消费需求为核心经济支撑。由“暖冬行动”整合河谷资源、古镇人文资源、山地农业资源、温泉度假资源、龙门山旅游资源、村民小区资源、养身别墅资源，地震情感资源，将灾区重建安居战略、产业再造战略、生态发展战略、文化提升战略融为一体。未来的通济发展将站在未来经济可持续发展、人与社会、人与自然高度和谐以及国民幸福指数、快乐指数不断提升的高度上，以“抗震→大爱→暖冬→温暖→温情→温泉→中国汤城→冬经济→全季节经济”为品牌塑造和产业发展脉络，实现“龙门第一镇”的打造。

通济镇灾后重建战略，是市委市政府领导“四性”灾后重建思想的生动展现，是城乡一体化、创建和谐社会的又一实践，是新的国际经济背景下发展地方经济、拉动内需的点睛之笔，是“执政为民”思想在灾区建设中生动的体现，更是由党恩、民生、大爱浇铸的一座历史丰碑。

通济镇灾后重建战略以“抗震”为前提，以“大爱”为内涵，以“温暖”为特色，以“温情”为互动，以“温泉”为接口，以“中国汤城”为点睛之笔，以“冬经济”为重心，将政治、经济、人文、产业形成巧妙地链接，在“大爱如汤，经济暖冬”的主题中完成了对通济镇未来“全季节经济”的全面支撑。

杨健鹰提出通济镇灾后重建战略发展有四点：

1. 建立本镇可持续经济增长点；2. 可持续生态发展规划；3. 解决本地居民长期生活问题，过上富足小康生活；4. 打造高层次、特色性“休闲度假旅游商贸城镇”！

短期战略发展目标也有四点：

1. 旧城镇规划改建；2. 新城镇规划建设；3. 本地居民安置及民生发展规划；4. 以城镇经济增长为目标，创新产业的规划。

（六）通济的市场定位与客户分析

通济镇未来发展的核心产业定位是：生态观光农业、特色种养殖业、旅游休闲产业、高端房地产业。目的是打造龙门山第一镇，打造“龙门山”中高端山地古城休闲度假旅游中心。杨健鹰为此做了细致的目标客户分析：

第一类目标客户群：休闲旅游度假群体。

家庭旅游型：自驾车、家庭结构2—5人、家庭年收入在10万以上；注重健康、喜欢户外养生运动；企业活动：企业周年庆、员工拓展培训及商务社交活动等团体旅游活动；旅行团：参加旅行团旅游，以外地客户较多。

第二类目标客户群：投资度假别墅购买群体。

成都收入中高端人群；私企老板，讲究养生、度假；要求生活高品质，个性不张扬；有投资理念，关注房地产或旅游产品；和成都或彭州有一定业务关联的外地人。

第三类目标客户群：成都消费无公害蔬菜人群。

本地餐饮场所；彭州、成都超市、餐馆、高端居住区、社区及家庭；以成都为主的无公害蔬菜批发市场；来本镇旅游观光的客户；成都、彭州居家客户；周边城镇零散客户。

如何将目标客群引到通济镇？如何拦截旅游客户？如何让客户进行消费？有以下要求要逐一落实：1、旅游够看点；2、娱乐够丰富；3、饮食够特色；4、服务配套够便捷；5、消费够值得；6、交通够便捷。

（七）各功能区实施战略

策划报告将通济镇的布局规划，设置了7大板块：

1. 滨河休闲娱乐打造——河谷快乐大本营

湔江河谷，既是古蜀人从山地聚居向平坝生活迁徙的历史脉络，也是通济直面大成都中心消费群的第一视觉重心。这里山河相拥，谷天相接，有如广阔无边的心胸和客堂，谷地、沙滩、溪流、水汀、芦苇荡，以及两岸坡地、起伏的浅山和远处连绵的龙门群山，构成了这里变化无穷、美不胜收的自然环境，为我们提供了难得的水岸游乐、野营、户外拓展、鱼类养殖、垂钓休闲的巨大空间。该区域的打造应充分利用湔江之谷，以水上运动、户外拓展、沙滩娱乐运动、野营、狩猎、真人战、冷水鱼养殖、垂钓休闲、野炊露营、航模运动等为主题，并结合蜀人水上迁徙的历史故事，创造古蜀水城漂流区，使这里成为龙门山下的第一人文展示区、第一人气引爆区，成为成都消费群走向龙门山的第一快乐大本营，成为通济的第一大野外客厅，成为通济产业发展取之不尽的消费资源库。

2. 老城区打造——通济人文风情名片

老城区是龙门第一镇的第一形象展示点，是通济旅游产业品牌的一张名片，古城区的打造将成为通济旅游人文的“百年窖池”。

在老城区的打造中我们将山镇经济与旅游产业经济融为一体，将传统院落居住与旅游、养生、休闲、美食、商业院落融为一体，保留山街风貌，提升山镇文化，创造商业院落，梳理商业街道，实现现代旅游商业体系的全面引入，创造新的经济增长点和区域商业价值可变空间，实现整个古镇的全面形象塑造。

在整个山镇老街区的打造中，我们应尽量保存原街所留存的山镇老街风貌和特色山街建筑群，并以山镇文化和地震文化为脉络，对重要视觉接点、商业接点、重要建筑加以靓化、提升，在统一的风貌需求中，对严重损毁的建筑进行消除替换。同时打造龙门第一镇牌坊、牌楼商业长廊区、龙门第一取景点，利用原铁路路基高差和路基与古镇间的空置土地，以吊脚楼与商铺院落相结合，打造东西向、南北向商业街体系形成现代旅游、美食、休闲步行街区，并形成与老街的循环。再以街道系统为连接，实现内部院落的商业机会创造，为将来的客栈、养身、休闲美食、会馆、俱乐部等旅游新业态创造可能。

3．新城区打造——龙门山人文目录和导游图

该区域是通济镇城镇建设的主体形象区域，该区域构成了通济这个三河七镇商业和人居的中心。该区域虽然房屋受损也十分严重，但因该区域重建工程量太大，大多数建筑仍然可以通过维修加固重新使用，街道整体格局和风貌基本完好，所以对该区域的打造工作，应以短期快速维修加固，恢复城市居住和产业功能，长期调整提升为运作思路，在短时间内，清理拆除严重毁坏建筑，维修加固可利用建筑，力争尽快恢复城镇生活生产秩序。该区应以打造“龙门第一镇”为战略思考，以山镇文化、龙门山旅游文化、地震文化为内涵，将龙门山重要历史故事、民间传说、景观人文、大爱精神通过石塑、雕塑、图案、图片、小品等各种表现形式，在街道、广场等重要节点和景观加以再现，使其成为龙门山人文、自然历史的“品牌目录”和“导游图”。在新场镇的打造中我们应结合各旅游人流和产业接点的需求，增加驻车环境、广场、现代休闲商业区等，更应结合地震文化和大爱精神的建立。

4．安置小区打造——灾民未来利益的获得场

通济镇统规统建和农民新居板块，是通济镇灾后重建、农民安居的基础工程，该工程的建设时间紧急任务急，是关系灾民实现正常生活的根本工程和政府必须最快实施的重要工程。该工程以政府集中安置地统规统建区和以村庄为分布的统规统建、统规自建院落。统规统建集中安置区是未来通济镇大城区板块的重要组成部分。对该板块的建设，必须服从于未来通济品牌战略和城镇几大产业板块形象战略的需要，要在整体战略、整体文化风貌、整体产业布局的需求下进行选址、规划、设计，使其成为一个战略整体。该区域应结合未来通济产业发展的机会点，如旅游观光、美食餐饮、保健养生、温泉度假等等，尽量为这些家庭和院落预留未来除自身居住之外的产业经营

可变机会，以增加未来村民收益。而对于以村庄为分布的新型农民院落，则应以旅游产业战略为基础，分线路为主题地塑造不同的产业看点、旅游看点、市场消费点，形成完整的产业板块辐射网。

5．温泉度假休闲板块打造——大爱汤城

该板块是通济镇旅游产业的品质象征，是龙门第一镇旅游休闲产业由中低端消费走向高端消费的引领板块，是通济镇旅游休闲产业向着国际化跨越的坚实支撑，更是未来通济镇抢占冬经济市场的引爆点，是抗震救灾、灾后重建战略、政府民生工程与“大爱”“暖冬”行动的点题之笔，“冬经济”开门之笔。

通济温泉国际休闲度假板块的打造，不仅是通济未来高端旅游度假板块产业的形象支撑点，也是通济灾后重建战略产业目的的，以关注地震灾区产业重建为支持的，一个以大爱暖冬和开启灾区“冬经济”财富之门的产业概念，将通济的所有经济板块的战略思想实现了最大的政治连接、情感连接。

这不是一个普通的温泉城而是凝聚着党和政府、全国人民、世界爱心人士深厚情感的维系灾区经济发展的温泉城。该温泉城的打造应以大爱、亲情、和谐、健康、欢乐为内涵，在情暖灾区、泉报天下的爱心互馈中，创造中国第一汤城。在大爱如汤、和谐如汤、真情如汤的境界中，将传统温泉的保健、养身、美容、休闲、调节身体机能的主题元素，注入感恩、大爱、欢乐元素，将水上娱乐、水上庆典、水上表演、商务互动、亲情互动融为一体，形成各大主题区域，并将该温泉系统与部分村民院落对接，形成村民温泉村落，为村民的未来旅游经济创造经济突破口，将大爱之温泉化作成灾民之温暖。

6．生态农业观光区打造——山镇经济与风景的生产线

生态农业、山地种植养殖产业板块是通济镇传统种植养殖产业的延续和提升，也是区域旅游休闲养生经济和高端房地产产业打造的维系产业。在生态农业、山地种植养殖板块的打造中，我们不仅要加强该产业的终极产品

的市场价值，同时还应该站在整个区域战略需求上，放大它所带来的附加价值，那就是它的景观价值和体验娱乐价值，将种植养殖经济纳入旅游观光和房地产开发的环境打造中进行思考，通过树木、瓜果、蔬菜及经济类植物、药材、花草、香料的品种选择，形成季节性、特色性景观效果，形成产业互动、品牌共生。

该板块的打造中，我们应将该产业的传统终极市场作为原点，以无公害食品的自我消费市场和外销核心市场为重点，将大都市高端食品消费作为主要开拓市场，以抗灾、大爱为背景，以食品安全危机为契机，以日常食品和年货订制为重点，以山地、林地、河谷地等自然资源进行农副产品的种、养殖生产，采用政府+公司+农户+品牌的产业质量信誉保障模式，注册商标（如：大爱牌、感恩牌、龙门山牌、抗震牌、通济牌）。联络城市社区、小区、商业网点和家庭，通过无公害食品回馈社会。并形成政府品牌监控下的食品生产、加工供应链，使通济成为以大成都为中心的安全食品定点生产加工基地。同时，以该产业为基础，利用旅游资源背景和古镇山街条件，打造山地养生美食系统和山货特色商业街，既增加旅游特色看点，又加强产业的内外销环节。以绿色、健康、安全，构筑起灾区与城市的爱心互动，彼此获利。

7. 高档别墅园区打造——永恒的国际人居标签

通济山地别墅的开发应采取首先以通济镇为中心的山地河谷地带为中心，利用现有成熟人居环境和配套环境，形成中心区高端别墅区。再以中心城镇板块为核心，以多主题方式，形成山村辐射，实现整体区域形象的提升，拉动山地产业发展。在中心城镇区域的别墅开发中，应以温泉为契机，利用中国汤城的打造和旅游、休闲度假环境，开发不同档次、不同规格、不同功能的别墅区，将温泉别墅、商务别墅、养身别墅、亲情别墅与山村别墅、山林别墅实现统一，形成规模的以温泉、大爱、暖冬为主题的规模化别墅区，形成政治高点、新闻看点、消费热点，创造通济别墅的独特情感特色和消费品格，创立品牌，为通济整个灾后重建思想点题。再以此为背景，利用资源、创造个性，实施农业观光、山地高尔夫、河谷风情等系列别墅的打造。将通济由一个传统农业山镇向着一个以休闲度假为特色国际化滨水山镇逐步转身。

五、映秀金凤凰：精神的涅槃

映秀，是一颗用血液、心灵浇铸的巨大磐石，耸立于天地之间，坚不可摧的“精神磐石”就是映秀的精神品质。

谁能在200多颗原子弹的爆炸中，屹立不倒？

谁能在家园化为齑粉的一年之中，再度重生？

映秀，只有映秀。

映秀，不仅仅是地震的中心、大爱的中心。

映秀，更是“5·12”地震波标注的中华民族意志元点。

映秀，更是中华民族血液浇铸的不可摧毁的精神磐石。

映秀是大地撕裂的心，映秀是大爱包裹的心。伤心、痛心、期盼之心；爱心、善心、希望之心，都与地震波一道，带着同样的震撼力，以映秀为中心，划出一个接一个的同心圆。映秀，是天地中心的映秀。当“5·12”特大地震在映秀，为中华民族留下伤痛的同时，中华民族血脉与共的心跳和坚强不屈的意志力，也在映秀汇聚、凝结，被浇铸成为坚如磐石的心脏，被浇铸成中华民族的一座精神丰碑。映秀，是坚不可摧的映秀；映秀，是精神丰碑的映秀。

对于映秀来讲，大爱是天，灾难是地；祖国是天，伤痛是地；精神是天，家园是地；党恩是天，奋斗是地。天心、地心、人心；震心、信心、决心，都围绕着映秀，构筑起至美至善的风景。大爱如水，天地映秀！重生的映秀，犹如一方心灵汇聚的湖面，以它无边的灵秀倒映着爱，又折射出爱。

——杨健鹰

这是一段伟大的岁月，对于每一个映秀建设的参与者，其人生都将因为这一段日子而发出光芒。因为我们共同促成、并见证着一座城市，在炼狱的火光中，如凤凰一般地涅槃。

映秀的未来，我们致力于把映秀建设成：防震减灾示范区、汶川大地震震中纪念地、世界级温情旅游小镇。这是映秀重建的方向。

5. 12汶川特大地震，为中华民族带来了巨大无比的伤痛，四川灾区牵动着全国十三亿乃至全世界人民的心跳。对于震中映秀的灾后重建，更是汇聚着全世界的大爱和智慧。可以说映秀灾后重建，凝结着当代世界的最高设计思想。贝聿铭、安德鲁、何镜堂、同济大学、清华大学等世界顶级的设计大师、规划大师、设计团队齐聚于此，为映秀描绘着未来的建设蓝图。党中央、国务院更是将映秀未来的打造，作为中华民族抗震救灾的伟大旗帜。因为党和政府以及全国各民族人民对映秀灾后重建的高度关注，映秀的灾后重建方案必须接受来自各个方面的拷问，也是“5·12”汶川特大地震灾区中唯一需要国务院办公会备案通过的方案。也正是因为如此，映秀灾后重建的总体方案，在灾后重建已达一年后，仍未获得一致认可，这严重影响着映秀灾后重建工作的顺利进行。

因为在龙门第一镇通济灾后重建策划中的杰出表现，杨健鹰被选定为震中映秀灾后重建方案的总策划，各级领导意识到，必须用新的战略策划思想全面统筹映秀的规划设计及未来产业与品牌打造。临危受命的杨健鹰，带着他的助手深入灾区，冒着泥石流频发的危险，反复地往返于震源点和一个个地震废墟，走访当地干部和村民，感知到天地的大悲与大爱。在逝者与来者的心灵交汇中，在山川木石的叩问中，寻找着这片大地的灵魂。并在这灵魂的感召下，让自己的思想得到点化。正是因为这种天地精神与人类大爱的点化，杨健鹰在不到十天的时间之内，竟完成了映秀灾后重建和品牌战略方案。这套凤凰涅槃的战略方案的推出，获得各级领导、各界专家的高度好评。

在这套映秀的策划方案中，杨健鹰以一只涅槃的凤凰，将映秀的历史人文资源、自然资源、产业资源、城市建设和未来品牌战略路径实现了巧妙生动地整合，将各个规划主题、设计主题、建设主题实现了完美的串联。既炫彩夺目，又减少浪费，且为将来的经济发展留下了最坚实的支点。震中映秀的这次涅槃，也是杨健鹰策划思想和心灵境界的涅槃。这次策划之后，杨健鹰将他收到的五百万策划费全数捐赠给了灾区。

（一）新映秀形象定位

映秀重建定位及主题词定位："大爱磐石，天地映秀"。杨健鹰是这样对主题形象进行解读的：

大爱是天，伤痛是地；祖国是天，灾区是地；精神是天，家园是地；党恩是天，奋斗是地；天心、地心、人心；伤心、痛心、爱心；以映秀为中心，划出湖泊；划出一个个不断扩散的同心圆；使这里成为倒映爱而又折射爱的源头。

震心是石，大爱是秀；灾难是石，信心是秀；意志是石，智慧是秀；真情是石，感恩是秀；党心，军心，民心；震心，信心，决心；以映秀为中心，化为磐石；化为坚不可摧的民族意志；化为中国人高塑世间的精神脊梁。

天地映秀，是从天地大爱中获得重生的映秀，是"涅槃的映秀"、是"未来的映秀"、是"辉煌的映秀"。这个名称将"天地"与"映秀"相连接，有"辉映世间一切美好于心灵"的意境、有"拥抱未来时光创造美好生活"的意境，既串联了过去映秀的历史资源、人文资源、山水资源、品牌资源，又创造了未来世界温情小镇新形象的拓展空间。该名称使映秀在人类的大爱、祖国的血脉、民族的精神的天地大圆中；在自然山水、人文历史、未来生活的天地大圆中，成为圆心、成为焦点、成为灵光闪耀温情永驻的眼神。

该名称刚柔相济，既气势磅礴，又情真似水；既灵性生动，又朴实真挚；既铭记过去大爱弥坚的精神沉淀，又着眼于未来繁花似锦的生活创造，有民族性、地方性，十分有利于映秀区域品牌和国际化旅游品牌的打造和传播。映秀重建的形象内涵定位由此延伸而出："人文山水的旅游胜地""大爱之旅的精神圣地"。配套的辅助形象定位词为：藏羌客厅，大爱之心。

映秀旅游相关产业的主要消费群体有七大类：

一、主题政治性、教化性会议群体。

二、主题研讨性、学术性会议群体。

三、有组织、有主题缅怀观光群体。

四、个体型缅怀观光旅游群体。

五、川西北国际景区旅行团队项目新增群体。

六、都江堰、青城山国际体验、拓展旅游延伸群体。

七、大成都缅怀、休闲、养身群体。

杨健鹰对映秀的旅游规划设计，采用了一个动态循环系统，其主要旅游循环定位包括大循环、小循环两个层面：

大循环定位首先是以映秀镇为核心，带动周边景点，形成内循环产业互动区。另一方面，以都汶高速和国道213为交通，以岷江水脉为神韵，形成大循环，拉动映秀整体产业经济。

小循环定位以大爱之路为轴线，串联映秀镇镇区核心旅游景点及牛眠沟、岷江尾水区、渔子溪、老虎滩轴线形成小循环。

两大循环体系以映秀为中心，构筑起串联世界的"大爱之路、精神之旅"。

（二）映秀的城市规划意境

杨健鹰说：映秀的城市规划，应包含“苦难”“奋斗”“重生”三个不断提升的精神境界。它不仅要满足映秀灾后重建、灾民安置、城市生活的现实需求，还应该着眼于映秀的未来产业发展、经济繁荣，着眼于映秀未来打造国际化区域品牌的需要。以“天地心·大爱源”的整体战略策划为方向，发掘人文历史、整合山水资源、升华地震遗址、彰显民族精神、传播大爱之光、闪耀温情之光。

在未来映秀的主题建筑、主题景观、主题活动打造设计中，应确立“生命掩盖死亡”“欢乐掩埋痛苦”“温情充盈未来”的三大方向，使映秀从“地震的映秀”“灾难的映秀”“悲伤的映秀”中走出。在大爱之光、精神之光、思想之光、生活之光的沐浴中，走向重生，走向辉煌，成为“民族的映秀”、成为“温情的映秀”、成为“世界的映秀”。

为此，专门设计了映秀重生的三重门：重生之门，取金凤之舞的意象；奋斗之门，展示精神之光；苦难之门，定格大地之火。

真正让映秀浴火重生，复活金凤凰的，是杨健鹰设计的九大功能区板块，这九大板块构成了一只飞翔在巴山蜀水、中华之心的金凤凰。这九大板块分别是：1. 凤头：形象展现及人流迎接区；2. 凤颈：人流、车流吸纳区；3. 凤胸：城乡灾民安置区；4. 凤翼：老虎嘴、中滩堡遗址公园及河谷旅游区；5. 凤腹：抗震精神纪念及城市中心功能区；6. 凤背：百花山缅怀区；7. 凤爪：枫香村遗址区；8. 凤尾：水上观光旅游区；9. 凤翎：震中及牛眠沟旅游纪念轴线，紫坪铺尾水区山水观光纪念轴线。

此外，还有凤脉和凤之彩羽。凤脉，由两条水脉构筑的大爱之光河谷轴线勾勒而出；凤之彩羽，包括丰富的自然山水旅游辐射体系、果木花林构筑的农家休闲观光体系。

实现以上设计规划中的意境，未来映秀的世界印象就将喷薄而出，那是一只在“5·12”大爱之中涅槃重生的，以世界5A级温情小镇生活为身躯，由自然山水旅游、花木果林农家休闲为羽毛的五光十色的金凤凰。

（三）四大拓展空间之天与地

映秀的形象创造和未来的旅游产业、文化拓展，以“天”“地”“山”“河”为四大打造体系。以“爱”为脉络，以“光”为神韵，以“传递祝福”“洗涤心灵”“开悟智慧”“凝聚精神”为核心思想，将“世界和平”“人类大爱”“祖国统一”“民族团结”“社会和谐”作为追求方向。充分结合“5·12”地震资源，映秀历史人文资源，自然山水资源，民族、民俗、祭祀、舞蹈、休闲娱乐活动，让重生的映秀成为一颗亮丽的明珠。

天是世界，天是祖国，天是党恩；天是大爱，天是光明，天是希望；天是魂灵飞升的方向；天是映秀与祖国、与世界连接的第一道血脉；天是映秀凤凰飞翔的至高境界。祭天、祈天、祝福于天、感恩于天，是未来映秀人民的心灵所需，也是未来映秀观光、访问群体的心灵所需和体验游的核心元素。

映秀的建设将总书记祭奠过的旋口中学祭祀场、总理在救灾中的主要场景、联合国秘书长到达的现场、空中生命通道、空军勇士跳伞区、直升机停机坪、邱光华机组失事地、阿坝州委、州政府抗震救灾指挥部旧址等重要区域，结合未来的旅游观光产业和教育的需要，加以保留、提升、创造。在天的主题创造中，以“光”为特色、以“灯”为神韵，在“阳光”“月光”与“精神之光”的主题下，将“街灯”“路灯”“河灯”“水景灯”“山景灯”“主题景观灯”“建筑景观灯”“演出场景灯”纳于系统设计。从造型、布局、色调、组合设置方式上，进行独一无二的设计研究，使映秀这个世界级的5 A温情小镇的精神之光、魅力之光散布于天地之间。

在产业的设计中，映秀设计出了大型的“天灯祈福区”“河灯休闲观光区”“空中滑翔观光旅游区”“伞降体验活动场”“民族情感、精神教育区”，从而实现未来映秀战略形象与产业发展的完美结合。

地是震中，地是苦难，地是伤痕；地是心跳，地是脉搏，地是奋斗；地是世界撕裂的伤口；地是映秀映照大爱的窗口；地是映秀展现心灵的眼睛。知地、礼地、创业于地、造福于地，是未来映秀人民生存所需、发展所需，也是未来映秀旅游产业发展和重大主题型产业创造的强大基石。

在地的空间打造中，杨健鹰将道路、建筑、场馆、房舍、景观、产业纳入统一的战略思考。凸显映秀“防灾减灾示范区”的个性特色，将防灾减灾的思想与防灾减灾的新型技术融入未来的产业打造、景观设施和城市设施配套的设计中去。实现映秀从思想、技术到旅游产业的独特魅力创造，让大地的内涵在“防灾减灾”的思想中获得最大的丰富。

在地的主题打造上，杨健鹰以牛眼沟“震源点”和“大爱磐石”为核心，以“天地心”“平安心”“祈福心”“民族心”“和谐心”“欢乐心”“幸福心”为主题，打造“震中”纪念中心，使其成为映秀城市品牌的“题眼”之地。并围绕这个中心，打造“莲花湖”平安祈福区、牛眼沟哈达谷旅游轴线、“漩口中学纪念馆”“中滩堡遗址公园”“大爱磐石景观区”“藏羌文化观光商业区”“地震纪念馆”“温情生活居住区”“山地果木农家休闲旅游区”及各种论坛会议中心等等，使映秀成为集多功能于一身的亮丽之地。

（四）四大拓展空间之山与河

在杨健鹰眼中山是脊梁，山是意志，山是头颅；山是莲瓣，山是幕布，山是丰碑；山是映秀人精神的名片；山是中华民族不屈的宣言；山是映秀之旅高潮迭起的剧情；山是记录“5·12”地震的巨型史书，是一个民族大悲、大难、大精神的存储器。养山、惜山、依靠于山、纵情于山，是崛起的中华民族情智所需，也是映秀城市品牌与产业打造的支撑点。

对“山”主题的打造，他将“高度”“气度”“厚度”作为价值取向，在山之灵秀再造中，将一个民族开阔的胸襟和以世界为心脏的气度展示出来，成为未来世人的人生观、世界观的升华地；成为未来映秀的城市境界。整个策划紧扣映秀“天地心·大爱源”的主题思想，以“地震祭坛区”“山林怀念区”“爱心树种植区”“中华大爱精神长墙”“世界百花山认养区”“羌红主题寄情山”“哈达谷”“经幡主题山”“地震壁画题刻区”为打造主题，使其成为大爱源的胸襟之地；成为中华民族的丰碑之地，并以此为依托，实现映秀旅游产业的巨大体系。

河是文化，河是历史，河是精神；河是情感，河是思想，河是未来；河是思想汇合的地方；河是心灵流动的地方；河是源远流长的福祉。

敬河、爱河、表达于河、托福于河，是未来映秀人民和所有来映秀旅游、观光、访问的人们心灵所需，更是未来映秀打造世界级旅游胜地和温情小镇的景观所需、产业所需。河流是映秀中心城区最核心的景观场、产业场，是映秀城市精神的主动脉。

在河的主题打造上，杨健鹰将“光明”与“秀水”作为对话元素，将“山水之光”“心灵之光”“精神之光”“奋斗之光”“希望之光”与“人文之水”“思想之水”“大爱之水”“感恩之水”“祝福之水”实现交相辉映，让河流成为映秀最闪光的血液。实现山水映秀与世界大爱的创意，让映秀于水的灵性、光的神韵中成为温情充盈的小镇。

杨健鹰建议利用好渔子溪和岷江的水资源，引水入镇，以水系串连街道、院落，让整个小镇实现“引水成街，依河而眠”。在“家家有水入院、户户临水见情”中构筑起未来的新生活。在映秀的城镇水主题景观打造中，将渔子溪和岷江两河相汇的原映秀老镇居住区作为重点打造区。从中滩堡引河入镇，形成水道与城镇道路的双重网络，串连起每一个旅游和人居区域。以水为载体、以映秀历史人文故事和抗震精神为脉络、以人们寄情、祝福和创造未来温情生活为愿望寄托，将休闲旅游产业、小镇人居风情得到最好的交融。并利用好“河灯”“水灯”“放生”等民族寄情习俗，让祝福与温情串连起千家万户。将“水脉”“文脉”“人脉”“人情”融为一体，使历史、人文、山、水、景观在映秀市民化、温情化的交汇中，实现人与自然的“天人合一”。

映秀镇建设利用映秀两河交汇的河流资源和紫坪铺尾水的湖面资源，将水上祝福、水上漂流、水上游乐、水上观光及河岸休闲、餐饮商业体系融为一体。以“大爱源爱心石阵区”“河岸烛光寄情区”“百花大桥中国结结缘区”“大爱映秀山水演出区”“水上生命通道感恩旅游区”等为主题项目，将烛光、路灯、街灯、水灯、河灯、船灯、桥灯、主题纪念灯汇集于这条河流之上。让一个五光十色的映秀，挺立于人们面前。

（五）映秀旅游景观的“112345”

杨健鹰对映秀的旅游景观脉络的设计，可以简单但准确地概括为“112345”。

“1”是一心：“大地之心”震中祈福区。

该区域由牛眠沟震中谷地祈福观光带、莲花湖许愿区共同组成，是“5·12”大地震留下的伤痛之心，更是震中人民祝福世界的寄情之心。利用“大爱中心”的形象，结合民族祈福文化、世界祈福文化，打造“5·12”震源点世界祈福区。

“1”是一路：“大爱之路”温情小镇观光轴。

有“心”就有“路”，有苦难就有奋斗；路是方向，路是思想；一条路既是中华民族精神意志的记录，又是震中重生历程的解说词。从源于大难的“寄情之门”开始，历经一个民族不懈奋斗的“精神之门”，最终进入欢乐生活的“温情之门”，映秀以浴火重生的历程，向世界解读一个民族走向

“和谐”之路的必要。

“2”是两水：“渔子溪”河谷旅游观光带、“映秀湖”岷江源旅游观光带。

水是历史、水是文化、水是心灵；水是映秀的生命通道，水是映秀的感恩之心。映秀小镇的打造，依托于渔子溪河谷和岷江紫坪铺水库巨大的水域，将藏羌文化、茶马古道文化与“5·12”抗震精神和未来温情旅游小镇生活融于其中，在天光水色中实现“心纳山河，映秀天地”的大意境。

“3”是三山：“百花山”怀念区；“羌红山”丰碑区；“五彩山”祝福区。

山是意志、山是脊梁、山是丰碑、山是画卷！映秀5A级旅游小镇的打造，充分调动自然山林的丰富美景，将山林绿化与旅游观光需求融为一体，以认养、自建、代管为手段，以纪念、美化、寄情、教育为目的，通过系列的山林打造主题，将一段气壮山河的历史与情感，在山岳的脊梁上高高竖起，成为永远的丰碑。

“4”是四桥：“百花大桥”组桥；“鱼子溪人文”组桥；“岷江”组桥、“火烧坪”组桥；

桥是情感、桥是血脉、桥是拥抱、桥是团结、桥是未来，桥见证着震中人民的苦痛，桥开启着温情小镇的未来。空中生命通道是直升机架起的空中长桥，水上生命通道是冲锋舟架起的水上长桥。如果说百花大桥遗址向世界展示一个巨大的“桥断了，心相连”的中国结，那么未来的映秀四组桥将向世界宣示一个“团结就是希望”的民族情。

“5”是五区：“大灯谷”天地寄情区；“大爱磐石”精神仰止区；“血脉之情”山水感恩区；“天地心”大爱祈福区；“天地映秀”生命礼赞区。

“五”在东方哲学中代表着五行，代表着世间和谐生生不息的五个元素。映秀温情小镇的打造，既是民族团结、世界大爱的见证，更是“中华和谐”“科学发展”最生动的注解，映秀5A级温情小镇通过“大灯谷天地寄情区”“大爱磐石精神仰止区”“血脉之情山水感恩区”“天地心大爱祈福区”“天地映秀生命礼赞区”五大区域的系统打造，将“防灾减灾示范区”“5·12”震中纪念地”“世界温情小镇”的战略定位实现了最精彩的展现。五大区域的打造，使“5·12”震中的苦难映秀，成为未来“世界级温情小镇”；让映秀浴火重生后，成为飞向明天的金凤凰。

（六）映秀旅游主题板块设计

杨健鹰为映秀旅游产业设计了五大核心主题区：一、“大灯谷”天地寄情区；二、“大爱磐石”精神仰止区；三、“血脉之情”山水感恩区；四、“天地心”大爱祈福区；五、“天地映秀”生命礼赞区。

1.“大灯谷”天地寄情区

关于“大灯谷”天地寄情区。该区域以原映秀老镇居住区为核心，以“水文化”“灯文化”为特色，引水入镇。以光为神，以河灯文化、水灯文化、天灯文化及放生祈福、民俗寄情、娱乐活动为支持，以“5·12”抗震精神和映秀人文历史为脉络，创意世界第一个水景灯影的人居小镇区域——大灯谷。

该区域的景观打造，以“光”为主题、以“火”为特质、以水为连线，用生命之光、大爱之光的热烈，消除地震中心罹难区的阴冷和忧伤。并在水与光的流动中，让吉祥和温情传递到千家万户。

该区域是映秀的形象窗口区域和人流引入区，将充分完成映秀的第一形象展示和人流的吸引。将都汶高速正对面的山体加以充分利用，使其成为展现映秀品牌的宣言之地。该区域的打造还将人流接待、车流吸纳、山林防火、水源污染作为思考课题，并做到各主题配套、主题景点串联。

主要景点：“大灯谷”篝火歌舞寄情区；“河灯源”温馨水镇区；中滩堡遗址公园区。

2. “大爱磐石”精神仰止区

关于“大爱磐石”精神仰止区。该区域以漩口中学、残桥遗址、直升机停机坪、国道213遗址、天崩石遗址区域为核心，以展现抗震救灾、民族团结和中华不屈精神为主题，打造“大爱磐石”精神景仰区。该区域也是“世界减灾论坛”“世界慈善论坛”“中华和谐论坛”的会址设立地。

该主题区的设计，彰显着“高竖精神，埋葬苦难”的基本思想，做到各景点的串联和统一。“大爱磐石”和“漩口中学遗址”是该主题区的两大核心点，将予以精心刻画。在漩口中学遗址区的打造中，将“地震文化”“学术研究”“旅游行为”，在主题和未来的使用功能上达到充分统一。在百花山、大爱林的设计上，将山地绿化、美化和社会认养行为与产业发展结合起来。

主要景点：三大论坛主题区、漩口中学遗址、直升机停机坪纪念点、大爱磐石纪念点、珠江、岷江文化河岸纪念浮雕轴线、世界大爱百花山、世界大爱林、大爱纪念坛、藏羌风情商业区、地震体验馆。

3. “血脉之情”山水感恩区

关于“血脉之情”山水感恩区。该区域以天崩石至百花大桥遗址区的河岸为核心区域，充分利用水面、河岸的自然山水条件，打造大型山水演出区。通过对映秀历史人文故事、传说、民俗风情及抗震救灾英雄事迹的总结提炼，创作出大型山水剧目《大爱映秀》，使其成为映秀的形象聚焦点。以展现世界温情小镇的丰富旅游魅力，让映秀人民、灾区人民的感恩之情寄托于山水之间。

主要景点：大爱映秀山水演出区、爱心石阵寄情区、中国结、民族情百花大桥遗址区。

4. “天地心”大爱祈福区

关于“天地心”震中祈福区。该区域以震中牛眠沟为核心区，以“天地心·大爱源”为主题，打造世界大爱祈福区。将“天心”“地心”“震心”“爱心”合为同心之圆，以实现“祝福之心”“平安之心”“和谐之心”“团结之心”“繁荣之心”的最大圆满。

该区域是以震源点为核心，以牛眠沟沟谷为轴线的旅游观光主题区，在规划设计上以沟口的百花大桥遗址为引入点，沿原村落遗址、沟谷石流区、瀑布区、莲花湖区、最后村落区、震源点形成递进式旅游、休闲、祈福带，实现“一层一平安，一步一莲花”的心灵愉悦。

主要景点：“天地心”震源点祈福区、莲花湖世界平安许愿区、羌红山、哈达谷民族风情祝福区。

5. “天地映秀”生命礼赞区

关于天地映秀生命礼赞区。该区域以百花大桥下游、紫坪铺尾水区的山水自然风光为背景，以水上生命通道为点睛之笔，将“天地之爱”“山水之爱”“生命之爱”作为核心表达主题。在“5·12”的生命通道之上，再一次谱写着映秀这只涅槃凤凰的生命赞歌。让我们从一个伤痛的记忆中走出来，走向平安、走向幸福、走向繁荣、走向欢乐，从而全面实现世界温情小镇的建设。

该区域是国道213进入映秀的门户，是映秀另一个形象展示和迎宾区域，将主题形象塑造和游客接纳，作为重要设计课题。

主要景点：生命礼赞区、山水抒怀题刻区、河岸休闲娱乐区、伞降娱乐体验区、果林花树农家休闲区。

以上主题景点设置，与未来映秀城市生活各景观看点、功能配套、日常生活设施全面结合，实现了世界温情小镇的整体展现。

（七）映秀旅游景点的八大功能区

杨健鹰为映秀的主要旅游景点，设计了八大功能区域：

1. “大爱磐石”纪念区

大爱磐石纪念区，以“震中映秀”的天崩巨石为核心，以胡锦涛总书记

“在那一刻，我们整个中华民族的心凝聚在一起、爱凝聚在一起、意志凝聚在一起、精神凝聚在一起，坚如磐石！”为表现主题，使映秀的内涵升华，凝结在这一颗“心”型的巨石之上，成为一颗象征民族团结的心、坚强意志的心、不屈精神的心，成为我党领导的抗震救灾和民族意志精神的丰碑。

该景观以“震中映秀”的天崩石和总书记或党和国家重要领导人题写的“中华磐石”为中心，以象征56个民族“团结、统一、和谐”的56双紧握之手为花环，并将“5·12”抗震救灾中涌现出来的主要英雄人物，雕铸于其周围，使其成为中华民族精神的汇聚地，成为未来国人景仰地。

2. “河灯源”温馨水镇区

“河灯源”温馨小镇区，以岷江与渔子溪合抱的原映秀老镇区为核心，充分调动该区域与都汶高速的接口优势，将未来游客旅游和寄情需求与小镇的人居需求融为一体，利用岷江和渔子溪的水资源引水入镇，以水系串连街道、院落，让整个小镇实现“引水成街，依河而眠”。在“家家有水入院、户户临水见情”中构筑起未来的新生活。

在映秀的城镇水主题景观打造中，从中滩堡引河入镇，形成水道与城镇道路的双重网络，串连起每一个旅游和人居区域。以水为载体、以映秀历史人文故事和抗震精神为脉络、以人们寄情祝福和创造未来温情生活为愿望寄托，将休闲旅游产业、小镇人居风情得到最好的交融，并利用好“河灯”“水灯”“放生”等民族寄情习俗，让祝福与温情串连起千家万户。将“水脉”“文脉”“人脉”“人情”融为一体，使历史、人文、山、水、景观在映秀市民化、温情化的交汇中，实现人与自然的“天人合一”。

3. “震源点”大爱祈福区

震源点大爱祈福区，以牛眠沟“地震震源点”山谷为核心，以“天地之心，大爱之源”为主题，以地震波和大爱划出的一圈一圈的“同心圆”为创意，以对过去的缅怀、对未来的祈福为重要主题，实现“大地之心”“大爱之心”“祝福之心”“平安之心”“和谐之心”“团结之心”“奋进之心”

的最大圆满。

该景点，充分利用“地震震源”的最大优势，创立自己“灾区中心”“大爱中心”的形象，使映秀成为中华情感和世界大爱的聚集点，成为世界大爱之旅、心灵之旅的朝圣之地。

该景点应以“震源点”为中心，以同心圆方式设计出整个“5·12”受灾城市、地区的纪念符号和空中观光祈福环廊，并结合民族祈福文化、世界祈福文化，打造“5·12”震源点世界祈福区，供人们旅游、观光，并对未来和世界祈福。使大灾的中心之城，在人类大爱的心灵合力之下，成为世界平安、中华和谐的福祉中心。

4. 地震体验馆

再现地震场景、体验地震冲击，既是探寻地震规律、研究抗震减灾的科研课题，也是展现抗震精神、彰显民族意志的政治课题，更是未来震中映秀特色旅游参与活动的重要组成部分。将地震科研、地震论坛活动、慈善论坛活动、和谐论坛活动的区域与地震文化展示、旅游休闲娱乐、酒店接待体系加以结合，以声、光、电、震、教为内容，再现生动的地震场面、感人抗震营救情景，让所有的观光者在生动、真切的地震场景中，获得启迪、获得教化、获得体验和娱乐。

5. 漩口中学国际论坛区

漩口中学遗址区，是“5·12”汶川大地震的重要遗址，是由胡锦涛总书记主持的地震周年的国家大祭区。对该区域的打造，以象征“5·12”大地震的时钟祭坛雕塑，坚强屹立的国旗楼和中国共产党题写的“5·12”铭文为核心，以“掩埋苦难，奠基未来”为主题，将象征灾难的地震遗址建筑和代表未来人类发展思想的各种论坛主题区、学术交流区完美结合，使这里在成为地震文化展示场的同时，成为中华民族情感和未来人类发展思想的孵化场。

该区域设置：世界减灾论坛、慈善论坛、中华和谐论坛主题区、抗震减灾学术交流区、地震文化展览区及相关慈善基金主题区。

6. 百花大桥遗址区

百花大桥垮塌遗址，是再现“5·12”大地震惊心动魄场景的重要遗址，是生动再现民族团结精神和抗震救灾精神的巨型雕塑。该大桥遗址，前临岷江，后背大山，宛如一幅巨型长卷。映秀的策划充分利用该区域的宏大展示场面，将其作为震中映秀的一道背景墙。

该区域的打造，应以“桥断了，心相连”为创意主题，以临河断桥纪念区为前景、沿山抗震故事浮雕为背景，以架空中国结、爱心锁廊道寄情区为中心，形成民族情感的纪念桥，将灾区之情、家人之情、友人之情、世界之情活动融为一体，为映秀创造一个巨大的中国结、世界结，创造人文主题点、旅游主题点、产业主题点。

7. 大爱源爱心石阵寄情区

大爱源爱心石阵寄情区，以“收获大爱、传递大爱”为主题，让“5·12”之后的映秀不仅仅是一个收获大爱的地方，同时更是一个传递大爱的地方。该区域以岷江河谷为依托，以“让世界大爱源远流长”为创意，以岷江文化、珠江文化为第一表现源点，将“5·12”大爱故事，嵌入各个水系之中，实现爱的传递。

该主题区将中华碑刻文化、世界石阵文化、藏区玛尼堆文化、羌寨石墙文化完美结合，以爱心基金创立为宗旨，将爱心石认领、爱心石捐赠、爱心石祝福、爱心石义卖活动与寄情灾区、祝福世界的精神行为结合起来，将“寄爱他人”与“平安自己”结合起来，使这里成为世界大爱的发散地，成为人类心灵的净化地。更让震中的石块也成为人们的寄情之物，创造产业机会。

8. 大爱映秀山水演出区

“5·12”抗震救灾，是凝聚大爱和民族精神的一部恢宏的史诗，而映秀则是这部史诗的一个中心。在映秀展现这部史诗的光芒，是未来映秀旅游的重要看点和形象聚光点。

对于该区域的打造，选址于映秀中心镇区下端，紫坪铺尾水处的宽阔平静的区域，打造山水相汇的大型山水演出观看场，并以“世界大爱、天地映秀”为主题，结合“5・12”地震文化、大爱故事、民族精神、川西北旅游风光、民族文化、松茂古道文化等，形成“山水之光”“人文之光”“财富之光”“地震之光”“血脉之光”“大爱之光”“奋斗之光”“希望之光”“和谐之光”“温情之光”的主题脉络，完成映秀的形象升华。

杨健鹰为“5・12”汶川特大地震震中映秀所做的策划，不仅境界高远、立意深刻，而且产业清晰。通过一条大爱之路和三重升华之门将映秀各大资源点和前期主体工程，巧妙串联成为一只展翅飞翔的金凤凰。这样不仅使映秀的形象和中华民族“5・12”抗震精神以及人间大爱汇聚成为最耀眼的光芒，更使原来映秀一年多来已有的规划和建设得到灵性的注入。同时，也获得全面利用和整合，避免了浪费，为映秀按时、超质的向党和全国人民交出圆满答卷，起到了至关重要的作用，杨健鹰的策划得到了各级领导的高度肯定。

后记

宽窄之思　正合有道

从1985年第一份城市策划开始，到2008年作为新成都名片的宽窄巷子的面世，“5·12”汶川特大地震灾后重建战略的全面启动，再到如今南昌、新疆、贵州、江苏、昆明、海南、西藏、湖南、广东、深圳、北京、西安等地城市战略慕名而来，问道于健鹰策划公司，从早年在策划界的野战血拼，绝处逢生，到如今沧桑历尽之后的风云际会，杨健鹰先生纵横西部策划业界三十多年，如今终于奠定了“西部策划先生”的地位。

杨健鹰在策划界浸淫沉淀三十多年，这本书虽是对他策划之路的简略回顾，却凝聚了杨健鹰对自己策划思想的结晶。从他亲自操盘的策划案中，这本书精心挑选并整理出详尽的具体案例，真实地再现了他指点江山、激扬神思的策划过程，更有他对自我、对业界的反思与批判，是他的策划思想从“力取”到“正和”的成长，是他从“野战派”到“问道派”的升华，是他策划思想精髓的真实展示。

这本书，杨健鹰成功案例的收集，虽不全面，但已足以全面体现杨健鹰创意策划思想的深刻。这些案例，在思想立意的高度，和具体实施的执行细节方面，都达到了自然圆通的境界。在这些案子中，杨健鹰的策划思想体现得淋漓尽致。用最简要的语言来概括，就是八个字：

宽窄之思　正和之道

宽，是从宽处放，从大处着眼，上接天道；
窄，是从窄处收，从小处着手，注重细节；
正，是诚信，是规矩；
和，是整体，是和谐。

也许是因为名字中有一“鹰”字，杨健鹰一向目光敏锐，能见人所未见，识人所未识，加之出招犀利，曾被称为“西部策划先生”。另一方面，在竞争残酷的商战中，各种难题无可避免。杨健鹰当年崛起于草莽之间，三十年间，以成都为根据地，转战于西部乃至全国各地，从小至数亩楼盘营销，大至一座城市战略的策划，取得诸多业绩。由于以勇力取胜，杨健鹰也因此被认为策划界的野战派领袖。

正是因为野战派领袖这个名头，让很多人误以为杨健鹰只会力战。后来他作为客座教授到大学讲学，又被称为学院派。这两个名头的摇摆，是一个很有趣的现象。事实上，这两个称号中的任何一个都不够准确，也不够全面，并不足以单独概括他的思想和战术。对他而言，如果只谈野战这个“野”字，是指力量大，执行坚决；是指路子野，不循常规。“野战”能力是必须肯定和重视的，野战就是实战，就是实践中摸爬滚打锻炼出来的能力。狭路相逢，勇者胜；勇者相逢，智者胜。野战能力是一种面对面对决的勇气和信心，是战术手段和实地能力的最高褒奖，是策划人永远都不能放松的一个策划基本功。

如果说杨健鹰认可野战派领袖这顶帽子的话，他所认为的“野战”是指好的策划案来自现场，来自繁乱无序的现场。杨健鹰认为，做地产策划就是去寻找地块的灵魂。一名合格的策划人必须深入现场。杨健鹰是务实苛求的，在他眼里，一个皮鞋锃亮的策划人，是最不合格的房地产策划人。他说："只有让双脚沾满灰尘，思想才能放光。"他坚信房地产策划人的思路，不是想出来的，而是用脚与这块土地反复交流出来的。在西昌做日月新城的时候，在短短的三天时间内，杨健鹰在西昌城里走了十二遍，终于找到这一分割开的地块日月同辉、鲜花人居的灵魂之所在。在宽窄巷子的项目中，他特别入住老巷之中，听风吟雨，潜心品味历史沉淀下来的灵韵。

毫无疑问，杨健鹰的野战的野是有深意的，就是临场感，就是深入现场，策划人把自己的灵魂贴近地块的灵魂。"尊重生命，寻找灵魂"是健鹰策划的基本原则，是一种境界。"心存高远、踏石而行"是健鹰公司的理念。在每一个项目接手后，杨健鹰有一个习惯，就是要在现场取回一枚石头，圣物一样奉在案头。他说，每一块土地都有它自己的思想和情感，策划人不应该误解他的土地，更不能委屈了他的地块。他的策划中总是有丰沛深厚的人文情愫，体现了中国传统的道法自然的思想。他说，不是我们去改变地块，去给地块增添什么卖点，而是去发现，是真诚地静下心来，和地块去交流，那一块土地也就会捧出它们的心和你交流。

杨健鹰所理解的野战之"野"，是野趣，是尚自然，是最少改变的原则。这个自然原则的根本就是顺势而为，这不仅仅是在文化传承项目的改造中的文化遗产保护问题，而是所有地块，所有项目都有各自的运势。庄子说过，鲲鹏展翅，击水九万里，也得凭借风势。雄鹰需要一定的高度才能飞越群山，健鹰高飞，也需要顺势而为，顺应运作对象的特点、节奏、变化。

杨健鹰的策划思维中，力战是重要的一个方面，是战术层面的基本要求。说得简单一点，野战就是从实践中来，对投资人的每一分钱负责。杨健鹰要求他的助手们，每一个交出的方案都要听得见钱的声音。他说地产商是高风险人群，我们为他们每一次策划，都要全力以赴，因为这里面烧的是投资人的钱。在具备超强的野战能力的基础上，从更高的层次上来看，自古知兵非好战，止戈为武，具备很高的野战能力并不意味着一味蛮干，一个优秀的策划人应该做到运筹于帷幕之中，决胜于千里之外。

在“金印镇城”的策划活动中，大家都有许多感动。最打动人心的，是杨健鹰的人品。

刘学玲和健鹰先生的这次合作，后来传出了大年三十送策划费的美谈，成为业界“诚信为本，一诺千金”的楷模。

杨健鹰一直强调，做策划必须有一种天赋，一种诗人的天外之想的天赋。如果说杨健鹰认同野战派的“野”，那个“野”字则是路子野的“野”，是超常思维，超常行为的铸造。这些都涉及杨健鹰策划思想中的第一个重要原则：宽思，是从宽处放，从大处着眼，要上接天道，下接人场。

杨健鹰是一个诗人，在他的策划哲学中，永远不乏天外之想，不乏神来之笔。他把这种诗性的浪漫和人性的关怀紧密结合在一起，把诗性的浪漫和人文的延续与传承结合在一起。在做宽窄巷子案子的时候，他修禅一样地在巷内住了下来。身体安静下来，灵魂的各种感觉器官就全部打开了。他写道：“对雨滴而言，落叶是最温柔的手掌”，这样的语言多情而温暖，是他对宽窄巷子文化神韵的敏锐捕捉。要保持两千年老巷的文化血脉，保持老巷的灵与韵，保护、传承和改造必须几管齐下。在这个大原则之下，有了具体的、细分的一些原则。比如：修旧如旧、最少的改变、保留残缺就是创造完美、守住灵魂……

在谈到汶川大地震之后映秀灾后重建的规划时，杨健鹰说，要把映秀建成九寨黄龙旅游线路的第一站，建成川西北高原的前客厅，建成一个有文化依托的地方。他说，我们要展示的不应该只是创伤，而是映秀人、川人、中国人的精神。那一刻，他的眼里光华流转，他用诗一样的语言说：震波从映秀震中传向全世界，全世界的爱又反过来传向映秀，聚焦到映秀。他仔细考察了映秀的地形地貌、产业资源布局、交通道路体系、原有规划建设基础，翻阅了大量历史文献之后，根据航拍图片，把新映秀未来的产业体系和城市格局巧妙地勾画成一只凤凰。此说一出，四座叹服。涅槃的凤凰不就是映秀本身的精神和灵魂所在吗？在杨健鹰仔细讲解了凤凰的头、身、腹、翅、尾几个部分的具体设置、各自的功能以后，一只浴火重生的凤凰，在大家的脑海里飞跃而起。

凭借多年来对房地产产业和城市建设的杰出贡献，2005年健鹰先生被国家建设部和中国社会科学院联合授予全国唯一的“西部策划先生”称号。也正是这一时期，他的策划思想进入了一个新的阶段。此时的健鹰公司已经培育出极佳的市场口碑，具备卓越的市场号召力，有了自己精诚团结的富有战斗力的高效团队。以这样的团队做后盾，以杨健鹰现有的高度，他可以做大事，也到了应该承担更多社会责任的阶段了。因此，获得“西部策划先生”称号后，杨健鹰并没有满足于做个“西南王”，欣欣然于做不完的业务和支票上不断变大的数字。这一时期，对于他的策划之道而言，是一个重要的蕴藉期，他对自己提出了更高的要求。正好在这一时期，中央提出要大力发展城市文化产业，时代的需要和个人的追求在此交合，他此后的工作重点开始转向城市战略层面的系统策划工程。

对于文化产业，从成都人的地域文化性谈起。杨健鹰有自己的独到见解。休闲一向是既被人赞誉又被人诟病的一个成都城市性格。一般的看法认为，成都人的休闲，滋养了人文气息，有利于地方文化的发展，这是四川人杰地灵的一个重要原因。另一方面，休闲总免不了懒散的指责，休闲中的吃饭、喝茶，花去大量的时间，总是免不了耽搁做事的时间。虽然“休闲经济”拉动了内需，但毕竟只是纯粹的消费，算不上什么高格调高品位的东西。杨健鹰的看法是，成都人的休闲不仅仅是消费，更不是偷懒。在成都，休闲就是一个思想的交流场，经济的孵化场，成都的休闲核心，是生活与创业的最大和谐。这就是杨健鹰提出的成都“休闲经济”理论。

从宽窄巷子策划之后，杨健鹰越来越重视挖掘一个项目背后一个地域、一座城市的文化历史传统。他不仅把宽窄巷子的文化血脉和成都两千多年的城市历史联系起来，还把它和满汉文化的交融联系起来，把它和近代成都中西建筑的风格拼接联系起来，把它和蜀道文化、岷江文化的山水文化联系起来。他认为，一个城市的文化，是无法复制和克隆的。成都不能建一个新天地，上海也不能建一个宽窄巷子。南昌的瓷器文化不能搬到成都，北京也不能再建好一座锦里。因此，在定位宽窄巷子的文化着力点的时候，杨健鹰采用的是“老成都的底片”，他提出要将宽窄巷子打造成真正的“成都的城市指纹”。指纹里有基因，有传承，有唯一性。

杨健鹰为什么把文化标举到如此的高度呢？他掷地有声地说道：文化产业是一种品牌，文化应该成为经济的孵化器，成为经济的核反应堆。以宽窄巷子为例，杨健鹰的目标是把它建成一个高标准的、高规格的文化经济孵化区。在招募客户的时候采用准入制，吸纳优秀的名牌商家和企业。让深厚的文化滋养和资质优良的企业商家之间良性互动，相互提升。“文化的经济孵化区”，“经济的文化核反应堆”的这一系列理念的提出，宣示了杨健鹰将文化与产业的交融达到了炉火纯青的解读。

杨健鹰作为一个诗人、一个文化人，更是一个商业利益的开门人。他是一个对每一座城市、每一处历史遗迹、每一块泥土都充满敬意和神圣感的人。他的策划报告里离不开大地、阳光与生命。也离不开产业、发展、繁荣。他的策划永远追求生，他说生生不灭是天道。正是因为如此，他的策划越来越走向一种和谐自然之道。

杨健鹰在成都的这二十多年，正好是成都房地产业从启蒙到巅峰的历史性时期，是成都城市化战略全面升级的历史性时期，也是成都房地产策划、城市战略策划产业，从萌生到成熟，并在全国形成广泛影响的历史性时期。这个时期中，一群一群植根于本土或来自域外的教授、学者、艺术家、文化人、设计师将他们的思想汇聚在这座城市，成为彼此交流、相互竞争、共同提高、造福城市的一个个灵性、激情、智慧、思想的孵化场。达蒙、刘家琨、李慰、吴丰、李能发、冯佳、曾宪彬、杨冕、纪福正、何多苓、杨豪、吴昌宁、周志纲、陈家刚、吕彭、梁克刚……难以计数的朋友和老师以他们的灵性、激性和思考在这座城市构筑起一个策划人最佳的生长土壤。府南河工程、沙河工程、南部新城战略、北部新城战略、城南国际战略、城北商贸战略、百年春熙路战略、大四川旅游战略、龙门山产业战略、城市名片战略、全域成都战略、城乡统筹战略等一系列的大型政府工程，更是为每一位策划人的发展，创造了难以企及的时代机遇。

诚如杨健鹰所说，在成都的二十多年里，他是幸运的，他和他的团队总是有机会与那些优秀的开发商、企业家和政府官员在最为适宜的时间段中相遇、相知，成为朋友，并获得他们所托付的最为适宜的项目。在成都的二十多年里，杨健鹰和他的团队总能带着梦想又脚踏实地地在少有重复的工作中不断前行，并在每一次的重大困惑中获得最不经意的点拨。对于杨健鹰来讲："成都就是一条河流，一条涌动着思想、流淌着灵性的河流。"杨健鹰说："对于成都，我只是这河边的拾贝者，每天厮守着它的河滩，在它极为随意的某次水波中，捡取它的一些片言只语，而如获至宝。如今我对这座城市的依恋，已成为对一种智慧的信仰，也正是在这座城市浩如河水的思想的浸泡之下，我拥有了淡然若水的心境，并在这种心境之中感受到自己，也感受到一座城市丰如繁花的内心。"

"作为一个身在四川的策划人，对这样一个缘分，我不得不心存感激。其实，在"5·12"地震发生之后，我和每一个中国人一样，对怎样让地震灾区在伤痛之中获得迅速站立，怎样让"5·12"特大地震转化为四川灾区经济发展、区域品牌提升的大机遇，已经思考得很多了，很久了。"

如今，杨健鹰的根仍然在成都，在四川，但他的视野早已没有限制，他的身影早已飞向了全国。登泰山而小鲁，杨健鹰现在思考如何更好地承担起一个策划人的历史责任和终极价值，作为当代策划人的领军人物，他有强烈的使命感。

附　健鹰策划思想语录

Thoughts and Quotations from Jianying the Mastermind

相对于其他策划人，杨健鹰更具野性和搏杀能力、落地能力。他总是在解决疑难杂症中，妙招奇招迭出，与学院派专家形成鲜明对照，而被业界誉为“野战派策划”的领袖级人物。

Compared with other planners, Mr. Yang Jianying has more ambitions, fighting spirits, and executive capability. He can always solve complicated issues and figure out brilliant ideas. As a striking contrast to old-school experts, he is reputed as a leader of “field planning” activities.

策划不是文学作品，不是政府工作报告，策划是战争谋略和格斗，都带有生死，必须“刀刀见血”。他将自己的策划团队，视为商业雇佣军。他要求团队在每一个策划中，都要“听得见钱的声音”。他说：策划人就像保镖。不允许失败，是这个行业的职业道德。

Unlike dealing with literature or government reports, planning is about war strategies and combats as well as the outcomes of survival and death. He deems his planning team as a commercial mercenary army. He demands that the team has to find “profits or gains” –hear the clinking sound of money –from each planning program. According to him, a planner is like a bodyguard; allowing no failure is the professional ethics of the industry.

一个策划人如果只对开发商负责，最终无法兑现投资人的利益时，他的行为无异于行骗。如果一个商业地产，不能长期与它的投资者、经营者、消费者保持利益共赢关系，那么它的第一利益群——开发商也无法确保良性的发展。

In case a planner is solely responsible for a developer and eventually fails to fulfill profits for investors, he does nothing else but cheating. If a commercial real estate fails to maintain win-win situations in benefits or profits with its investors, operators, and consumers, the developer – its first beneficiary – cannot guarantee healthy and positive development either.

商业财富就像果子。做商业的人，眼睛不能只看果子不看树。不会种果树的商人，不会获得长期的果实的。

Commercial wealth is like fruits. Any merchant cannot focus on fruits only instead of trees. Any merchant who knows nothing about planting fruit trees cannot reap long-term harvests at all.

永恒的利润，是阳光下的利润。阳光下的利润，是利益链上共赢的利润。只有创造了我们共有的利益链，才能将商业地产各个环节上的争利人，变成共赢的同盟军。

Everlasting profits are the actual ones in the sun. The profits in the sun are shared ones in the profit chain. Shared profit chains are the only way to make all competitors in commercial real estates turn into allies for win-win results.

真正的策划人，不是用自己的智慧去劫掠一群人的智慧，而是去引领一个更大的智慧群体，共同创造一个财富孵化场。

A real planner leads a larger smart group instead of plundering the wisdom of some people to jointly create a hatchery of wealth.

每一块土地，就是一个灵魂场，一个地区、一座城市，都有着自己的生命基因和个性。

Each piece of land is a place of spirits. Each region or city has its own DNAs and individuality.

城市品牌、城市文化、城市产业与房地产战略之间的相互借力，成为健鹰策划的思想体系。

The mutual forces between urban brands, culture, industries and real estate strategies have shaped the ideology of Jianying the Mastermind.

走过文化之门，让杨健鹰的策划有了灵魂的光芒；

走过产业之门，让杨健鹰的策划的灵魂有了市场的依附体；

走过城市之门，让杨健鹰的策划有了宏大的战略场。

The experience in diverse cultures makes the planning by Yang Jianying give off spiritual shines;

The experience in various industries makes the planning by Yang Jianying have solid market foundations;

The experience in numerous cities makes the planning by Yang Jianying have grand strategic fields.

人的一生是做不了多少事。与其一种职业方式，对一切泛泛而作，不如放弃一些“业务”，将几件事做好。过去我的策划是做生意，今后我的策划是在做生命。

One cannot finish many things in his/or her life. It’s better to give up “something” rather than dealing with everything for better results. I focused on doing business in the past, and I will focus on planning for life from now on.

在一个经济发达的地区，为一些实力强大的客户做好一个策划并不难，难的是在无数的先天不足，后天无依的条件下，去创造客户的成就，在天时、地利、人和的低谷中，去创造高度。

It's not difficult to provide effective planning for some powerful clients in a developed area, but it's difficult to fulfill their accomplishments under endless adverse conditions and achieve better results under unfavorable circumstances.

杨健鹰十分强调策划的抓地能力，强调生存和抗击打能力。他的思想和策划个性，更像在西部贫瘠的土地上生长出来的草木，在与风霜严寒、干旱的对抗中，创造生长的空间。

Yang Jianying lays great emphasis on the applicability and viability of planning. His ideas and planning characters are like the grasses and woods in the barren lands of the western regions, creating spaces for growth in spite of fights against severe cold and drought.

不重视现场，不勤奋，注定了与好的策划案无缘。

Paying no attention to fields or being lazy will definitely result in no good planning scheme.

每一个策划案，杨健鹰都是用脚去丈量，用手去抚摸，用眼睛去观察，用耳朵去听，用嗅觉和味觉去品味，更重要的是用灵魂去感知。

For each planning scheme, Yang Jianying must visit the field, touching something, observing something, listening to something, or smelling and tasting something. More importantly, he really feels it with his spirit.

商业地产要获得成功，绝不能只忙于对一些地产形态的简单重复和模仿，而应该是对一种现代商业文化的不断思考，相互的补充短板，创造出更符合商业思想和整个利益提升的整体战略来，以不同的舰只协同，各担其责，各得其利，创造一支强大的商业航母战斗群。

To make a commercial real estate successful, one should keep thinking about modern commercial culture and improve the weaknesses rather than simply duplicate or imitate some real estate types to create overall strategies conforming to commercial thoughts and enhancing all interests and shape a powerful battle group of aircraft carriers by assembling different ships with diverse responsibilities.

河流之美，在于自然和谐，它让城市精神愉悦，让文化显影，让心灵依附。所以对它的原生态思考很重要。

The beauty of a river lies in the natural harmony. The river demonstrates the pleasant sights, cultural and spiritual features of a city. As a result, it's vital to reflect on its original ecology.

如果不能做到文化传承性保护和文化产业化开发的双赢，从项目管理者到策划营销负责人都会成为历史的罪人。

If win-win results cannot be made for cultural inheritance protection and cultural development, both the project leader and the planning leader are to blame in the future.

杨健鹰一直坚持每一个城市、每一个地块、每一个项目都有自己的灵魂，做策划，就是要寻找策划对象的灵魂。

Yang Jianying insists that each city, land, or project has its own spirit, and planning is to seek the spirit of the proposed object.

一座城市的气质是绝对独立生长而成的，是不可能与哪一座城市有绝对的对应。

The style of a city is absolutely unique, and no any other city is definitely like it in that style.

奇就是在人们无法料想的空间，创造战机和王国。一个优秀的策划人，他们思路总是有几分奇特，总是在与众不同的思维之中，出现神来之笔。

Peculiarity is about creating opportunities and a kingdom in unexpected space. The thoughts of an outstanding planner are peculiar more or less, meaning the planner can offer amazing ideas after racking their brains.

策划人必须在一种非逻辑性、非理性的行为方式中，去建构最具逻辑性和最具理性的战争结果。策划人的思维方式首先得失常，然而再入常。

A planner must create the most logical, rational outcome of war in illogical, irrational behaviors. The thoughts of a planner must be unusual first and then be normal.

策划人是用翅膀来思考的，飞翔是两只翅膀的协调合作，一只是正，一只是奇，奇正合一，才能高飞。有时一个奇妙的创意，如足球巨星的一次转身，那球会以奇妙的路径打入对方的球门。

Planners think with “wings”. Flying is the coordination of two wings, one is even, the other odd; the combination of the even and the odd makes for the flying. Sometimes a brilliant idea is like a turn-back made by a football superstar, and the shot may hit the rival’s goal with a fantastic path.

给客户设计出赚钱的空间，你自然赚钱，这是商业地产成功的关键。商业地产则必须把握三个以上的消费层面，以及这多重消费层面所共同的商业生态链。对于商业地产的开发商来讲，去研究一种地域商流更胜过对房产本身的研究。

You can definitely make money after designing profitable spaces for your clients, which is the key to successful commercial real estate. Such real estate needs to grasp more than three layers of consumption levels and the commercial ecological chain shared by the multiple consumption levels. For commercial real estate developers, researching a regional business flow is more important than focusing on the real estate itself.

实，是一切策划的根本，策划目标的正解，工作成果的追求，是利益的收获，是钱发出的声音。

Reality is the fundamental of any planning, the positive solution of planning objectives, the pursuit of working achievements, the harvest of profits, and the clinking sound of money.

杨健鹰说，有两种策划。一种是花钱的策划，漂亮，但不一定回报高。另一种是赚钱的策划，杨健鹰要做的，就是赚钱的策划。

According to Yang Jianying, there are two types of planning, one is expensive planning that looks beautiful but the returns are uncertain, while the other is lucrative planning. And Yang focuses on the latter.

杨健鹰说，空气中，到处是钱融化的声音，就像流水潺潺，随时都在提醒我，一定要踏实，务实，要有落地性。

Yang Jianying says that, the melting sound of money can be heard here and there. Like flowing water, the sound reminds me of being down to earth all the time.

策划行业是一个增值和贬值都十分迅速的行业。如果你连续几个项目都能给开发商带来增值，那你的身价肯定会直线上升。相反，你要是连续两三个项目，都走了麦城，那就没有人愿意找你了。

The planning industry is one with rapid appreciations and depreciations. Your social status will rise sharply if your projects can bring capital appreciations consecutively. On the contrary, no one will invite you if you fail in two or three projects in a row.

虽然我不赞成策划界有“学院派”和“野战派”之分，但我很喜欢“野战派”这个词。它在我的理解中，就是“力战”，就是“求胜”。

Although I don’t agree with the division of “academic planning” and “field planning”, I do like the term “field planning”. In my opinion, it refers to a “battle” and stands for “striving for victories”.

一个策划人一定要知道哪些仗该打，哪些钱该花，好的策划人就必须做客户的“招财童子”，做项目的“守财奴”。

A planner must know what to do and what costs to spend. A qualified planner must be the “wealth bringer” for any of their clients and the “miser” for any of the projects.

策划就是要从无数的商业幻想中，找到将来最真实、最有利可图的自己。

The nature of planning is to find the true, profitable oneself in the future from endless commercial fantasies.

最好把策划做成“无花果”，你已经看不出策划的任何痕迹，却在人生和市场中硕果累累。

A planning scheme had better be “figs” that planning traces cannot be seen but fruits can be seen in life and markets.

对于商业策划人来讲，我们修的便是经济之佛。职业策划人受人以钱财，自然应该还人以钱财，而且要还人以更大的钱财，不然与行骗没有区别。

For commercial planners, we engage in the Buddhism of economy. Professional planners are paid to work, so they repay their clients with more money or wealth, otherwise what they do is sheer fraud.

真正的商业策划，必须出招精准。策划玩的不是眼花缭乱，不是花枝招展，而是商战的最终结果。

A real business planning scheme must have accurate effects. The purposes of planning are not complicated tricks but the ultimate outcomes of business competitions.

策划是一个出卖智慧让别人成功的行业，只有雇主发财，自己才有收益的前提。

Planning is an industry that makes others successful by selling wisdom. The fortune of the employer is the premise of the planner’s earnings.

市场的核心内涵在于商气，在于商气的增长性和延续性。要实现商气的增长和延续，就必须实施品牌战略，这就要求我们的投资者和经营者，不仅要具备良好的商业战略眼光，同时，还要具备实施长期名牌战略的承受实力。

The core content of marketing is business climate and the growth and continuation of such climate. Brand strategies must be implemented to realize the growth and continuation of such climate. This requires our investors and operators to have both favorable commercial strategic insights and the strength to implement long-term brand-name strategies.

每一个项目、每一个地块都有自己的个性，我们必须顺应它们自身的特点，深入了解它们的灵魂，给它们最好的点化，给它们最为适合的培养路径。

Each project or each land has its own characters. We must comply with their characters and understand their “spirits” in an in-depth manner to enlighten them and give them the optimal path to cultivation.

没有喜马拉雅大河谷，就没有喜马拉雅山上的珠穆朗玛峰。项目缺点和优点的关系，就是峰和谷的关系。峰和谷，就是大地的阴阳。当你发现峡谷的时候，是一件值得高兴的事情，说明你也发现了山峰。

The Mount Everest would not exist if there was no Himalayan River Valley. The relations between the weaknesses and strengths of a project are like those between a peak and a valley. The peak and valley represent the two opposing principles of the nature. You would be pleased after discovering a valley because you found the peak as well.

杨健鹰认为最好的策划不是最精彩的，而是最适合的。最精彩的策划案可以有无数，而最适合的策划却只有一个。这需要在策划中找到城市元素、产业元素、区域元素、投资者元素、消费者元素、开发商元素、实施团队资源元素等众多元素的最佳平衡点。

According to Yang Jianying, the best planning is not the most wonderful but the most suitable. There can be numerous wonderful planning schemes, but only one is the most suitable. This requires the optimal balance of multiple elements, such as urban elements, industrial elements, regional elements, investor elements, consumer elements, developer elements, and team resources elements, in the planning scheme.

当建筑专家以建筑的语言方式，构建出一个建筑的基本形体之时，策划人应发挥出自己的创意天才，赋予这个建筑以思想和灵感，使其获得生命。一个好的建筑应是拥有灵魂的生命活体。

When an architectural expert builds the fundamental shape of a building with architectural expressions, the planner should vitalize the building with ideas and inspirations by giving full play to their creativity. A desirable building is supposed to be one with a “spirit”.

策划是沿着矿脉找金子，而不是神仙的金手指。这个世界上从来没有点金术。策划只是去发现、发掘本来就存在的价值和美。

The nature of planning is “seeking gold along a vein” instead of being the gold finger of a fairy. There has never been the golden touch in the world. The sole purpose of planning is to discover, explore existing values and beauty.

一座城市就是一片海洋，不同的经度和纬度，决定着它不同的季风和洋流，决定着它不同的潮汐和水温。开发商不是大海的主宰，策划人也不可能创造一片自己的海域。对于商业地产的打造来讲，策划人要做的不是创造点石成金的海洋童话，而是准确地测试出这片海域的潮汐、水温以及各种滋养成分来，并根据这一切，在这片海水中孵化自己的财富鱼群。

A city is an ocean; the diverse longitudes and latitudes determine its monsoons and ocean currents as well as its tides and water temperatures. The development is not the dominator of the ocean, while the planner cannot create his own ocean. For any commercial real estate project, the planner needn’t make an ocean fairy tale by using golden touch but accurately measure the tides, water temperature, and nourishing ingredients of the ocean and incubate his own wealthy shoals of fish in the ocean on the basis of the above elements.

育人要因材施教，用地也要因地制宜。对于房产开发商来讲，认知自己土地的个性和认知市场同样重要。当我们面对一块土地时，我们不能单凭自己固有的概念，对其进行主观取舍和定性，而应该同时站在土地的角度，去点化它的个性，去发掘那些超乎常人思想的个性潜值，使其在市场的竞争中占据别人无法取代的位置。

For education, teaching shall be conducted according to the student’s ability; for land utilization, suitable measures shall be utilized according to relevant conditions. For real estate developers, they need to fully understand the characters of their lands as well as the markets. When facing a land, we need to reveal its characters and explore those extraordinary potential characters rather than make subjective judgments based on our inherent concepts, to make the land gain an irreplaceable position in market competition.

一个商圈的打造，不是一个孤立的商业行为，就像一个果子的成长绝不是一个果子的本身一样，创造一个果子，得从创造一棵树开始。

Building a business district is not an isolated commercial activity. The growth of a fruit does not begin with a fruit. You need to plant a tree first in order to harvest a fruit.

“灵”是灵动不拘、是生命的最大自由。

“Spirit” is unrestrained maximum freedom for life.

万物有灵，只要我们找到它灵性的东西，就能产生新的思想。

Everything has its spirit. We can definitely have new ideas as long as we find such spirit.

每一个地块，每一个项目都有自己的灵魂。只有怀着虔敬之心与之交流，才能懂得、领悟。

Each land or project has its own “spirit”. Devotion is the premise of understanding the “spirit”.

策划不是做出来的。策划人不过是接受了天地的某种灵光一闪的暗示。成功的策划人则是通过训练和学习，让自己的这种感受力变得异常敏锐。

Planning is not made easily. Planners are briefly and transiently inspired. A successful planner makes the perception unusually acute through training and learning.

这些年，每当在策划之中遇到难题，我都尽量寻找一处河岸漫步。在一方石头上，数小时发愣，心思空蒙地看水鸟隐现于河面，此刻我坚信有一种巨大的灵性，将予我以点化。

In these years, I stroll along a river bank when meeting any difficulty in planning. I can be in a daze for hours on a rock, seeing some birds fly over the river surface. In this moment, I do believe that I will be enlightened by a tremendous spirit.

水是最古老的灵魂，给了杨健鹰无边的灵性。这种灵性有如游鱼一般，穿越一条亘古不逝的水系。河流成为杨健鹰永不关闭的智慧之门，一个个项目的成功之门。

As the oldest spirit, water provides Yang Jianying endless inspirations. Like fishes in a river, such inspirations can pass through an ancient river system. Rivers have become the unlimited sources of intelligence for Yang Jianying, helping him succeed in each project.

“伟”是生命境界的最大升华，伟是策划的最高境界。

“Grandeur” is the maximum upgrade of life as well as the highest level of planning.

“伟”不是简单的求大求全，更不是铺排奢侈。伟是战略的高度、宽度和深度。

“Grandeur” is neither seeking largeness or completeness nor asking for extravagance. It is about the height, width, and depth of a strategy.

当你心中有了太阳，你的眼中自然有光芒。策划的大气磅礴，不在于你面对着怎样的题材，而在于你内心的境界，首先要有一颗浩气如虹的雄鹰的心。

Your eyes will be bright after you have an open mind. To make a grand and magnificent planning scheme, you need to have noble spirits first rather than deal with relevant materials directly.

一个商圈、一个项目，既能展示政府的大战略、大思考、大利益，又最终将这些大利益、大思考借势到具体的开发商利益上来，形成既能上天，又能落地的圆满。

A business district or a project can not only demonstrate the overall strategies, thoughts, and benefits of a government but also combine such benefits and thoughts with the specific benefits of any developer for effective implementation.

一座城市、一个地区的宏大构想不仅展示着政府高屋建瓴的战略视觉，更是将这种战略的价值，体现成无数的产业利益基点，让政府思想推进落地有根。

The grand conception of a city or region not only demonstrates the remarkable strategic visions of the government, but also turns such strategic values into endless industrial benefits to effectively implement the government's thoughts.